新工科

面向新工科的电工电子信息基础课程系列教材
教育部高等学校电工电子基础课程教学指导分委员会推荐教材

现代电路理论及技术

管 春 胡 蓉 编著

清華大学出版社
北 京

内容简介

本书讲述现代电路的基本理论及基本设计方法，包括滤波器、开关电源、非线性电路的分析与设计等。主要内容包括现代电路的基本知识，无源梯形滤波器的分析与设计，基于反馈的二阶有源滤波器的分析与设计，高阶有源 *RC* 滤波器的分析与设计，开关网络的分析与设计，非线性电路的分析与设计。

本书可以作为高等院校电类相关专业的教学用书，也可以作为从事电类相关设计的工程技术人员参考用书。

图书在版编目(CIP)数据

现代电路理论及技术/管春，胡蓉编著. —北京：清华大学出版社，2022.9
面向新工科的电工电子信息基础课程系列教材
ISBN 978-7-302-61470-8

Ⅰ. ①现… Ⅱ. ①管… ②胡… Ⅲ. ①电路理论—高等学校—教材 ②电子技术—高等学校—教材 Ⅳ. ①TM13 ②TN01

中国版本图书馆 CIP 数据核字(2022)第 136023 号

责任编辑：文 怡
封面设计：王昭红
责任校对：申晓焕
责任印制：杨 艳

出版发行：清华大学出版社
网　　址：http://www.tup.com.cn，http://www.wqbook.com
地　　址：北京清华大学学研大厦 A 座　　**邮　　编**：100084
社 总 机：010-83470000　　**邮　　购**：010-62786544
投稿与读者服务：010-62776969，c-service@tup.tsinghua.edu.cn
质量反馈：010-62772015，zhiliang@tup.tsinghua.edu.cn
课件下载：http://www.tup.com.cn，010-83470236
印 装 者：北京同文印刷有限责任公司
经　　销：全国新华书店
开　　本：185mm×260mm　　**印　　张**：12.75　　**字　　数**：296 千字
版　　次：2022 年 9 月第 1 版　　**印　　次**：2022 年 9 月第1 次印刷
印　　数：1～1500
定　　价：49.00 元

产品编号：088534-01

前言

“现代电路理论”课程是“电路分析基础”“电子电路基础”课程的延伸和扩展，也是电子信息类、电气类、自动化类等电类专业的重要理论基础。本书共 6 章，第 1 章（现代电路的基本知识）包含电路的基本元件、基本分类，网络函数以及滤波器的基本知识，是与后面章节密切相关的基础知识。第 2 章（无源梯形滤波器的分析与设计）介绍综合无源单口网络的直接法、Foster 综合法和 Cauer 综合法，以此为基础进一步讨论 *LC* 梯形滤波器的综合设计方法。第 3 章（基于反馈的二阶有源滤波器的分析与设计）介绍基于正反馈或负反馈的单运放双二次型有源 *RC* 滤波器分析与设计。第 4 章（高阶有源 *RC* 滤波器的分析与设计）介绍几种常用的高阶有源滤波器综合方法，包括级联实现法、元件模拟法和运算模拟法。第 5 章（开关网络的分析与设计）介绍开关电容电路以及开关电源的分析与设计。第 6 章（非线性电路的分析与设计）讨论非线性电路的分析与设计方法，并对混沌系统作简略介绍。

本书特色：

(1) 理论与设计并重，理论教学与实践教学相结合。配合“以理论为指导，以实践为目的，实践巩固理论，理论指导实践”的循环教学模式，努力使学生将理论知识转化为设计能力，达到学以致用的目的。

(2) 为与行业接轨，在教材中添加行业设计软件的相关内容，结合案例设计完善教材内容，将复杂问题简单化。

(3) 为更好地体现课程知识内容的连贯性，在教材中融入电路以及电子技术相关知识点。

管春负责全书内容确定和统稿工作，并编写了第 1～5 章及全部习题，胡蓉编写了本书的第 6 章。

由于编者水平有限，书中可能存在错误或不妥之处，恳请读者批评指正。

编　者

2022 年 8 月

课件＋仿真

目录

目录

目录

第1章 现代电路的基本知识

为深入研究现代电路理论及其设计方面的问题，本章主要论述一些与现代电路理论有关的基础知识。首先介绍电路的基本元件，接着研究电路的分类，最后重点对滤波器的基本知识进行介绍。

1.1 电路的基本元件

对于多端元件的每个端子或多端口元件的每一端口来说，均有电流 i、电压 u、电荷 q 和磁链 ψ 四个基本电路变量。在任一端子(或端口)k 上，各基本变量之间存在着如下两个不依赖于元件性质的关系：

$$u_{\mathrm{k}}(t)=\frac{\mathrm{d}\psi_{\mathrm{k}}(t)}{\mathrm{d}t} \tag{1-1-1}$$

$$i_{\mathrm{k}}(t)=\frac{\mathrm{d}q_{\mathrm{k}}(t)}{\mathrm{d}t} \tag{1-1-2}$$

因此，$(u_{\mathrm{k}},\psi_{\mathrm{k}})$和$(i_{\mathrm{k}},q_{\mathrm{k}})$两对变量称为动态相关的电路变量偶。

在四个基本变量的六种成对组合中，除了上述两种变量偶是动态相关的之外，$(u_{\mathrm{k}},i_{\mathrm{k}})$、$(u_{\mathrm{k}},q_{\mathrm{k}})$、$(i_{\mathrm{k}},\psi_{\mathrm{k}})$和$(\psi_{\mathrm{k}},q_{\mathrm{k}})$这四种组合的二变量之间不存在预先规定的不依赖于元件的关系，它们称为动态无关的电路变量偶。一般而言，由一对动态无关的电路变量向量构成的向量偶称为动态无关变量向量偶，记为$(\boldsymbol{\xi},\boldsymbol{\eta})\in\{(\boldsymbol{u},\boldsymbol{i}),(\boldsymbol{u},\boldsymbol{q}),(\boldsymbol{i},\boldsymbol{\psi}),(\boldsymbol{\psi},\boldsymbol{q})\}$。

图 1-1-1 所示完备图表示电路变量向量偶和它们的四种代数成分关系，图中节点变量为四个基本电路变量向量，每一虚线边连接的是一对动态相关的电路变量向量，每一实线边连接的是一对动态无关的电路变量向量，在实线旁标出的是该二变量向量间的代数成分关系以及与之对应的基本元件的符号。

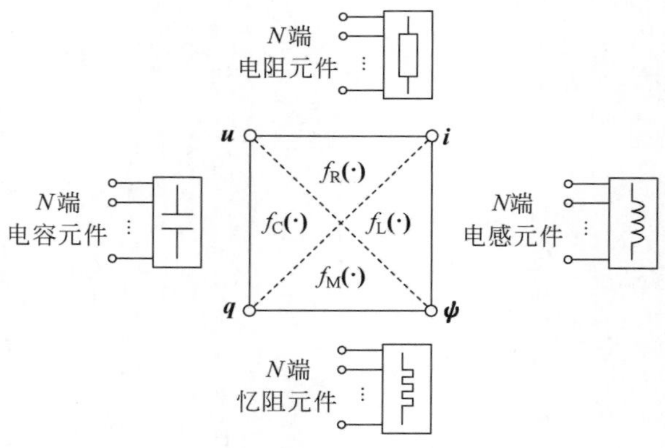

图 1-1-1　四种类型的基本元件

图 1-1-1 中 $f_{\mathrm{R}}(\cdot)$为电阻类元件的伏-安关系，即

$$f_{\mathrm{R}}(\boldsymbol{u},\boldsymbol{i})=0 \tag{1-1-3}$$

$f_{\mathrm{C}}(\cdot)$为电容类元件的伏-库关系，即

$$f_{\mathrm{C}}(\boldsymbol{u},\boldsymbol{q})=0 \tag{1-1-4}$$

$f_{\mathrm{L}}(\cdot)$为电感类元件的安-韦关系，即

$$f_{\mathrm{L}}(\boldsymbol{i},\boldsymbol{\psi})=0 \tag{1-1-5}$$

$f_{\mathrm{M}}(\cdot)$为忆阻类元件的韦-库关系，即

$$f_{\mathrm{M}}(\boldsymbol{\psi},\boldsymbol{q})=0 \tag{1-1-6}$$

1.1.1 电阻元件

1. 二端电阻

若二端元件的构成关系为

$$f_{\mathrm{R}}(u,i)=0 \tag{1-1-7}$$

式中，u 和 i 分别为该二端元件的端电压和端电流，则将该二端元件称为二端电阻元件，简称二端电阻。

若二端元件的构成关系为

$$u=f(i,t) \tag{1-1-8}$$

式中，f 是 i 的单值函数，则称该元件为二端电流控制电阻元件，简称二端流控电阻。

若二端元件的构成关系为

$$i=g(u,t) \tag{1-1-9}$$

式中，g 是 u 的单值函数，则称该元件为二端电压控制电阻元件，简称二端压控电阻。

若二端电阻既是流控的又是压控的，则称其为二端单调电阻。

对于单调电阻来说，电压可用电流的单值函数 $u=f(i,t)$表示，电流也可以用电压的单值函数 $i=g(u,t)$表示，这里 g 与 f 互为反函数。

若二端元件的构成关系为

$$u=R(t)i \tag{1-1-10}$$

式中，$R(t)$仅与时间 t 有关，与电压 u 及电流 i 无关，称该元件为二端线性时变电阻。

图 1-1-2 中的三条过 i-u 平面原点的直线分别表示某二端线性时变电阻在三个指定时刻点 t_1、t_2、t_3 的特性，$R(t_1)$、$R(t_2)$、$R(t_3)$表示该直线在各个时刻点所对应的斜率，称为该二端线性时变电阻在各个时刻点所对应的电阻值。

若 $R(t)$是不随时间 t 改变的常量 R，则式(1-1-10)可改写为

$$u=Ri \tag{1-1-11}$$

由式(1-1-11)所确定的二端元件称为二端线性时不变电阻。

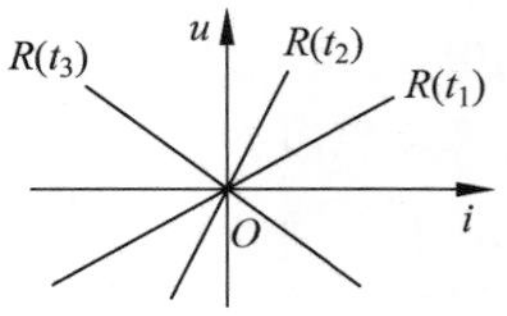

图 1-1-2 二端线性时变电阻 i-u 图

2. 多端电阻

若某元件具有 $N+1$ 个引出端，如图 1-1-3 所示，任选一个引出端(图 1-1-3 中选第 $N+1$ 个)作为参考点，则该元件具有 N 个独立引出端电位(各引出端与参考点之间的电

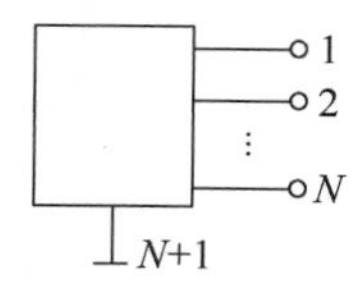

图 1-1-3　$N+1$ 端元件

压)和 N 个独立引出端电流。

若该元件关于 N 个独立引出端$(1,2,\cdots,N)$的电位和电流满足以下代数方程组：

$$\begin{cases} f_1(v_1,v_2,\cdots,v_N,i_1,i_2,\cdots,i_N)=0 \\ f_2(v_1,v_2,\cdots,v_N,i_1,i_2,\cdots,i_N)=0 \\ \vdots \\ f_N(v_1,v_2,\cdots,v_N,i_1,i_2,\cdots,i_N)=0 \end{cases} \tag{1-1-12}$$

则称该元件为 $N+1$ 端电阻(元件)。

式(1-1-12)可简化写成如下向量形式：

$$f_R(\boldsymbol{v},\boldsymbol{i})=0 \tag{1-1-13}$$

式中，$\boldsymbol{v}=[v_1,v_2,\cdots,v_N]^{\mathrm{T}}$，$\boldsymbol{i}=[i_1,i_2,\cdots,i_N]^{\mathrm{T}}$。

若 $N+1$ 端元件的构成关系为

$$\boldsymbol{v}=f(\boldsymbol{i}) \tag{1-1-14}$$

则称该元件为 $N+1$ 端电流控制电阻。

若 $N+1$ 端元件的构成关系为

$$\boldsymbol{i}=g(\boldsymbol{v}) \tag{1-1-15}$$

则称该元件为 $N+1$ 端电压控制电阻。

若 $N+1$ 端电阻既为流控的又为压控的，则称该元件为 $N+1$ 端单调电阻。

若 $N+1$ 端元件的构成关系为

$$\boldsymbol{v}=\boldsymbol{R}(t)\boldsymbol{i} \tag{1-1-16}$$

则称该元件为 $N+1$ 端线性时变电阻。式(1-1-16)中 $\boldsymbol{R}(t)$为 $N\times N$ 矩阵，当 $\boldsymbol{R}(t)$为常数矩阵 $\boldsymbol{R}$ 时，称该元件为 $N+1$ 端线性时不变电阻。

1.1.2　电容元件

若二端元件的构成关系为

$$f_C(q,u)=0 \tag{1-1-17}$$

式中，q 和 u 分别为该二端元件的电荷和端电压，则将该二端元件称为二端电容元件，简称二端电容。

若二端元件的构成关系为

$$q=f(u) \tag{1-1-18}$$

式中，f 是 u 的单值函数，则称该元件为二端电压控制电容元件，简称二端压控电容。

若二端元件的构成关系为

$$u=g(q) \tag{1-1-19}$$

式中，g 是 q 的单值函数，则称该元件为二端电荷控制电容元件，简称二端荷控电容。

若二端电容既是压控的又是荷控的，则称为二端单调电容。

若二端元件的构成关系为

$$q = C(t)u \tag{1-1-20}$$

式中，$C(t)$仅与时间 t 有关，与电荷 q 及电压 u 无关，称该元件为二端线性时变电容，$C(t)$称为该二端线性时变电容在各个时刻点所对应的电容值。

若 $C(t)$是不随时间 t 改变的常量 C，则式(1-1-20)可改写为

$$q = Cu \tag{1-1-21}$$

由式(1-1-21)所确定的电容元件称为二端线性时不变电容。

对多端电容的各种定义，可参照多端电阻的情形，由二端电容推广得到。

1.1.3 电感元件

若二端元件的构成关系为

$$f_{\mathrm{L}}(\psi, i) = 0 \tag{1-1-22}$$

式中，ψ 和 i 分别为该二端元件的磁链和端电流，则将该二端元件称为二端电感元件，简称二端电感。

若二端元件的构成关系为

$$\psi = f(i) \tag{1-1-23}$$

式中，f 是 i 的单值函数，则称该元件为二端电流控制电感元件，简称二端流控电感。

若二端元件的构成关系为

$$i = g(\psi) \tag{1-1-24}$$

式中，g 是 ψ 的单值函数，则称该元件为二端磁链控制电感元件，简称二端链控电感。

若二端电感既是流控的又是链控的，则称为二端单调电感。

若二端元件的构成关系为

$$\psi = L(t)i \tag{1-1-25}$$

式中，$L(t)$仅与时间 t 有关，与磁链 ψ 及电流 i 无关，称该元件为二端线性时变电感，$L(t)$称为该二端线性时变电感在各个时刻点所对应的电感值。

若 $L(t)$是不随时间 t 改变的常量 L，则式(1-1-25)可改写为

$$\psi = Li \tag{1-1-26}$$

由式(1-1-26)所确定的电感元件称为二端线性时不变电感。

对多端电感的各种定义，可参照多端电阻的情形，由二端电感推广得到。

1.1.4 忆阻元件

最早提出忆阻概念的是华裔科学家蔡少棠，1971 年，蔡教授在研究电荷、电流、电压和磁通量之间的关系时，从逻辑和公理的观点指出在电阻、电容和电感之外，应该还有一种元件，代表电荷与磁通量之间的关系。

若二端元件的构成关系为

$$f_{\mathrm{M}}(\psi, q) = 0 \tag{1-1-27}$$

式中，ψ 和 q 分别为该二端元件的磁链和电荷，则将该二端元件称为二端忆阻元件，简称二端忆阻。

若二端元件的构成关系为

$$\psi = f(q) \tag{1-1-28}$$

式中，f 是 q 的单值函数，则称该元件为二端电荷控制忆阻元件，简称二端荷控忆阻。

若二端元件的构成关系为

$$q = g(\psi) \tag{1-1-29}$$

式中，g 是 ψ 的单值函数，则称该元件为二端磁链控制忆阻元件，简称二端链控忆阻。

若二端忆阻既是荷控的又是链控的，则称为二端单调忆阻。

若二端忆阻元件的 ψ-q 关系方程不显含时间变量 t，则称该元件为二端时不变忆阻元件，反之，则称为二端时变忆阻元件。

接下来研究二端时不变忆阻元件的 u-i 关系。

对于二端荷控时不变忆阻元件，其端电压可表示为

$$u(t) = \frac{\mathrm{d}\psi}{\mathrm{d}t} = \frac{\mathrm{d}\psi(q)}{\mathrm{d}q} \cdot \frac{\mathrm{d}q}{\mathrm{d}t} = \frac{\mathrm{d}\psi(q)}{\mathrm{d}q} \cdot i(t) \tag{1-1-30}$$

定义忆阻 $M(q)$ 为

$$M(q) = \frac{\mathrm{d}\psi(q)}{\mathrm{d}q} \tag{1-1-31}$$

则二端荷控忆阻元件的 u-i 关系为

$$u(t) = M(q) \cdot i(t) \tag{1-1-32}$$

由式(1-1-32)可以看出，忆阻 $M(q)$ 在忆阻元件的 u-i 关系方程中的地位与电阻参数 R 在线性电阻元件的 u-i 关系方程中的地位相同，且 $M(q)$ 也具有电阻的量纲。$M(q)$ 是电荷 q 的函数，其值等于 ψ-q 曲线上横坐标为 q 的点处的切线斜率。

根据电荷与电流的关系

$$q(t) = \int_{-\infty}^{t} i(\tau)\mathrm{d}\tau \tag{1-1-33}$$

可知忆阻元件在时刻 t 的电荷值取决于从 $-\infty$ 到 t 的所有时刻的电流之值，因而与元件电流的历史情况有关。故把 $M(q)$ 视为一个有记忆作用的电阻参数，由此得名忆阻。

若二端忆阻元件的 ψ-q 特性在 ψ-q 平面上用一条直线表示（无论是否过原点），利用式(1-1-31)可知此时忆阻 $M(q)$ 为不依赖于 q 的常数，即失去了记忆作用，这种忆阻元件实质上已退化为线性电阻元件，因而没有必要研究线性忆阻元件。

1.2 电路的基本分类

本节分别基于传统定义和端口型定义，从几个不同的角度来研究电路的性质，包括线性和非线性，时变性和时不变性，无源性和有源性。

1.2.1 线性和非线性电路

在电路理论中，线性电路和非线性电路有两种定义方式。一种是根据组成电路的元件特性来定义的，称为传统的线性和非线性定义；另一种是根据电路的输入端口和输出端口变量之间的关系来定义的，称为端口型线性和非线性定义。

1. 传统的线性和非线性定义

传统的线性和非线性的定义如下：从组成电路的元件特性看，若电路由线性无源元件（具有任意的初始条件）、线性受控源及独立电源组成，则该电路为线性电路。若电路含有一个或多个非线性元件，则该电路为非线性电路。

传统的线性电路与非线性电路的定义简单明了。但电路的特性除了取决于电路元件的特性外，也取决于电路元件的相互连接方式。当着重研究一个电路（或网络）的输入-输出关系时，传统的线性和非线性电路的意义已经不是很重要，重要的是根据电路的端口变量之间的关系来定义一个电路是否是线性的，这样的定义称为端口型线性和非线性定义。

2. 端口型线性和非线性定义

端口型线性和非线性的定义如下：从电路的输入-输出关系看，若一个电路的输入-输出关系既满足齐次性又满足可加性，则该电路称为端口型线性电路；若一个电路不同时满足齐次性和可加性，则该电路称为端口型非线性电路。

这时将网络看作是放在一个黑盒里，人们仅从其引出端子（或端口）上的输入-输出关系来研究它的性质，这种着眼于网络外部的端口特性的方法是本书研究各种网络性质的主要方法。

下面对电路的齐次性和可加性进行讨论。

假设多端口网络的输入 $\boldsymbol{X}=[x_1,x_2,\cdots,x_m]^{\mathrm{T}}$ 为 m 维向量，输出 $\boldsymbol{Y}=[y_1,y_2,\cdots,y_n]^{\mathrm{T}}$ 为 n 维向量，则网络的输入输出关系可由微分积分方程 $\boldsymbol{F}(\boldsymbol{X},\boldsymbol{Y})=0$ 给出。当网络的输入量 $\boldsymbol{X}$ 增大 $k-1$ 倍（即为 $k\boldsymbol{X}$）时，若它的输出量 $\boldsymbol{Y}$ 也增大 $k-1$ 倍（即为 $k\boldsymbol{Y}$），则该电路的输入-输出关系满足齐次性。否则，该电路的输入-输出关系不满足齐次性。这里 k 为任意实数。

若 $\boldsymbol{X}_1$ 与 $\boldsymbol{X}_2$ 是分别作用于网络的两个输入向量，其输出向量分别为 $\boldsymbol{Y}_1$ 与 $\boldsymbol{Y}_2$。若当网络的输入为 $(\boldsymbol{X}_1+\boldsymbol{X}_2)$ 时，其输出为 $(\boldsymbol{Y}_1+\boldsymbol{Y}_2)$，则称该网络的输入-输出关系存在可加性。

齐次性和可加性可以综合描述为：若 $\boldsymbol{X}_1$ 与 $\boldsymbol{X}_2$ 是分别作用于网络的两个输入向量，其输出向量分别为 $\boldsymbol{Y}_1$ 与 $\boldsymbol{Y}_2$。若当网络的输入为 $(k_1\boldsymbol{X}_1+k_2\boldsymbol{X}_2)$ 时，其输出为 $(k_1\boldsymbol{Y}_1+k_2\boldsymbol{Y}_2)$，则称该网络的输入-输出关系同时存在齐次性和可加性，也称为叠加性，这一关系意味着端口型线性网络的输入-输出微分积分关系式满足叠加原理。这里 k_1 和 k_2 为任意实数。

【例 1-2-1】 如图 1-2-1 所示电路中所有元件均是线性的，设电容电压 $u_C(t)$ 的初始值为 U_0，输入为电流 $i_S(t)$，输出为电压 $u_o(t)$，试判断虚线框中电路是线性电路还是非线性电路。

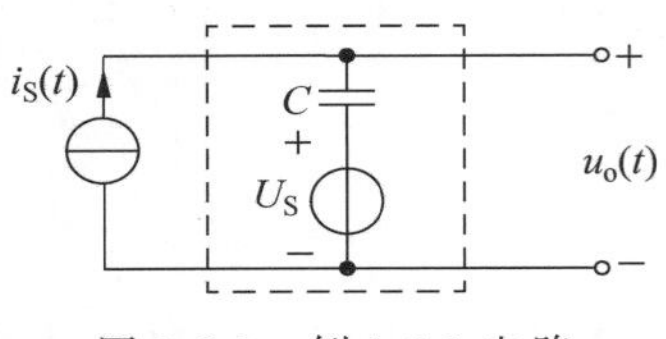

图 1-2-1 例 1-2-1 电路

解：(1) 按传统定义

虚线框中所有元件均为线性元件，因此按传统定义来说该电路是线性电路。

(2) 按端口输入-输出关系定义

首先讨论齐次性，根据题意可得出输入 $i_S(t)$ 与输出 $u_o(t)$ 的关系式为

$$u_o(t)=u_C(t)+U_S=\frac{1}{C}\int_0^t i_S(\tau)\mathrm{d}\tau+U_0+U_S$$

当输入增大 $k-1$ 倍变为 $ki_S(t)$ 时，输出电压为

$$u'_o(t)=\frac{k}{C}\int_0^t i_S(\tau)\mathrm{d}\tau+U_0+U_S$$

可以看出，$u'_o(t)\neq ku_o(t)$，分析发现由于存在 U_0+U_S 项，使得当输入增大 $k-1$ 倍时，输出电压并不是也增大 $k-1$ 倍，因此该电路的输入-输出关系不满足齐次性。只有当 $U_0+U_S=0$ 时，其输入-输出关系才满足齐次性。

接下来讨论其可加性。当网络的输入为 $i_{S1}(t)+i_{S2}(t)$ 时，其输出电压为

$$u'_o(t)=\frac{1}{C}\int_0^t[i_{S1}(\tau)+i_{S2}(\tau)]\mathrm{d}\tau+U_0+U_S$$

可以看出，由于存在 U_0+U_S 项，使得 $u'_o(t)\neq u_{o1}(t)+u_{o2}(t)$，根据定义可知该电路的输入-输出关系不满足可加性。只有当 $U_0+U_S=0$ 时，其输入-输出关系才满足可加性。

因此按定义知当 $U_0+U_S=0$ 时，该电路是端口型线性电路，其他情况下该电路是端口型非线性电路。由此可以看出，传统的线性电路不一定是端口型线性电路。

【例 1-2-2】 如图 1-2-2 所示桥式整流电路，设所有二极管均是理想的，输入为电压 $u_i(t)$，输出为电压 $u_o(t)$，试根据端口输入-输出关系判断虚线框中电路是线性电路还是非线性电路。

解：(1) 讨论齐次性

由桥式整流电路工作原理知，当输入电压增大 $k-1$ 倍变为 $ku_i(t)$ 时，输出电压也将增大 $k-1$ 倍变为 $ku_o(t)$，可见该电路的输入-输出关系满足齐次性。

(2) 讨论可加性

由桥式整流电路工作原理知，当输入电压 $u_{i1}(t)=\sin(\omega t)$ 时，在 $0\sim\pi$ 期间，输出电压 $u_{o1}(t)$ 的真实方

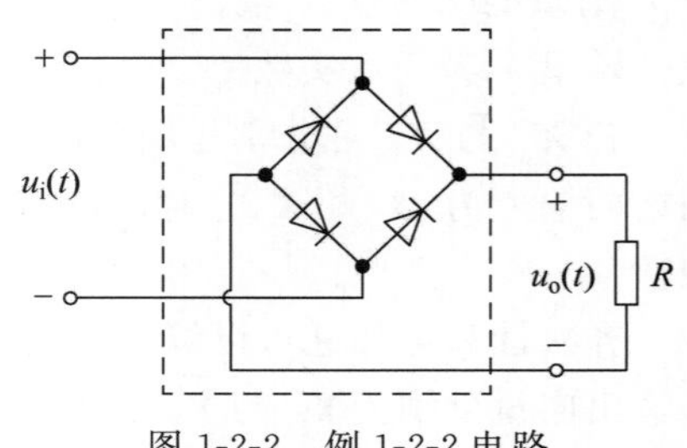

图 1-2-2 例 1-2-2 电路

向为上正下负；当输入电压 $u_{i2}(t)=\sin(\omega t+\pi)$时，在 $0\sim\pi$ 期间，输出电压 $u_{o2}(t)$的真实方向亦为上正下负，因此 $u_{o1}(t)+u_{o2}(t)\neq 0$。

而当网络的输入电压为 $u_{i1}(t)+u_{i2}(t)=\sin(\omega t)+\sin(\omega t+\pi)=0$ 时，其实际输出电压等于 0，所以该网络不存在可加性。

因此该电路的端口输入-输出关系满足齐次性但不满足可加性，是端口型非线性电路。

1.2.2 时变和时不变电路

在电路理论中，时变电路和时不变电路也有两种定义方式。一种是根据组成电路的元件特性来定义的，称为传统的时变和时不变定义；另一种是根据电路的输入端口和输出端口变量之间的关系来定义的，称为端口型时变和时不变定义。

1. 传统的时变和时不变定义

传统的时变和时不变电路的定义如下：不含时变元件的电路称为时不变电路，否则称为时变电路。

2. 端口型时变和时不变定义

端口型时变和时不变电路的定义如下：若一个电路的输入为 $\boldsymbol{X}(t)$时相应的输出为 $\boldsymbol{Y}(t)$，当输入提前或滞后一段时间为 $\boldsymbol{X}(t-t_0)$时，输出也提前或滞后同样长的时间为 $\boldsymbol{Y}(t-t_0)$，则称此电路为端口型时不变电路，否则称为端口型时变电路。

【例 1-2-3】 如图 1-2-3 所示单口网络，设输入为端口电压 $u(t)$，输出为端电流 $i(t)$，网络中的非线性电阻的元件特性为 $i_R(t)=u^3(t)$，线性时不变电感 L 电流 $i_L(t)$的初始值为 I_0，试根据端口输入-输出关系判断虚线框中电路是时变电路还是时不变电路。

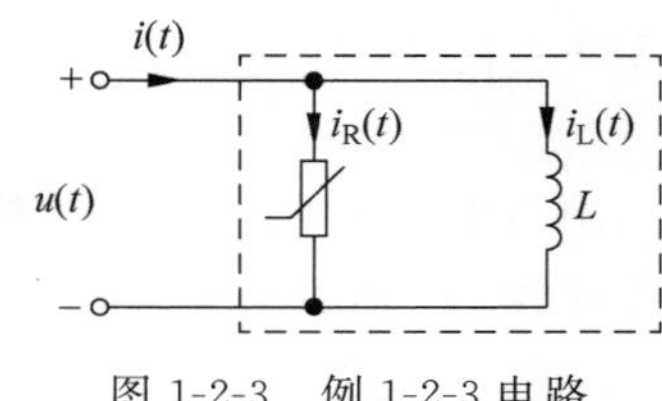

图 1-2-3 例 1-2-3 电路

解：单口网络的输入-输出关系可表示为

$$i(t)=i_R(t)+i_L(t)=u^3(t)+\frac{1}{L}\int_0^t u(\tau)\mathrm{d}\tau+I_0$$

当输入 $u(t)$提前或滞后一段时间后为 $\hat{u}(t)=u(t-t_0)$，此时对应的输出为

$$\hat{i}(t)=\hat{u}^3(t)+\frac{1}{L}\int_0^t \hat{u}(\tau)\mathrm{d}\tau+I_0=u^3(t-t_0)+\frac{1}{L}\int_0^t u(\tau-t_0)\mathrm{d}\tau+I_0$$

令 $\delta=\tau-t_0$，对上式中的定积分项进行变量替换可得

$$\hat{i}(t)=u^3(t-t_0)+\frac{1}{L}\int_0^{t-t_0} u(\delta)\mathrm{d}\delta+I_0$$

对比分析知 $\hat{i}(t)=i(t-t_0)$，由此证明，虚线框中电路是端口型时不变电路。

1.2.3 无源和有源电路

无源和有源电路也有传统的定义和端口型定义两种方式。

1. 传统的无源和有源电路定义

传统的无源和有源电路的定义如下：若一个电路全部由无源元件组成，则该电路称为无源电路；若一个电路含有有源元件，则称为有源电路。

2. 端口型无源和有源电路定义

端口型无源和有源电路的定义如下：对于一个电路，若由电源传送到该电路的能量大于等于零，即

$$E(t)=\int_{-\infty}^{t} u(\tau)i(\tau)\mathrm{d}\tau \geqslant 0 \tag{1-2-1}$$

则称该电路为端口型无源电路。

若由电源传送到该电路的能量恒小于零，即

$$E(t)=\int_{-\infty}^{t} u(\tau)i(\tau)\mathrm{d}\tau < 0 \tag{1-2-2}$$

则称该电路为端口型有源电路。

1.3 网络函数

1.3.1 网络函数定义

网络中响应 $y(t)$的象函数 $Y(s)$和激励 $x(t)$的象函数 $X(s)$之比，称为网络函数，通常用符号 $H(s)$表示

$$H(s) \overset{\mathrm{def}}{=} \frac{Y(s)}{X(s)} \tag{1-3-1}$$

按照响应和激励所处位置的不同，网络函数分为策动点函数和转移函数。

1. 策动点函数

当响应和激励在网络的同一端口时，网络函数称为策动点函数。它们又分为策动点阻抗和策动点导纳，分别如图 1-3-1(a)和(b)所示。

图 1-3-1(a)所示网络的激励为电流源 $I(s)$，响应为同一端口的电压 $U(s)$，则其对应的网络函数称为策动点阻抗 $Z(s)$，定义为

$$Z(s)=\frac{U(s)}{I(s)} \tag{1-3-2}$$

图 1-3-1(b)所示网络的激励为电压源 $U(s)$，响应为同一端口的电流 $I(s)$，则其对应

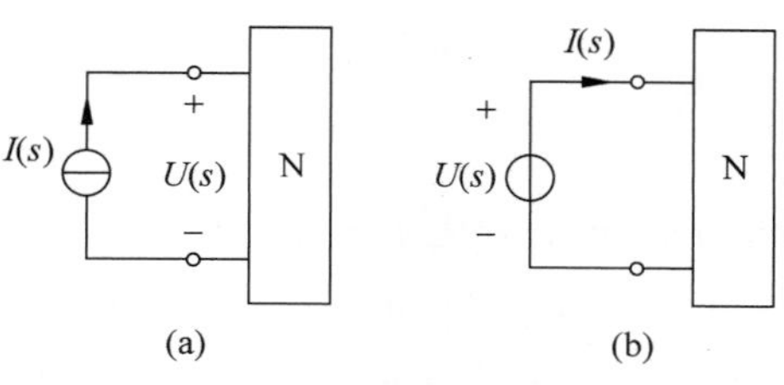

图 1-3-1　策动点函数

的网络函数称为策动点导纳 $Y(s)$，定义为

$$Y(s)=\frac{I(s)}{U(s)} \tag{1-3-3}$$

2. 转移函数

当响应和激励在网络的不同端口时，网络函数称为转移函数。它们又分为转移电压比、转移电流比、转移阻抗、转移导纳 4 种，分别如图 1-3-2(a)、(b)、(c)和(d)所示。

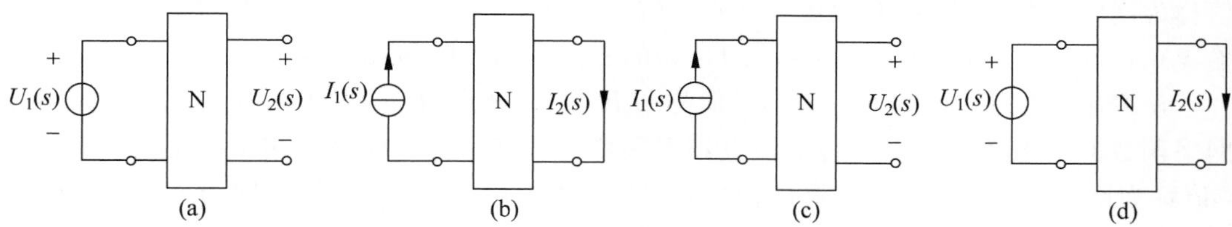

图 1-3-2　转移函数

图 1-3-2(a)所示网络的激励为某端口处的电压源 $U_1(s)$，响应为另一端口的电压 $U_2(s)$，则其对应的网络函数称为转移电压比 $H_U(s)$，定义为

$$H_U(s)=\frac{U_2(s)}{U_1(s)} \tag{1-3-4}$$

图 1-3-2(b)所示网络的激励为某端口处的电流源 $I_1(s)$，响应为另一端口的电流 $I_2(s)$，则其对应的网络函数称为转移电流比 $H_I(s)$，定义为

$$H_I(s)=\frac{I_2(s)}{I_1(s)} \tag{1-3-5}$$

图 1-3-2(c)所示网络的激励为某端口处的电流源 $I_1(s)$，响应为另一端口的电压 $U_2(s)$，则其对应的网络函数称为转移阻抗 $H_Z(s)$，定义为

$$H_Z(s)=\frac{U_2(s)}{I_1(s)} \tag{1-3-6}$$

图 1-3-2(d)所示网络的激励为某端口处的电压源 $U_1(s)$，响应为另一端口的电流 $I_2(s)$，则其对应的网络函数称为转移导纳 $H_Y(s)$，定义为

$$H_Y(s)=\frac{I_2(s)}{U_1(s)} \tag{1-3-7}$$

1.3.2 网络函数的零极点

一般情况下，网络函数 $H(s)$ 可表示成实系数的有理分式，即

$$H(s)=\frac{N(s)}{D(s)}=\frac{a_m s^m+a_{m-1}s^{m-1}+\cdots+a_1 s+a_0}{b_n s^n+b_{n-1}s^{n-1}+\cdots+b_1 s+b_0} \tag{1-3-8}$$

式中，$N(s)$ 和 $D(s)$ 分别为转移函数 $H(s)$ 的分子多项式和分母多项式。$D(s)$ 又称为线性系统的特征多项式，$D(s)$ 的 s 最高幂次 n 称为系统的阶数。

可以将网络函数 $H(s)$ 改写为以下因子相乘的形式

$$H(s)=H_0\frac{(s-z_1)(s-z_2)\cdots(s-z_m)}{(s-p_1)(s-p_2)\cdots(s-p_n)} \tag{1-3-9}$$

式中，$H_0=a_m/b_n$ 称为转移函数 $H(s)$ 的归一化系数。

使网络函数 $H(s)$ 为零的 s 值称为 $H(s)$ 的零点，在 s 平面中，零点用"○"表示。网络函数的零点可分为有限传输零点和无限传输零点两种。使分子多项式 $N(s)$ 为零的 s 值称为网络函数 $H(s)$ 的有限传输零点，式(1-3-9)中 $z_1,z_2,\cdots,z_m$ 即为 $H(s)$ 的有限传输零点；当 s 为无穷大时，网络函数 $H(s)$ 的零点称为无限传输零点。

使网络函数 $H(s)$ 为无穷大的 s 值称为 $H(s)$ 的极点，在 s 平面中，极点用"×"表示。网络函数的极点也分为有限传输极点和无限传输极点两种。使分母多项式 $D(s)$ 为零的 s 值称为网络函数 $H(s)$ 的有限传输极点，式(1-3-9)中 $p_1,p_2,\cdots,p_n$ 即为 $H(s)$ 的有限传输极点；当 s 为无穷大时，网络函数 $H(s)$ 的极点称为无限传输极点。

若将有限传输零极点和无限传输零极点都包括在内，式(1-3-8)和式(1-3-9)所示网络函数具有相同数目的极点和零点，其数目等于 m 和 n 中较大的一个。

假设 s 趋于无穷大，则式(1-3-8)可表示为

$$H(s)\big|_{s\to\infty}=\frac{a_m}{b_n}s^{m-n} \tag{1-3-10}$$

若 $m>n$，即分子多项式的阶数高于分母多项式的阶数，有 $H(s)|_{s\to\infty}\to\infty$，则 $H(s)$ 在无限远处具有 $(m-n)$ 个极点；若 $m<n$，即分子多项式的阶数低于分母多项式的阶数，有 $H(s)|_{s\to\infty}\to 0$，则 $H(s)$ 在无限远处具有 $(n-m)$ 个零点；若 $m=n$，即分子多项式的阶数等于分母多项式的阶数，有 $H(s)|_{s\to\infty}\to a_m/b_n$，则 $H(s)$ 在无限远处既没有极点也没有零点。

【例 1-3-1】 网络如图 1-3-3 所示，激励和响应分别是 $U_{\mathrm{i}}(s)$ 和 $U_{\mathrm{o}}(s)$，求该网络的转移函数 $H(s)=U_{\mathrm{o}}(s)/U_{\mathrm{i}}(s)$ 并分析其零点和极点情况。

解：利用分压公式有

$$H(s)=\frac{U_{\mathrm{o}}(s)}{U_{\mathrm{i}}(s)}=\frac{Z_{\mathrm{LC}}}{Z_{\mathrm{R}}+Z_{\mathrm{LC}}}=\frac{(sL)\ /\!/\ \left(\dfrac{1}{sC}\right)}{R+(sL)\ /\!/\ \left(\dfrac{1}{sC}\right)}\xrightarrow{R=1\Omega,L=1\mathrm{H},C=1\mathrm{F}}\frac{s}{s^2+s+1}$$

令分子多项式为 0，即 $s=0$，可知 $H(s)$ 在原点($s=0$)处有 1 个有限传输零点。

令分母表达式为0，即 $s^2+s+1=0$，可知 $H(s)$ 有2个有限传输极点，分别位于 $s=-\frac{1}{2}\pm j\frac{\sqrt{3}}{2}$ 处。

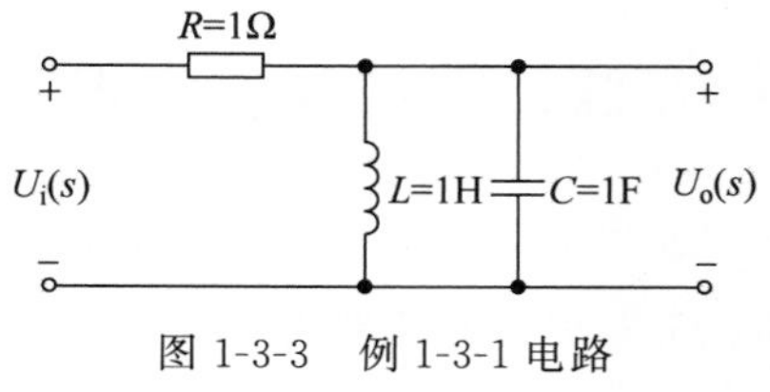

图 1-3-3 例 1-3-1 电路

$H(s)$ 的有限传输零点与极点数目不相同，是因为分子多项式的最高幂次与分母多项式不同，分子多项式比分母多项式的最高幂次低1次，假设 s 趋于无穷大，有 $H(s)|_{s\to\infty}\to 0$，因此 $H(s)$ 有1个无限传输零点。

在实际工程应用中，常常需要研究系统的正弦稳态特性，可将 $s=j\omega$ 代入 $H(s)$ 进行频域特性分析探讨，网络函数可以表示为 $H(j\omega)$，一般情况下，$H(j\omega)$ 是 ω 的复函数，可写成

$$H(j\omega)=|H(j\omega)|e^{j\varphi(\omega)} \tag{1-3-11}$$

式中，$|H(j\omega)|$ 表示响应与激励的振幅之比随 ω 变化的关系，称为网络的幅频特性；$\varphi(\omega)$ 表示响应与激励的相位差随 ω 变化的特性，称为网络的相频特性。

【例 1-3-2】 如图 1-3-4(a)所示 RC 串联电路，$\dot{U}_1$ 为激励电压相量，$\dot{U}_2$ 为响应电压相量，求该电路的转移函数 $H(j\omega)=\dot{U}_2/\dot{U}_1$ 并分析其幅频特性和相频特性。

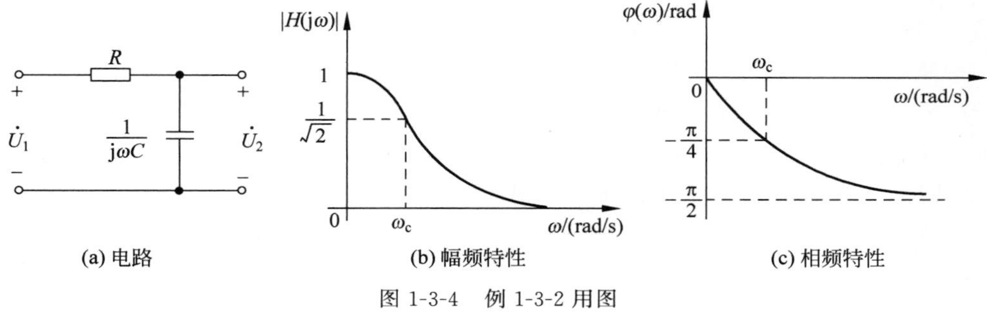

图 1-3-4 例 1-3-2 用图

解：利用分压公式有

$$H(j\omega)=\frac{\dot{U}_2}{\dot{U}_1}=\frac{\frac{1}{j\omega C}}{R+\frac{1}{j\omega C}}=\frac{1}{1+j\omega RC}$$

幅频特性：

$$|H(j\omega)|=\frac{1}{\sqrt{1+(\omega RC)^2}}$$

相频特性：

$$\varphi(\omega)=-\arctan(\omega RC)$$

幅频特性曲线和相频特性曲线分别如图 1-3-4(b)和(c)所示。

1.4 滤波器的基本知识

本节主要介绍滤波器相关基本知识,为后续章节的滤波器分析与设计奠定理论基础。主要包括滤波器类型、网络的归一化和去归一化、滤波函数的逼近和转换、灵敏度等内容。

1.4.1 滤波器的分类

滤波器的用途非常广泛,在电话、电视、收音机、雷达和声呐等系统中,它是不可缺少的部件,在控制、测量和电力系统中也有重要的应用。滤波器的主要功能是从频率的角度对信号成分进行选择,使指定频段的信号顺利通过,其他频率的信号被衰减或抑制。滤波器理论是现代电路理论的一个重要分支,本书的很大一部分内容都涉及对滤波器的研究。

滤波器可以按不同的方式进行分类。

按照所处理信号的类型来分,有模拟滤波器和数字滤波器。模拟滤波器用于处理模拟信号,数字滤波器用于处理数字信号,本书主要介绍模拟滤波器。

按照所采用器件的类型来分,有无源滤波器和有源滤波器。只用无源元件构成的滤波器称为无源滤波器,含有源器件的滤波器称为有源滤波器。

按照通带与阻带所处的相对位置来分,滤波器常常分为低通滤波器(Low-Pass Filter,LPF)、高通滤波器(High-Pass Filter,HPF)、带通滤波器(Band-Pass Filter,BPF)、带阻滤波器(Band-Reject Filter,BRF)和全通滤波器(All-Pass Filter,APF)。

1. 低通滤波器

低通滤波器允许低于其截止频率的低频分量顺利通过,而使高频分量受到很大的衰减。它的应用范围很广,也是设计其他各种滤波器的基础。

通常把允许通过的信号频率范围称为滤波器的通带,把受阻止的信号频率范围称为滤波器的阻带。通带和阻带的分界频率称为滤波器的截止频率 f_c,通带和阻带的分界也常用截止角频率 ω_c 来表示,其相互关系可以表示为 $\omega_c=2\pi f_c$。

图 1-4-1(a)是理想低通滤波器的幅频特性图,其通带为 $0\sim\omega_c$,通带内的衰减为 0;阻带为 $\omega_c\sim\infty$,阻带内的衰减为∞。这样的要求不可能用实际的滤波电路来实现,实际低通滤波器如图 1-4-1(b)所示,由于通带与阻带的界限不明显,工程上常取幅频特性曲线降低至其最大幅值$\frac{1}{\sqrt{2}}$处的角频率 ω_c 作为截止角频率。例 1-3-2 所示电路为无源一阶 RC 低通滤波器,可分析知其截止角频率 $\omega_c=\frac{1}{RC}$。

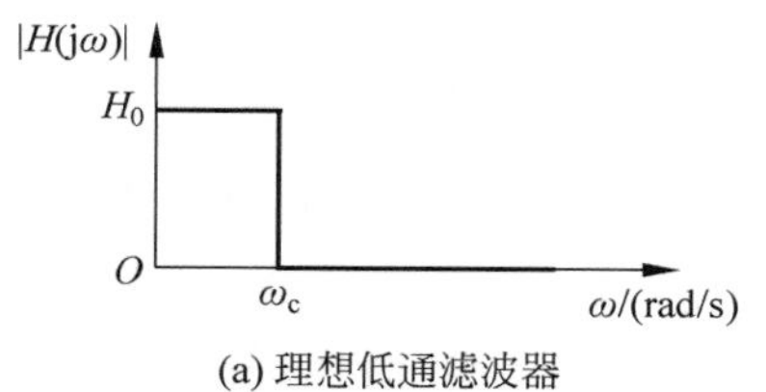

(a) 理想低通滤波器

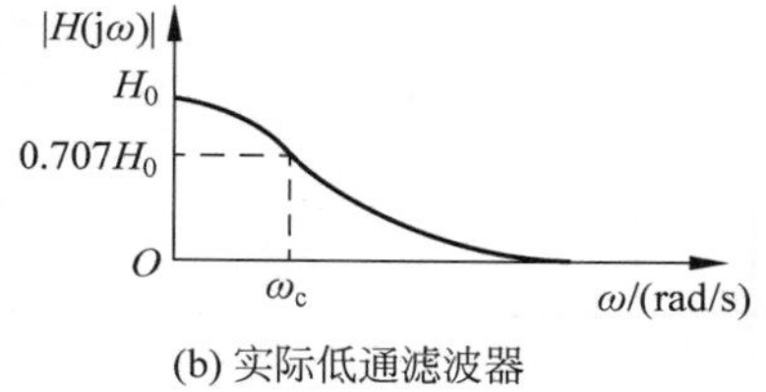

(b) 实际低通滤波器

图 1-4-1 滤波器幅频特性

2. 高通滤波器

高通滤波器与低通滤波器相反，它允许高于截止频率的高频分量顺利通过，而使低频分量受到很大的衰减。图 1-4-2(a)是理想高通滤波器的幅频特性图，其阻带为 $0\sim\omega_c$，阻带内的衰减为∞；通带为 $\omega_c\sim\infty$，通带内的衰减为 0。这样的要求同样也不可能用实际的滤波电路来实现，将例 1-3-2 中的电阻电容更换位置即得到无源一阶 RC 高通滤波器，其电路、幅频特性如图 1-4-2(b)、(c)所示，可分析知其截止角频率 $\omega_c=\dfrac{1}{RC}$。

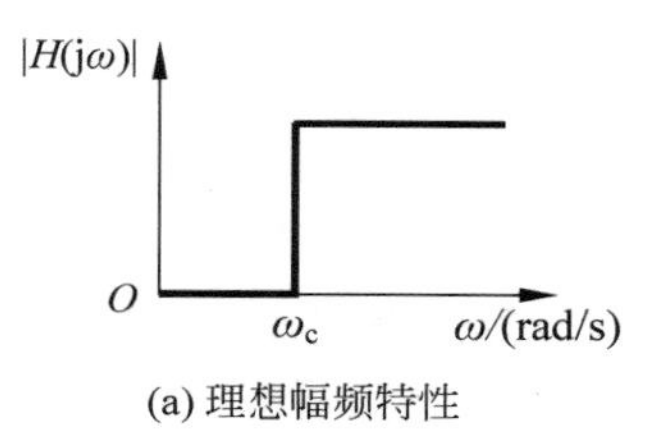

(a) 理想幅频特性

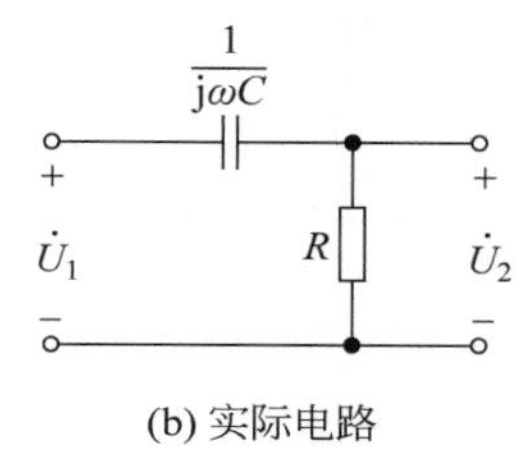

(b) 实际电路

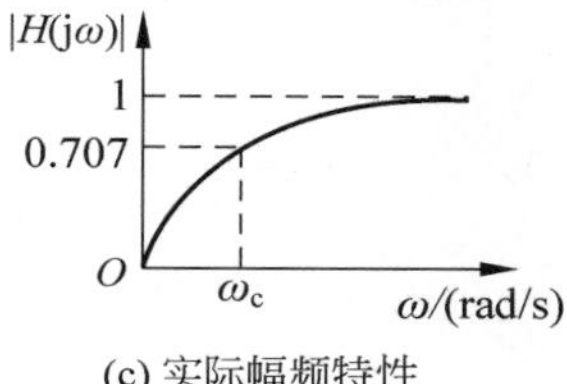

(c) 实际幅频特性

图 1-4-2 高通滤波器

3. 带通滤波器

带通滤波器允许非零频率起始的特定有限频率范围的频率分量顺利通过，而使通带两侧的低频和高频分量受到抑制。图 1-4-3(a)是理想带通滤波器的幅频特性图，其中 ω_L 为下限截止角频率，ω_H 为上限截止角频率，ω_0 为中心角频率。带通滤波器的通带为 $\omega_L\sim\omega_H$，通带内的衰减为 0；带通函数具有两个阻带，即下限阻带($0\sim\omega_L$)和上限阻带($\omega_H\sim\infty$)，阻带内的衰减为∞。这样的要求同样也不可能用实际的滤波电路来实现，图 1-4-3(b)所示电路为具有带通滤波器特性的 RC 文氏电路，其幅频特性如图 1-4-3(c)所示，可分析知其中心角频率 $\omega_0=\dfrac{1}{RC}$。

4. 带阻滤波器

带阻滤波器的幅频特性可认为是带通滤波器的互补形式，它对一定频率范围内的信号进行抑制，而让此频率范围以外的低频和高频分量信号通过。图 1-4-4(a)是理想带阻滤波器的幅频特性图，其阻带为 $\omega_L\sim\omega_H$，阻带内的衰减为∞；带阻滤波器具有两个通

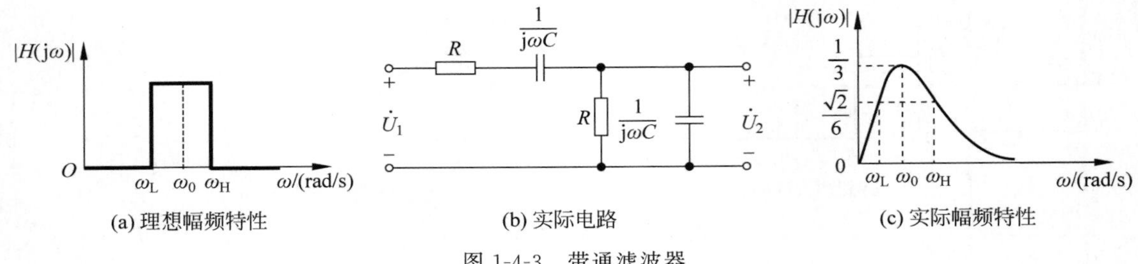

(a) 理想幅频特性　　(b) 实际电路　　(c) 实际幅频特性

图 1-4-3　带通滤波器

带，即下限通带($0\sim\omega_L$)和上限通带($\omega_H\sim\infty$)，通带内的衰减为 0。这样的要求同样也不可能用实际的滤波电路来实现，图 1-4-4(b)所示电路为 RC 双 T 带阻滤波电路，其幅频特性如图 1-4-4(c)所示，可分析知其中心角频率 $\omega_0=\dfrac{1}{RC}$。

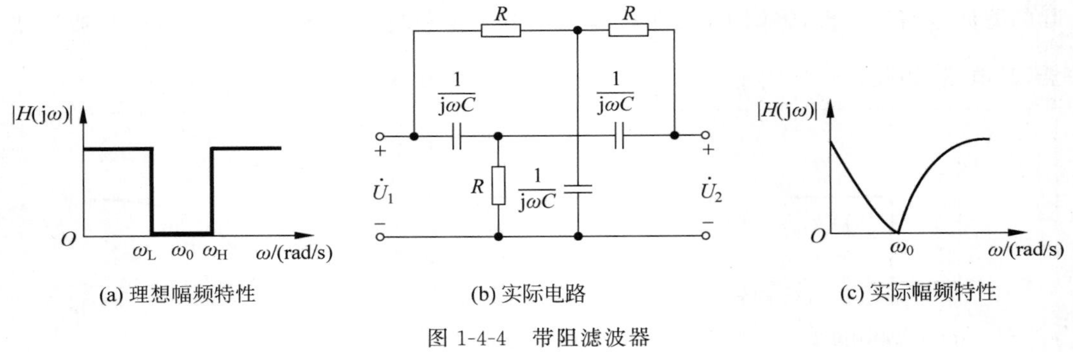

(a) 理想幅频特性　　(b) 实际电路　　(c) 实际幅频特性

图 1-4-4　带阻滤波器

5. 全通滤波器

全通滤波器在所研究的频率范围内(理想情况下，$0\leqslant\omega\leqslant\infty$)幅频特性是一条直线，没有频率选择的特性。但是，这种滤波器的相频特性接近于线性，因此可以用来实现时间延时等功能。图 1-4-5(a)所示电路为具有全通滤波器特性的 RC 移相电路，其相量图如图 1-4-5(b)所示，由相量图可以看出：在任意频率下，其输出电压的幅值与输入电压相等，只是相位发生了改变，该电路可以完成大角度的移相功能。

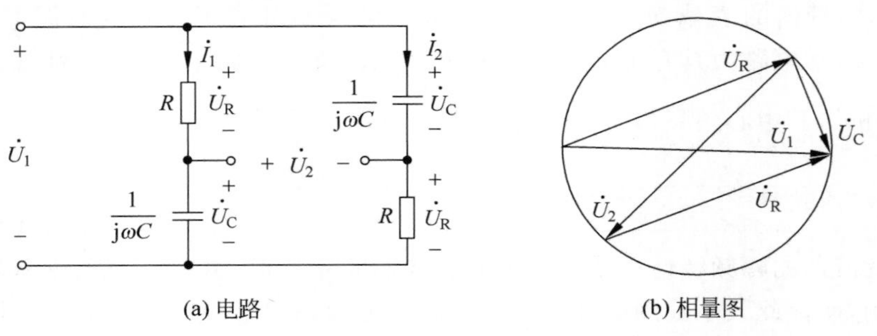

(a) 电路　　(b) 相量图

图 1-4-5　RC 移相电路

1.4.2 网络的归一化和去归一化

在信号处理电路中，实际的电路元件是很分散的，导致我们很难对众多电路的性能比较并采用统一的方法进行设计。因此，为简化设计，通常需要对网络进行归一化处理，便于对各种网络的特性进行统一比较，才有可能制定出可供设计使用的统一图表。

1. 归一化

对网络的归一化处理主要包括频率归一化和阻抗归一化。所谓频率归一化，是指在设计滤波器时，将滤波器的截止角频率（对于高通和低通滤波器来说）或中心角频率（对于带通和带阻滤波器来说）设计为 1rad/s，并以此为条件完成对滤波器的设计。所谓阻抗归一化，就是在设计滤波器时，将信号源的阻抗 R_s 和网络的负载阻抗 R_L 设计为 1Ω，并以此为条件完成对滤波器的设计。

2. 去归一化

去归一化处理是归一化处理的逆过程。为了使所设计的滤波器的频率满足实际所要求的截止角频率（对于高通和低通滤波器来说）或中心角频率（对于带通和带阻滤波器来说）为 ω_c，需要对按频率归一化处理所设计的滤波器再进行频率去归一化，也就是将所设计的截止角频率或中心角频率为 1rad/s 的滤波器转换成对应角频率为 ω_c 的滤波器，这一过程又称为频率定标。对网络进行频率去归一化处理实际上是将原滤波传递函数中的 s 用 s/ω_c 代替，具体到元件上则体现为：滤波电路中的电阻不变，电感和电容都要减小到原来的 $1/\omega_c$。假设原频率归一化电路中的电阻、电感和电容的元件值分别为 R^*、L^* 和 C^*，则频率去归一化后电路中所对应元件值 R、L 和 C 可以表示为

$$R = R^* \tag{1-4-1}$$

$$L = \frac{L^*}{\omega_c} \tag{1-4-2}$$

$$C = \frac{C^*}{\omega_c} \tag{1-4-3}$$

为了使所设计的滤波器的阻抗达到实际所要求的阻抗值 R_0，需要对按阻抗归一化处理所设计的滤波器再进行阻抗去归一化，也就是将所设计的阻抗为 1Ω 的滤波器转换成实际阻抗为 R_0(Ω)的滤波器，这一过程又称为阻抗定标。对网络进行阻抗去归一化处理需要将原滤波传递函数中所有阻抗增大到原来的 R_0 倍，具体到元件上则体现为：滤波电路中的电阻和电感增大到原来的 R_0 倍，电容减小到原来的 $1/R_0$。假设原阻抗归一化电路中的电阻、电感和电容的元件值分别为 R^*、L^* 和 C^*，则阻抗去归一化后电路中所对应元件值 R、L 和 C 可以表示为

$$R = R_0 R^* \tag{1-4-4}$$

$$L = R_0 L^* \tag{1-4-5}$$

$$C=\frac{C^*}{R_0} \tag{1-4-6}$$

通常情况下可以对网络同时进行频率去归一化和阻抗去归一化，其关系为

$$R=R_0R^* \tag{1-4-7}$$

$$L=\frac{R_0}{\omega_c}L^* \tag{1-4-8}$$

$$C=\frac{1}{R_0\omega_c}C^* \tag{1-4-9}$$

1.4.3 滤波函数的逼近

为了设计一个滤波器，通常需要根据设计要求的技术指标来确定滤波器的转移函数。因为实际电路是不能实现理想滤波特性的，所以在实际设计滤波器时，必须根据实际需要，降低理想特性对电路提出的要求，允许实际实现的滤波器的幅度和相位特性在通带和阻带内与理想特性有一定的偏差。

对滤波器来说，可用幅频特性来表示其主要特性，也可用衰减特性来表征。图 1-4-6(a)和图 1-4-6(b)分别给出了理想低通滤波器的幅频特性和衰减特性曲线。图 1-4-6(b)中纵坐标是衰减 $A(\omega)$，在通带($0\leqslant\omega<\omega_c$)内无衰减，即 $A(\omega)=0$；在阻带($\omega>\omega_c$)内衰减为无限大，即 $A(\omega)=\infty$。

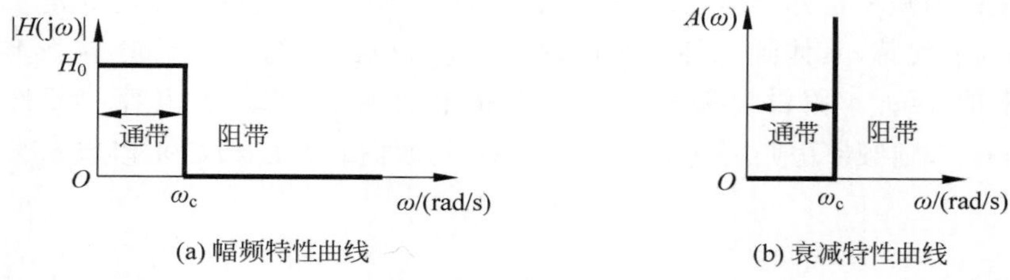

(a) 幅频特性曲线　　(b) 衰减特性曲线

图 1-4-6　理想低通滤波器

前面已提到，理想低通滤波器特性不可能用集总、线性、时不变元件组成的电路来实现。在实际工程应用中，没有必要要求在整个通带内衰减都等于 0，而只要滤波器在通带内的衰减小于事先规定的通带最大衰减 A_{max} 即可。对于阻带，也不可能要求其衰减为无限大，只要在阻带内的衰减大于事先规定的阻带最小衰减 A_{min} 即可。此外，通常情况下，实际滤波器的通带与阻带之间有一过渡带，即通带边界角频率 ω_p 与阻带边界角频率 ω_s 之间的频带($\omega_p<\omega<\omega_s$)。由此可得到图 1-4-7 所示的实际低通滤波器技术条件，图 1-4-7 中的阴影区表示衰减函数曲线不能进入的部分，图 1-4-7 中表示的低通滤波器技术条件也可表述为

通带：$0\leqslant\omega<\omega_p$，通带最大衰减 A_{max}；

阻带：$\omega>\omega_s$，阻带最小衰减 A_{min}。

图 1-4-8 绘出了一个满足图 1-4-7 技术条件的某实际低通滤波器的衰减函数曲线，可

以看出，在通带内，衰减 $A(\omega)$ 呈纹波状起伏变化于0与 A_{max} 之间，A_{max} 称为通带容许最大衰减。在阻带内，$A(\omega)$ 也随 ω 而起伏变化，其最大值为无限大，即阻带的理想衰减，其最小值为阻带容许的最小衰减 A_{min}。在通带边界 ω_p 和阻带边界 ω_s 处，衰减分别等于 A_{max} 和 A_{min}。过渡带的带宽 $(\omega_s-\omega_p)$ 越窄，则过渡带中 $A(\omega)$ 线变化越陡，滤波器的频率选择性越好。

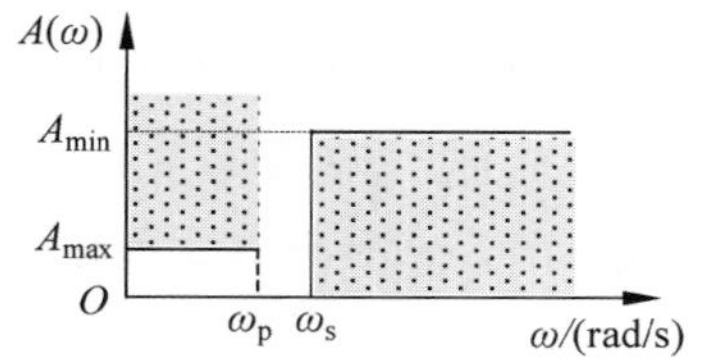

图 1-4-7 实际低通滤波器技术条件

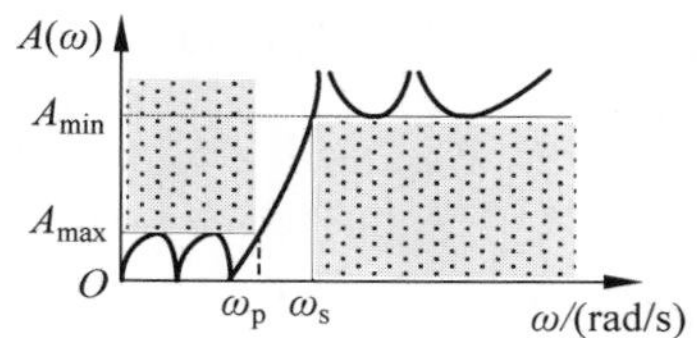

图 1-4-8 满足技术条件的某实际低通滤波器

从数学的角度来讲，需要选择一个实际的可实现的函数作为滤波器的转移函数去近似或逼近理想的转移函数。常用的近似函数为：具有最大平坦特性的巴特沃斯(Butterworth)函数、通带具有等波动特性的切比雪夫(Chebyshev)函数、通带和阻带都有波动的椭圆(Cauer)函数和具有最大线性相位特性的贝塞尔(Bessel)函数等。用这些函数实现的滤波器分别称为巴特沃斯滤波器、切比雪夫滤波器、椭圆滤波器和贝塞尔滤波器。

1. Butterworth 逼近

在正弦稳态下，n 阶 Butterworth 低通函数幅值的平方可用下式表示：

$$|H(j\omega)|^2=\frac{H_0^2}{1+\varepsilon^2\left(\dfrac{\omega}{\omega_c}\right)^{2n}}\quad n=1,2,3,\cdots \tag{1-4-10}$$

式中，$H_0=H(0)$，ω_c 为截止角频率，n 表示滤波器的阶数，ε 称为波动因子。

n 阶 Butterworth 低通函数的幅频特性曲线如图 1-4-9 所示(为便于比较，令 $\omega_c=1\text{rad/s}$，$\varepsilon=1$，$H_0=1$)，从图 1-4-9 可以看出，通频带内的频率响应曲线最大限度平坦，没有起伏，在阻频带逐渐下降为零。滤波器的阶数 n 越高，在截止频率处的斜率越陡，其过渡带越窄。

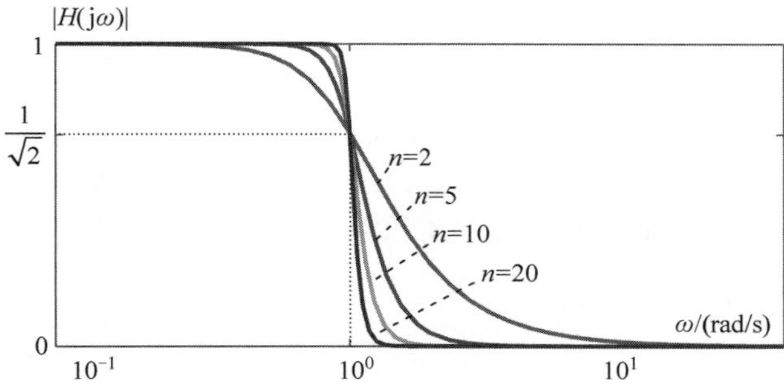

图 1-4-9 n 阶 Butterworth 函数幅频特性曲线($\omega_c=1\text{rad/s}$，$\varepsilon=1$，$H_0=1$)

传输特性可用衰减函数 $A(\omega)$(dB)来表示,定义为

$$A(\omega)=-20\lg\left|\frac{H(\mathrm{j}\omega)}{H_0}\right| \tag{1-4-11}$$

结合式(1-4-10)和式(1-4-11)可得

$$A(\omega)=10\lg\left[1+\varepsilon^2\left(\frac{\omega}{\omega_c}\right)^{2n}\right] \tag{1-4-12}$$

由式(1-4-12)知,通带内最大衰减 $A_{\max}$(dB)发生在截止角频率 ω_c 处,即

$$A_{\max}=10\lg(1+\varepsilon^2) \tag{1-4-13}$$

因此波动因子 ε 可表示为

$$\varepsilon=\sqrt{10^{0.1A_{\max}}-1} \tag{1-4-14}$$

由式(1-4-14)可以看出当 $A_{\max}$ 为 3dB 时,对应的波动因子 ε 值为 1。

由于在阻带边界 ω_s 处,衰减为阻带容许最小衰减 $A_{\min}$(dB),代入式(1-4-12)有

$$A_{\min}=10\lg\left[1+\varepsilon^2\left(\frac{\omega_s}{\omega_c}\right)^{2n}\right] \tag{1-4-15}$$

结合式(1-4-14)和式(1-4-15)可知阶数 n 需要满足以下条件:

$$n\geqslant\frac{\lg\left(\dfrac{10^{0.1A_{\min}}-1}{10^{0.1A_{\max}}-1}\right)}{2\lg\left(\dfrac{\omega_s}{\omega_c}\right)} \tag{1-4-16}$$

为有利于设计,通常情况下令 $\omega_c=1\mathrm{rad/s}$ 和 $\varepsilon=1$ 进行归一化,则式(1-4-10)可表示为

$$|H(\mathrm{j}\omega)|^2=\frac{H_0^2}{1+\omega^{2n}}\quad n=1,2,3,\cdots \tag{1-4-17}$$

将 $s=\mathrm{j}\omega$ 代入式(1-4-17)可得

$$|H(s)|^2=H(s)H(-s)=\frac{H_0^2}{1+(-1)^n s^{2n}} \tag{1-4-18}$$

式(1-4-18)表示归一化 Butterworth 低通滤波器的幅值平方函数,利用式(1-4-18)可求出 $H(s)$的极点,会发现它们全部位于复频率平面的单位圆上,Butterworth 低通滤波函数 $H(s)$可表示为

$$H(s)=\frac{H_0}{D(s)}=\frac{H_0}{b_0+b_1s+b_2s^2+b_3s^3+\cdots+b_{n-1}s^{n-1}+s^n} \tag{1-4-19}$$

式中,分母多项式 $D(s)$称为 Butterworth 多项式,归一化 1~7 阶 Butterworth 低通滤波函数 $H(s)$的极点如表 1-4-1 所示,其分母多项式 $D(s)$的系数如表 1-4-2 所示。注意,查表 1-4-2 所获得的 $H(s)$是归一化传递函数,需要按照实际滤波器的相关参数进行去归一化,用 $s(\varepsilon^{\frac{1}{n}}/\omega_c)$代替 $H(s)$中的 s。

表 1-4-1　归一化 Butterworth 低通滤波函数 $H(s)$的极点

n	$H(s)$极点			
1	−1.000			
2	−0.707±j0.707			
3	−0.500±j0.866	−1.000		
4	−0.923±j0.383	−0.383±j0.924		
5	−0.809±j0.588	−0.309±j0.951	−1.000	
6	−0.966±j0.259	−0.707±j0.707	−0.259±j0.966	
7	−0.901±j0.434	−0.624±j0.782	−0.223±j0.975	−1.000

表 1-4-2　归一化 Butterworth 低通滤波函数的分母多项式 $D(s)$系数

n	b_6	b_5	b_4	b_3	b_2	b_1	b_0
1							1.000 000
2						1.414 213	1.000 000
3					2.000 000	2.000 000	1.000 000
4				2.613 126	3.414 214	2.613 126	1.000 000
5			3.236 068	5.235 068	5.235 068	3.236 068	1.000 000
6		3.863 703	7.464 102	9.141 620	7.464 102	3.863 703	1.000 000
7	4.493 959	10.097 835	14.591 795	14.591 795	10.097 835	4.493 959	1.000 000

【例 1-4-1】　某 Butterworth 低通滤波器的性能指标为：$\omega_c=10^4\,\text{rad/s}$，$\omega_s=4\times10^4\,\text{rad/s}$，$A_{\min}=50\text{dB}$，$A_{\max}=0.5\text{dB}$，试求取该滤波器的传递函数 $H(s)$。

解：利用式(1-4-14)有

$$\varepsilon=\sqrt{10^{0.1A_{\max}}-1}=\sqrt{10^{0.1\times0.5}-1}=0.35$$

利用式(1-4-16)有

$$n\geqslant\left\lceil\frac{\lg\left(\dfrac{10^{0.1A_{\min}}-1}{10^{0.1A_{\max}}-1}\right)}{2\lg\left(\dfrac{\omega_s}{\omega_c}\right)}=\frac{\lg\left(\dfrac{10^{0.1\times50}-1}{10^{0.1\times0.5}-1}\right)}{2\lg\left(\dfrac{4\times10^4}{10^4}\right)}=4.91\right\rceil$$

由于 n 只能为整数，故至少需要五阶滤波器，在本例中取五阶，查表 1-4-2 得归一化的传递函数为

$$\frac{1}{s^5+3.236\,068s^4+5.235\,068s^3+5.235\,068s^2+3.236\,068s+1}$$

用 $s\left(\dfrac{\varepsilon^{\frac{1}{n}}}{\omega_c}\right)=s\left(\dfrac{0.35^{\frac{1}{5}}}{10^4}\right)$代替上式中的 s 可得到去归一化后的传递函数即该滤波器的传递函数 $H(s)$为

$$H(s)=\frac{2.857\,143\times10^{20}}{s^5+3.992\,124\times10^4s^4+7.967\,005\times10^8s^3+6.073\,550\times10^{12}s^2+7.496\,272\times10^{16}s+2.857\,143\times10^{20}}$$

2. Chebyshev 逼近

在正弦稳态下，n 阶 Chebyshev 低通函数幅值的平方可表示为

$$|H(j\omega)|^2=\frac{H_0^2}{1+\varepsilon^2 C_n^2\left(\frac{\omega}{\omega_c}\right)}\quad n=1,2,3,\cdots \tag{1-4-20}$$

式中，$H_0=H(0)$，ω_c 为截止角频率，ω/ω_c 为归一化频率，可用 Ω 来表示，n 表示滤波器的阶数，ε 称为波动因子，$C_n(\Omega)$称为 n 阶 Chebyshev 多项式，它具有如下递归形式：

$$\begin{cases}C_0(\Omega)=1\\C_1(\Omega)=\Omega\\C_n(\Omega)=2\Omega C_{n-1}(\Omega)-C_{n-2}(\Omega)\end{cases} \tag{1-4-21}$$

Chebyshev 多项式 $C_n(\Omega)$的另一种表示形式为

$$C_n(\Omega)=\begin{cases}\cos(n\arccos\Omega) & 0\leqslant\Omega\leqslant 1\\ \cosh(n\operatorname{arccosh}\Omega) & \Omega\geqslant 1\end{cases} \tag{1-4-22}$$

Chebyshev 多项式 $C_n(\Omega)$有如下特性：

(1) 当 $0\leqslant\Omega\leqslant 1$ 时，由于$|\cos(n\arccos\Omega)|\leqslant 1$，所以 Chebyshev 多项式 $C_n(\Omega)$在通带内是有界的。因此当 $0\leqslant\Omega\leqslant 1$ 时，式(1-4-20)所表示的$|H(j\omega)|$在 $H_0/\sqrt{1+\varepsilon^2}\sim H_0$ 的范围内波动，ε 称为波动因子。

(2) n 阶 Chebyshev 多项式有 n 个极值点，所有的极大值都相等，所有的极小值也相等。即 Chebyshev 多项式 $C_n(\Omega)$在通带内是等波动的，所以称为等波纹近似。

(3) 当 $\Omega\geqslant 1$ 时，由于 $\cosh(n\operatorname{arccosh}\Omega)\geqslant 1$；当 $\Omega\gg 1$ 时，$\cosh(n\operatorname{arccosh}\Omega)\approx 2^{n-1}\Omega^n$，所以式(1-4-20)所表示的$|H(j\omega)|$在阻带内随着 ω 增大而迅速下降。

n 阶 Chebyshev 低通函数的幅频特性曲线如图 1-4-10 所示(为便于比较，令 $\omega_c=1\text{rad/s}$，$\varepsilon=1$，$H_0=1$)，从图 1-4-10 可以看出，通频带内的频率响应曲线是等波动的，滤波器的阶数 n 越高，在截止频率处的斜率越陡，其过渡带越窄。

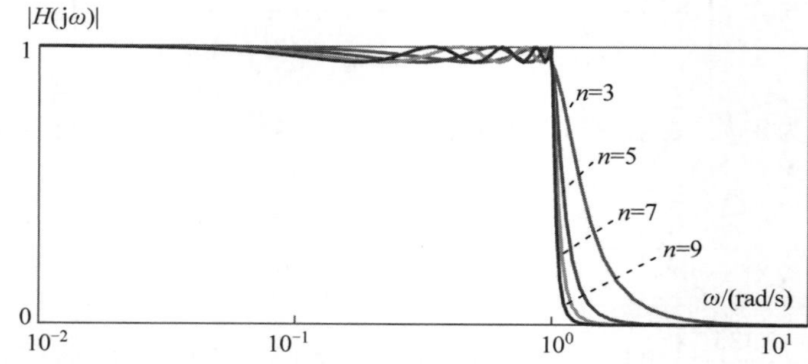

图 1-4-10　n 阶 Chebyshev 函数幅频特性曲线($\omega_c=1\text{rad/s}$，$\varepsilon=1$，$H_0=1$)

n 阶 Chebyshev 低通函数的衰减函数 $A(\omega)$(dB)为

$$A\left(\frac{\omega}{\omega_c}\right)=10\lg\left[1+\varepsilon^2 C_n^2\left(\frac{\omega}{\omega_c}\right)\right] \tag{1-4-23}$$

由式(1-4-23)知，通带内最大衰减 A_{max}(dB)发生在截止角频率 ω_c 处，即

$$A_{max}=10\lg(1+\varepsilon^2) \tag{1-4-24}$$

在阻带边界 ω_s 处，衰减为阻带容许最小衰减 A_{min}(dB)，代入式(1-4-23)有

$$A_{min}=10\lg\left[1+\varepsilon^2 C_n^2\left(\frac{\omega_s}{\omega_c}\right)\right] \tag{1-4-25}$$

结合式(1-4-24)和式(1-4-25)可知阶数 n 需要满足以下条件

$$n \geqslant \frac{\operatorname{arccosh}\left(\dfrac{\sqrt{10^{0.1A_{min}}-1}}{\varepsilon}\right)}{\operatorname{arccosh}\left(\dfrac{\omega_s}{\omega_c}\right)} \tag{1-4-26}$$

Chebyshev 低通滤波函数 $H(s)$可表示为

$$H(s)=\frac{1}{D(s)}=\frac{1}{b_0+b_1 s+b_2 s^2+b_3 s^3+\cdots+b_{n-1}s^{n-1}+s^n} \tag{1-4-27}$$

归一化 1～7 阶 Chebyshev 低通滤波函数 $H(s)$在波动分别为 0.5dB 和 1dB 时的极点分别如表 1-4-3 和表 1-4-5 所示，分母多项式 $D(s)$在波动分别为 0.5dB 和 1dB 时的系数分别如表 1-4-4 和表 1-4-6 所示。

表 1-4-3 归一化 0.5dB 波动 Chebyshev 低通滤波函数 $H(s)$的极点

n	$H(s)$极点			
1	−2.863			
2	−0.513±j0.723			
3	−0.268±j0.875	−0.537		
4	−0.387±j0.385	−0.161±j0.930		
5	−0.277±j0.590	−0.106±j0.955	−0.342	
6	−0.278±j0.260	−0.204±j0.709	−0.075±j0.969	
7	−0.224±j0.435	−0.155±j0.784	−0.055±j0.977	−0.249

表 1-4-4 归一化 0.5dB 波动 Chebyshev 低通滤波函数的分母多项式 $D(s)$系数

n	b_6	b_5	b_4	b_3	b_2	b_1	b_0
1							2.862 775
2						1.425 625	1.516 203
3					1.252 913	1.534 895	0.715 694
4				1.197 386	1.716 866	1.025 455	0.379 051
5			1.172 491	1.937 367	1.309 575	0.752 518	0.178 923
6		1.159 176	2.171 845	1.589 764	1.171 861	0.432 367	0.094 763
7	1.151 218	4.412 651	1.869 408	1.647 903	0.755 651	0.282 072	0.044 731

表 1-4-5　归一化 1.0dB 波动 Chebyshev 低通滤波函数 $H(s)$ 的极点

n	$H(s)$ 极点			
1	−1.965			
2	−0.451±j0.735			
3	−0.226±j0.882	−0.451		
4	−0.320±j0.387	−0.133±j0.934		
5	−0.227±j0.592	−0.087±j0.958	−0.280	
6	−0.227±j0.260	−0.166±j0.711	−0.061±j0.971	
7	−0.182±j0.435	−0.126±j0.785	−0.045±j0.979	−0.202

表 1-4-6　归一化 1.0dB 波动 Chebyshev 低通滤波函数的分母多项式 $D(s)$ 系数

n	b_6	b_5	b_4	b_3	b_2	b_1	b_0
1							1.965 227
2						1.097 734	1.102 510
3					0.988 341	1.238 409	0.491 307
4				0.952 811	1.453 925	0.742 619	0.275 628
5			0.936 820	1.688 816	0.974 396	0.580 534	0.122 827
6		0.928 251	1.930 825	1.202 140	0.939 346	0.307 081	0.068 907
7	0.923 123	2.176 078	1.428 794	1.357 545	0.548 620	0.213 671	0.030 708

3. Cauer 逼近

前面讨论的 Butterworth 近似函数和 Chebyshev 近似函数都适用于有限频率范围内没有传输零点，即所有的传输零点都在无穷大频率处的全极点滤波器的设计，因此不适用于同时具有有限传输零点和有限传输极点的滤波器的设计。

椭圆近似函数又称为 Cauer 近似函数，与 Butterworth 和 Chebyshev 全极点函数不同，Cauer 近似函数阻带内在 $j\omega$ 轴上分布有零点。因此对于在通带内具有传输极点，在阻带内具有 $j\omega$ 轴上传输零点的滤波器，可以采用椭圆近似(Cauer 近似)的设计方法。

在正弦稳态下，n 阶 Cauer 低通函数幅值的平方可用下式表示：

$$|H(j\omega)|^2=\frac{1}{1+\varepsilon^2 R_{n,\omega_s}^2\left(\dfrac{\omega}{\omega_c}\right)}\quad n=1,2,3,\cdots \tag{1-4-28}$$

式中，ω_c 为截止角频率，ω/ω_c 为归一化频率，可用 Ω 来表示，n 表示滤波器的阶数，ε 称为波动因子，$R_{n,\omega_s}(\Omega)$ 定义如下：

$$R_{n,\omega_s}(\Omega)=\begin{cases}\displaystyle\prod_{i=1}^{n/2}\left[\frac{\Omega^2-\left(\dfrac{\omega_i}{\omega_c}\right)^2}{\Omega^2-\left(\dfrac{\omega_s}{\omega_i}\right)^2}\right] & n\ \text{为偶数}\\[3ex] \displaystyle\Omega\prod_{j=1}^{(n-1)/2}\left[\frac{\Omega^2-\left(\dfrac{\omega_j}{\omega_c}\right)^2}{\Omega^2-\left(\dfrac{\omega_s}{\omega_j}\right)^2}\right] & n\ \text{为奇数}\end{cases} \tag{1-4-29}$$

n 阶 Cauer 低通函数的幅频特性曲线如图 1-4-11 所示(为便于比较,令 $\omega_c=1\text{rad/s}$, $\varepsilon=1$),从图 1-4-11 可以看出,其在通带和阻带都具有等波纹特性,滤波器的阶数 n 越高,在截止频率处的斜率越陡,其过渡带越窄。

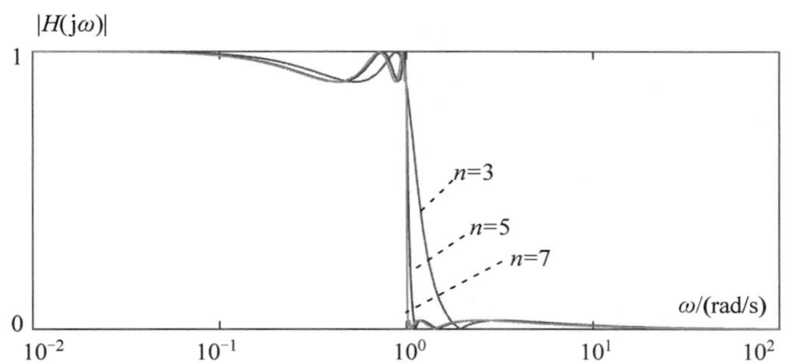

图 1-4-11 n 阶 Cauer 低通函数的幅频特性曲线($\omega_c=1\text{rad/s}, \varepsilon=1$)

图 1-4-12 为五阶 Chebyshev、Butterworth 和 Cauer 低通滤波函数的幅频特性曲线(为便于比较,令 $\omega_c=1\text{rad/s}, \varepsilon=1, H_0=1$),可以看出,Cauer 滤波器在过渡带有更陡的斜率,其过渡带更窄。

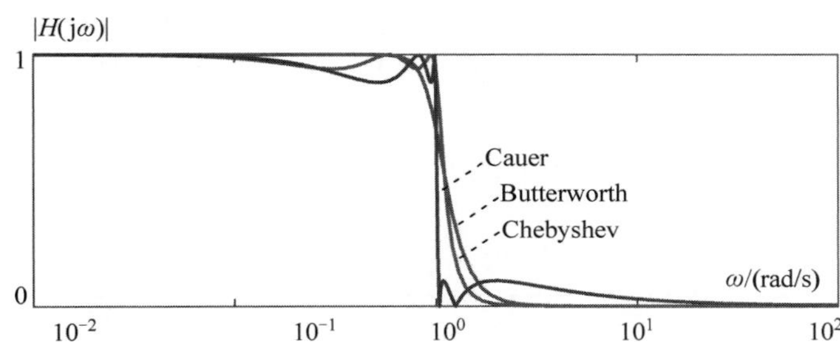

图 1-4-12 五阶 Chebyshev、Butterworth 和 Cauer 低通滤波函数的幅频特性曲线($\omega_c=1\text{rad/s}, \varepsilon=1, H_0=1$)

椭圆低通滤波函数 $H(s)$ 可表示为

$$H(s)=\frac{N(s)}{D(s)}=\frac{k\prod_{i=1}^{m}(s^2+a_i)}{b_0+b_1s+b_2s^2+b_3s^3+\cdots+b_{n-1}s^{n-1}+s^n} \tag{1-4-30}$$

归一化二~五阶 Cauer 低通滤波函数在通带最大衰减值 $A_{\max}=0.5\text{dB}$ 时对应的分子常数 k、分子多项式 $N(s)$ 和分母多项式 $D(s)$ 如表 1-4-7 所示,其中的 $\Omega_s=\omega_s/\omega_c$。

表 1-4-7 $A_{\max}=0.5\text{dB}$ 时归一化 Cauer 低通滤波函数系数表

$\Omega_s=1.5$				
n	k	$N(s)$	$D(s)$	$A_{\min}$/dB
2	0.385 40	$s^2+3.927\ 05$	$s^2+1.031\ 53s+1.603\ 19$	8.3
3	0.314 10	$s^2+2.806\ 01$	$(s^2+0.452\ 86s+1.149\ 17)(s+0.766\ 95)$	21.9

续表

$\Omega_s=1.5$				
n	k	$N(s)$	$D(s)$	A_{min}/dB
4	0.015 40	$(s^2+2.535\,55)(s^2+12.099\,31)$	$(s^2+0.254\,96s+1.060\,44)(s^2+0.920\,01s+0.471\,83)$	36.3
5	0.019 20	$(s^2+2.425\,51)(s^2+5.437\,654)$	$(s^2+0.163\,46s+1.031\,89)(s^2+0.570\,23s+0.576\,01)(s+0.425\,97)$	50.6
$\Omega_s=2.0$				
n	k	$N(s)$	$D(s)$	A_{min}/dB
2	0.201 33	$s^2+7.461\,0$	$s^2+1.245\,04s+1.591\,79$	13.9
3	0.154 24	$s^2+5.153\,20$	$(s^2+0.537\,87s+1.148\,49)(s+0.692\,12)$	31.2
4	0.003 70	$(s^2+4.593\,30)(s^2+24.227\,20)$	$(s^2+0.301\,16s+1.062\,58)(s^2+0.884\,56s+0.410\,32)$	48.6
5	0.004 62	$(s^2+4.365\,00)(s^2+10.567\,70)$	$(s^2+0.192\,55s+1.034\,02)(s^2+0.580\,54s+0.525\,00)(s+0.392\,61)$	66.1
$\Omega_s=3.0$				
n	k	$N(s)$	$D(s)$	A_{min}/dB
2	0.083 97	$s^2+17.485\,28$	$s^2+1.357\,15s+1.555\,32$	21.5
3	0.063 21	$s^2+11.827\,81$	$(s^2+0.589\,42s+1.145\,59)(s+0.652\,63)$	42.8
4	0.000 62	$(s^2+10.455\,40)(s^2+58.471\,00)$	$(s^2+0.329\,79s+1.063\,28)(s^2+0.862\,58s+0.377\,87)$	64.1
5	0.000 78	$(s^2+9.895\,50)(s^2+25.076\,90)$	$(s^2+0.210\,66s+1.035\,10)(s^2+0.584\,41s+0.496\,39)(s+0.374\,52)$	85.5

1.4.4 滤波函数的转换

为简化设计，对于非低通滤波器的设计，通常情况下需要先设计对应的低通滤波器，然后再进行适当转换。本节研究由低通滤波函数转换为其他滤波函数的方法，设低通函数变换前后的复频率分别用 p 和 s 表示。

1. 低通函数转换为高通函数

将低通函数复频率 p 换为 $1/s$，则新的以 s 为变量的函数具有高通特性，因此由低通到高通的转换条件为

$$p=\frac{1}{s} \tag{1-4-31}$$

具体到电路，对于无源滤波电路来说，这种变换相当于将电容和电感互换，如图 1-4-13 所示。对于低通滤波电路中的电感 L_{LP} 来说，其阻抗为 pL_{LP}，根据式(1-4-31)知转换为

高通滤波电路后，阻抗转换为$\frac{1}{s}L_{LP}=\frac{1}{s(1/L_{LP})}=\frac{1}{sC_{HP}}$，其对应的元件是电容，电容值为$C_{HP}=\frac{1}{L_{LP}}$。同理，对于低通滤波电路中的电容$C_{LP}$来说，其阻抗为$\frac{1}{pC_{LP}}$，转换为高通滤波电路后，阻抗转换为$\frac{s}{C_{LP}}=s\left(\frac{1}{C_{LP}}\right)=sL_{HP}$，其对应的元件是电感，电感值为$L_{HP}=\frac{1}{C_{LP}}$。

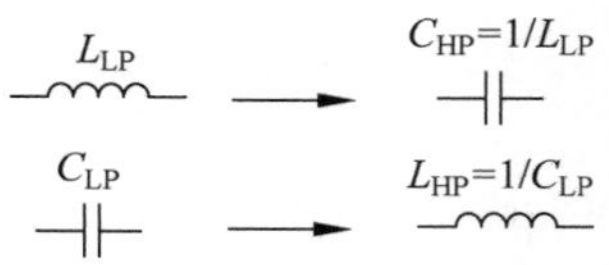

图 1-4-13　低通转换到高通的元件变换

2. 低通函数转换为带通函数

将低通函数复频率 p 换为$\frac{s^2+\omega_0^2}{s\omega_{BW}}$，则新的以 s 为变量的函数具有带通特性，因此由低通到带通的转换条件为

$$p=\frac{s^2+\omega_0^2}{s\omega_{BW}}=\frac{Q(s_n^2+1)}{s_n} \tag{1-4-32}$$

式中，ω_0 为带通滤波函数的中心角频率，ω_{BW} 为带通滤波函数的 3dB 带宽，$Q=\omega_0/\omega_{BW}$ 为品质因数，$s_n=s/\omega_0$ 为归一化复频率。

具体到电路，对于无源滤波电路来说，低通转换到带通的元件变换如图 1-4-14 所示。对于低通滤波电路中的电感 L_{LP} 来说，其阻抗为 pL_{LP}，根据式(1-4-32)知转换为带通滤波电路后，其阻抗变为$\frac{s^2+\omega_0^2}{s\omega_{BW}}L_{LP}=s\left(\frac{L_{LP}}{\omega_{BW}}\right)+\frac{1}{s[\omega_{BW}/(\omega_0^2L_{LP})]}=sL_{BP}+\frac{1}{sC_{BP}}$，对应电感与电容的串联电路，其中电感值为$L_{BP}=\frac{L_{LP}}{\omega_{BW}}$，电容值为$C_{BP}=\frac{\omega_{BW}}{\omega_0^2L_{LP}}$。同理，对于低通滤波电路中的电容 C_{LP} 来说，其导纳为 pC_{LP}，转换为带通滤波电路后，其导纳转换为$\frac{s^2+\omega_0^2}{s\omega_{BW}}C_{LP}=s\left(\frac{C_{LP}}{\omega_{BW}}\right)+\frac{1}{s[\omega_{BW}/(\omega_0^2C_{LP})]}=sC_{BP}+\frac{1}{sL_{BP}}$，对应电感与电容的并联电路，其中电容值为$C_{BP}=\frac{C_{LP}}{\omega_{BW}}$，电感值为$L_{BP}=\frac{\omega_{BW}}{\omega_0^2C_{LP}}$。

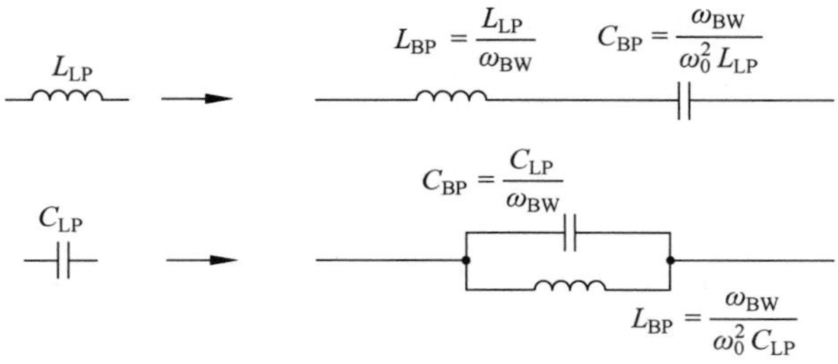

图 1-4-14　低通转换到带通的元件变换

3. 低通函数转换为带阻函数

将低通函数复频率 p 换为 $\frac{s\omega_{BW}}{s^2+\omega_0^2}$，则新的以 s 为变量的函数具有带阻特性，因此由低通到带阻的转换条件为

$$p=\frac{s\omega_{BW}}{s^2+\omega_0^2}=\frac{s_n}{Q(s_n^2+1)} \tag{1-4-33}$$

式中，ω_0 为阻带中心角频率，ω_{BW} 为带阻滤波函数的 3dB 带宽，$Q=\omega_0/\omega_{BW}$ 为品质因数，$s_n=s/\omega_0$ 为归一化复频率。

具体到电路，对于无源滤波电路来说，低通转换到带阻的元件变换如图 1-4-15 所示。对于低通滤波电路中的电感 L_{LP} 来说，其导纳为 $\frac{1}{pL_{LP}}$，根据式(1-4-33)知转换为带阻滤波电路后，其导纳变为 $\frac{s^2+\omega_0^2}{s\omega_{BW}L_{LP}}=s\left(\frac{1}{\omega_{BW}L_{LP}}\right)+\frac{1}{s[(\omega_{BW}L_{LP})/\omega_0^2]}=sC_{BS}+\frac{1}{sL_{BS}}$，对应电感与电容的并联电路，其中电容值为 $C_{BS}=\frac{1}{\omega_{BW}L_{LP}}$，电感值为 $L_{BS}=\frac{\omega_{BW}L_{LP}}{\omega_0^2}$。同理，对于低通滤波电路中的电容 C_{LP} 来说，其阻抗为 $\frac{1}{pC_{LP}}$，转换为带阻滤波电路后，其阻抗转换为 $\frac{s^2+\omega_0^2}{s\omega_{BW}C_{LP}}=s\left(\frac{1}{\omega_{BW}C_{LP}}\right)+\frac{1}{s[(\omega_{BW}C_{LP})/\omega_0^2]}=sL_{BS}+\frac{1}{sC_{BS}}$，对应电感与电容的串联电路，其中电感值为 $L_{BS}=\frac{1}{\omega_{BW}C_{LP}}$，电容值为 $C_{BS}=\frac{\omega_{BW}C_{LP}}{\omega_0^2}$。

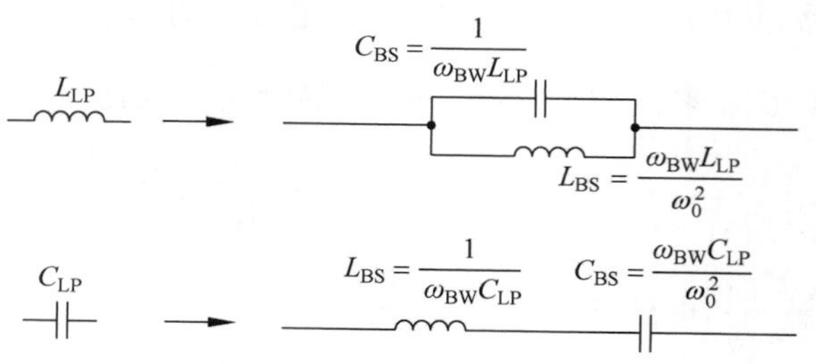

图 1-4-15 低通转换到带阻的元件变换

1.4.5 灵敏度

实际电路元件参数都有一定的容差，不可能与设计值完全一致，而且随环境温度、湿度以及老化程度等变化，因此，评价一个电路优劣的判据之一是看电路的实际性能是否对元件参数的变化敏感，这种性能参数的相对变化量与元件参数的相对变化量之比定义

为灵敏度。灵敏度是讨论实现某一系统函数的各种电路优劣的标准之一，特别是对于同一网络函数可以用多个电路来实现的情况，灵敏度是对这些电路进行优选的一个重要指标。

1. 灵敏度定义

1）绝对灵敏度

电路参数 y 对某元件参数 x 的绝对灵敏度定义为

$$S=\frac{\partial y}{\partial x} \tag{1-4-34}$$

式中，y 可以是网络函数、极点频率、品质因数等电路参数。

2）相对灵敏度

电路参数 y 对元件参数 x 的相对灵敏度定义为

$$S_x^y=\frac{\partial y/y}{\partial x/x}=\frac{x}{y}\cdot\frac{\partial y}{\partial x}=\frac{\partial(\ln y)}{\partial(\ln x)} \tag{1-4-35}$$

式(1-4-35)所定义的相对灵敏度反映了元件参数 x 的相对变化量对电路性能参数 y 相对变化量的影响，又称为归一化灵敏度。$|S_x^y|$ 越大，元件参数 x 的相对变化引起电路参数 y 相对变化越大，表明 y 对 x 的变化越敏感。因此 $|S_x^y|$ 越小越好，也就是说由于某种原因使得元件参数 x 发生变化时，电路参数 y 变化不大。

当元件参数 x 变化很小时，用灵敏度 S 可近似估算性能参数的变化量

$$\frac{\mathrm{d}y}{y}\approx S_x^y\,\frac{\mathrm{d}x}{x} \tag{1-4-36}$$

2. 灵敏度性质

根据相对灵敏度的定义式可推导出如表 1-4-8 所示的相对灵敏度性质。

表 1-4-8　相对灵敏度性质

$S_x^y=0$ （y 不是 x 的函数）	$S_x^{y_1y_2}=S_x^{y_1}+S_x^{y_2}$
$S_x^{kx}=1$ （k 为常数）	$S_x^{y_1/y_2}=S_x^{y_1}-S_x^{y_2}$
$S_x^{ky}=S_{kx}^y=S_x^y$ （k 为常数）	$S_x^{y^n}=nS_x^y$
$S_{1/x}^y=-S_x^y$	$S_{x^n}^y=\frac{1}{n}S_x^y$

利用表 1-4-8 所示的相对灵敏度性质可简化灵敏度计算，一般来说，若 y 形如 $y=x_1^a x_2^b x_3^c$，则电路性能参数 y 对元件参数 x_1、x_2、x_3 的相对灵敏度分别为 $s_{x_1}^y=a$，$s_{x_2}^y=b$，$s_{x_3}^y=c$。

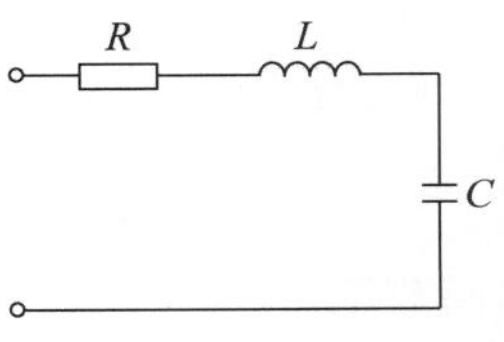

图 1-4-16　例 1-4-2 电路

【例 1-4-2】 求图 1-4-16 所示 RLC 串联电路的谐振角频率 ω_0 和品质因数 Q 对各元件 R、L、C 的相对灵敏度。

解： RLC 串联电路的谐振角频率 ω_0 为

$$\omega_0 = \frac{1}{\sqrt{LC}} = L^{-\frac{1}{2}} C^{-\frac{1}{2}}$$

特性阻抗 ρ 为

$$\rho = \omega_0 L = \frac{1}{\omega_0 C}$$

品质因数 Q 为

$$Q = \frac{\rho}{R} = \frac{1}{R}\sqrt{\frac{L}{C}} = R^{-1} L^{\frac{1}{2}} C^{-\frac{1}{2}}$$

谐振角频率 ω_0 和品质因数 Q 形如 $x_1^a x_2^b x_3^c$，则有

$$S_R^{\omega_0} = 0,\quad S_L^{\omega_0} = -\frac{1}{2},\quad S_C^{\omega_0} = -\frac{1}{2}$$

$$S_R^Q = -1,\quad S_L^Q = \frac{1}{2},\quad S_C^Q = -\frac{1}{2}$$

习题一

1-1　题图 1-1 所示二端口电路中，设电阻 R 及电容 C 均为线性元件，电容 C 的电压初始值不为零，以电流 $i_i(t)$ 为输入，电压 $u_o(t)$ 为输出，试根据端口输入-输出关系判断虚线框中电路是线性电路还是非线性电路。

1-2　题图 1-2 所示二端口电路中，设电阻 R 为线性元件，二极管 D 是理想的，输入为电压 $u_i(t)$，输出为电压 $u_o(t)$，试根据端口输入-输出关系判断虚线框中电路是线性电路还是非线性电路。

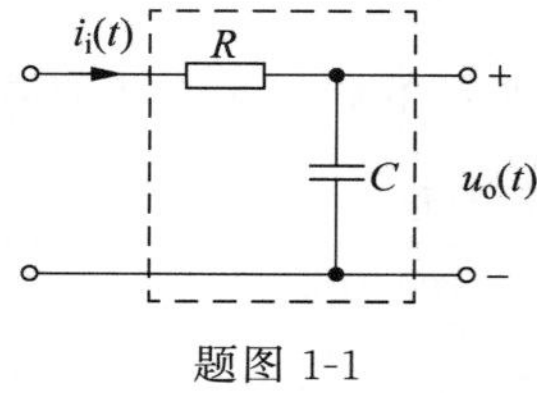

题图 1-1

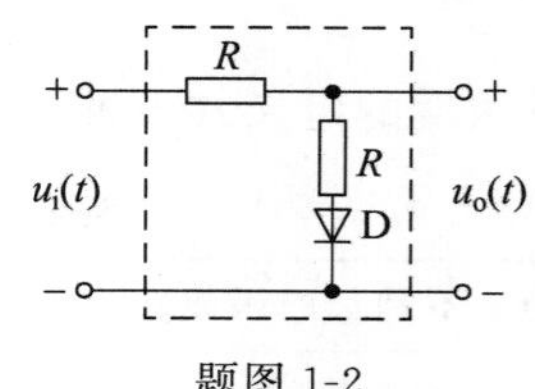

题图 1-2

1-3　单口网络如题图 1-3 所示，$u_i(t)$ 是电路的激励，$i_i(t)$ 为电路的响应，设电路中的电阻 $R_1 = R_2 = 1\Omega$，时变电感和电容 $L(t) = C(t)$，试根据端口输入-输出关系判断虚线框中电路是时变电路还是时不变电路。

1-4　试分析以下各传递函数的零点和极点分布情况：

(1) $H(s) = \dfrac{s^4}{s^2 + 2s + 1}$；(2) $H(s) = \dfrac{2}{s^3 + 3s^2 + 3s + 1}$；(3) $H(s) = \dfrac{s^2 + 1}{(s+1)[(s+1)^2 + 1]}$

1-5　电路如题图 1-4 所示，$U_i(s)$ 为电路的激励，$U_o(s)$ 为电路的响应，求该电路的转移函数 $H(s) = U_o(s)/U_i(s)$ 并分析其零点和极点情况。

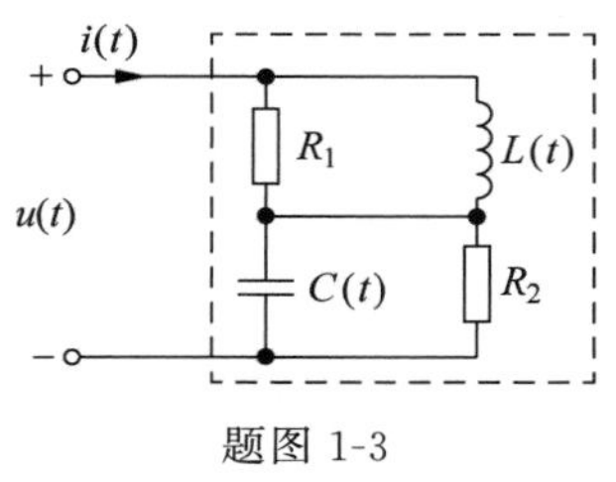

题图 1-3

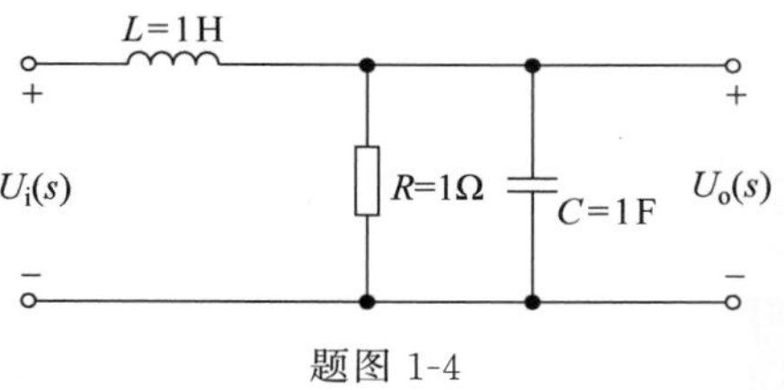

题图 1-4

1-6 设满足要求的归一化五阶 Butterworth 无源低通滤波器如题图 1-5 所示，设计该滤波器，使其满足以下技术要求：截止角频率为 $\omega=10\text{rad/s}$，端接电阻为 $R_S=R_L=1\text{k}\Omega$，利用 Multisim 或 Pspice 等仿真工具验证分析结果的正确性。

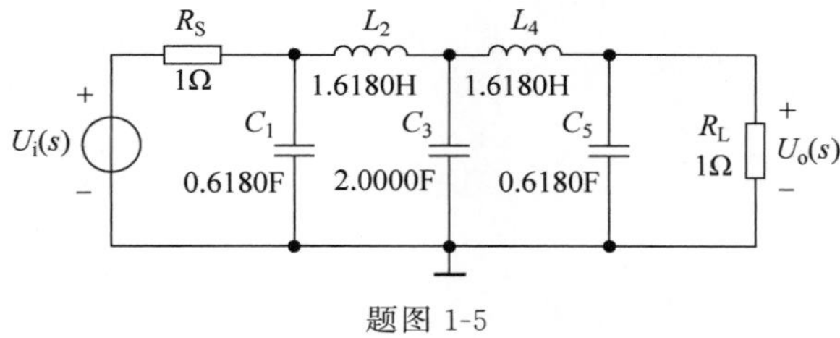

题图 1-5

1-7 某 Butterworth 低通滤波器的性能指标为 $f_c=25\text{kHz}$，$f_s=50\text{kHz}$，$A_{\min}=20\text{dB}$，$A_{\max}=3\text{dB}$，试求该滤波器的传递函数 $H(s)$。

1-8 某 Cauer 低通滤波器的性能指标为 $\omega_c=200\text{rad/s}$，$\omega_s=600\text{rad/s}$，$A_{\min}=20\text{dB}$，$A_{\max}=0.5\text{dB}$，试求该滤波器的传递函数 $H(s)$。

第2章 无源梯形滤波器的分析与设计

双端接载 LC 梯形滤波器是无源滤波器实现技术中应用最为广泛的一种电路结构，并常被选用为设计有源滤波器和其他现代滤波器的原型滤波器电路。故本章从设计需求出发，分别对设计无源单口网络的直接法、部分分式法和连分式展开法进行讨论，进而研究双端接载 LC 梯形滤波器的综合设计方法。

2.1 直接法设计无源单口网络

无源单口网络的综合是双端接载 LC 梯形滤波器的设计基础，针对一些比较简单的无源单口网络函数，可以通过直接观察或简单的分解就能得出其传输函数，进而由电阻、电容、电感这些无源元件或它们的组合来实现，这种方法称为直接法。

2.1.1 *LC* 网络的策动点阻抗函数

1. LC 网络策动点阻抗函数及其零极点分布

根据 LC 网络的策动点阻抗函数的表达式及其零极点分布情况，可以直接综合简单的 LC 网络，常用的六种基本 LC 网络的策动点阻抗函数及其零极点分布如表 2-1-1 所示。

表 2-1-1 *LC* 网络的策动点阻抗函数及其零极点分布

LC 网络	策动点阻抗函数	零极点值	零极点图
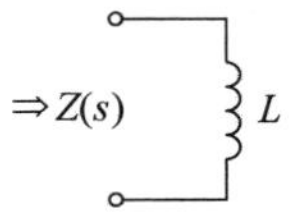 $\Rightarrow Z(s)$　L	$Z(s)=sL$	零点：$s=0$ 极点：$s=\infty$	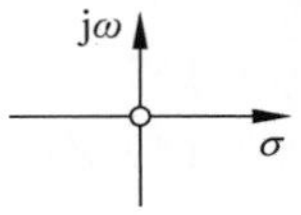 $j\omega$　σ
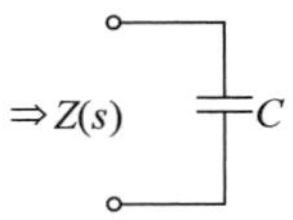 $\Rightarrow Z(s)$　C	$Z(s)=\dfrac{1}{sC}$	零点：$s=\infty$ 极点：$s=0$	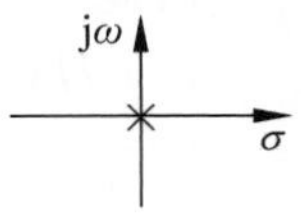 $j\omega$　σ
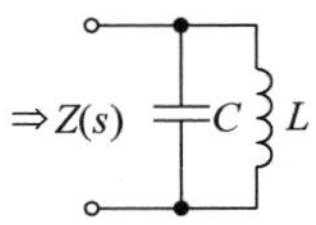 $\Rightarrow Z(s)$　C　L	$Z(s)=\dfrac{1}{C}\left(\dfrac{s}{s^2+\dfrac{1}{LC}}\right)$	零点：$s=0, s=\infty$ 极点：$s=\pm j\sqrt{\dfrac{1}{LC}}$	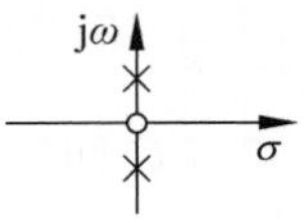 $j\omega$　σ
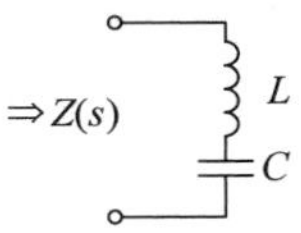 $\Rightarrow Z(s)$　L　C	$Z(s)=L\left(\dfrac{s^2+\dfrac{1}{LC}}{s}\right)$	零点：$s=\pm j\sqrt{\dfrac{1}{LC}}$ 极点：$s=0, s=\infty$	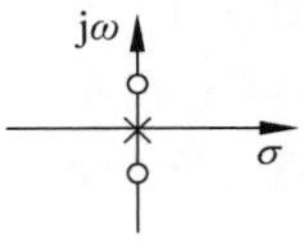 $j\omega$　σ

续表

LC 网络	策动点阻抗函数	零极点值	零极点图
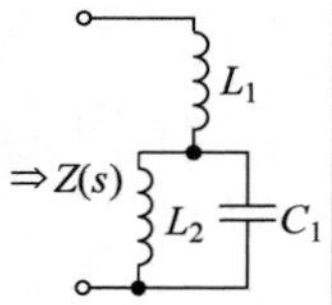	$Z(s)=L_1\dfrac{s\left[s^2+\dfrac{1}{C_1}\left(\dfrac{1}{L_1}+\dfrac{1}{L_2}\right)\right]}{s^2+\dfrac{1}{L_2C_1}}$	零点：$s=0$， $s=\pm\mathrm{j}\sqrt{\dfrac{1}{C_1}\left(\dfrac{1}{L_1}+\dfrac{1}{L_2}\right)}$ 极点：$s=\infty, s=\pm\mathrm{j}\sqrt{\dfrac{1}{L_2C_1}}$	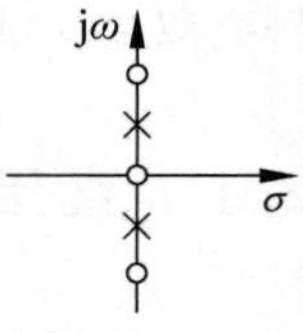
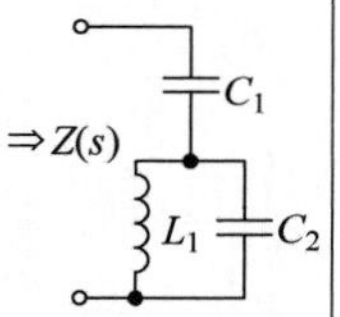	$Z(s)=\dfrac{C_1+C_2}{C_1C_2}\left[\dfrac{s^2+\dfrac{1}{L_1(C_1+C_2)}}{s\left(s^2+\dfrac{1}{L_1C_2}\right)}\right]$	零点：$s=\infty$， $s=\pm\mathrm{j}\sqrt{\dfrac{1}{L_1(C_1+C_2)}}$ 极点：$s=0, s=\pm\mathrm{j}\sqrt{\dfrac{1}{L_1C_2}}$	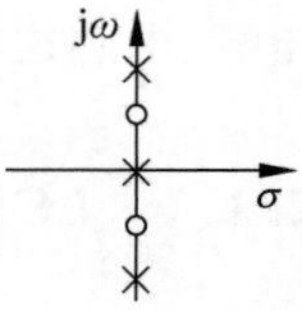

2. LC 网络策动点阻抗函数的特点

由表 2-1-1 可以看出，LC 网络的策动点阻抗函数 $Z(s)=\dfrac{N(s)}{D(s)}$具有以下特点①：

(1) $Z(s)$为奇函数，且是奇多项式(仅含奇次幂)与偶多项式(仅含偶次幂)之比或偶多项式与奇多项式之比。

(2) $N(s)$与 $D(s)$的最高幂次之差必为 1。

(3) $Z(s)$的全部零点和极点都在虚轴上，且是单阶的。

(4) $Z(s)$的零点和极点是交替出现的。

(5) 在原点和在无限远处，$Z(s)$必定有单阶极点或单阶零点。

因此一个有理实函数 $H(s)$是 LC 网络的策动点阻抗函数的充分必要条件是：

(1) $H(s)$的全部极点和零点均为虚轴上交替排列的单阶极点和单阶零点。

(2) 在 $s=0$ 和 $s\to\infty$处，$H(s)$必有单阶极点或单阶零点。

该充分必要条件可用以检验一个有理实函数 $H(s)$能否用 LC 网络来实现它。

3. LC 网络策动点阻抗函数的描述

LC 网络的策动点阻抗函数 $Z(s)$可用数学表达式来描述，LC 网络的一对共轭复数零点频率$\pm\mathrm{j}\omega_{zi}$ 对应于 $Z(s)$分子中的一个$(s^2+\omega_{zi}^2)$项；一对共轭复数极点频率$\pm\mathrm{j}\omega_{pi}$对应于$Z(s)$分母中的一个$(s^2+\omega_{pi}^2)$项；在原点处的单阶极点对应于 $Z(s)$分母中的一个 s 项；在原点处的单阶零点对应于 $Z(s)$分子中的一个 s 项。因此，对于不同类型的零极点分布情况，$Z(s)$的数学表达式形式不同。

① 本书仅是由特例观察得到其特点，更一般情况下的证明详见参考文献[2]。

若策动点阻抗函数 $Z(s)$在原点处有单阶零点，有 m 对共轭复数零点和 n 对共轭复数极点，则 $Z(s)$的表达式形式为

$$Z(s)=H\frac{s(s^2+\omega_{z1}^2)(s^2+\omega_{z2}^2)\cdots(s^2+\omega_{zm}^2)}{(s^2+\omega_{p1}^2)(s^2+\omega_{p2}^2)\cdots(s^2+\omega_{pn}^2)}\quad 0<\omega_{p1}<\omega_{z1}<\omega_{p2}<\omega_{z2}<\cdots \tag{2-1-1}$$

式中，$0<\omega_{p1}<\omega_{z1}<\omega_{p2}<\omega_{z2}<\cdots$表明 $Z(s)$的零点和极点是交替出现的。

同理，若策动点阻抗函数 $Z(s)$在原点处有单阶极点，有 m 对共轭复数零点和 n 对共轭复数极点，则 $Z(s)$的表达式的形式为

$$Z(s)=H\frac{(s^2+\omega_{z1}^2)(s^2+\omega_{z2}^2)\cdots(s^2+\omega_{zm}^2)}{s(s^2+\omega_{p1}^2)(s^2+\omega_{p2}^2)\cdots(s^2+\omega_{pn}^2)}\quad 0<\omega_{z1}<\omega_{p1}<\omega_{z2}<\omega_{p2}<\cdots \tag{2-1-2}$$

式中，$0<\omega_{z1}<\omega_{p1}<\omega_{z2}<\omega_{p2}<\cdots$亦表明 Z(s)的零点和极点是交替出现的。

2.1.2 *RC* 网络的策动点阻抗函数

1. *RC* 网络策动点阻抗函数及其零极点分布

根据 *RC* 网络的策动点阻抗函数的表达式及其零极点分布情况，可以直接综合简单的 *RC* 网络，常用的八种基本 *RC* 网络的策动点阻抗函数及其零极点分布如表 2-1-2 所示。

2. *RC* 网络策动点阻抗函数特点

由表 2-1-2 可以看出，*RC* 网络的策动点阻抗函数 $Z(s)=\dfrac{N(s)}{D(s)}$具有以下特点①：

(1) $Z(s)$的零点和极点位于 s 平面的非正实轴上，且都是单阶的。

(2) 在原点处 $Z(s)$可能有极点，但不可能有零点。在无限远处，$Z(s)$可能有零点，但不可能有极点。

(3) $Z(s)$的零点和极点是交替出现的。

(4) $D(s)$与 $N(s)$的最高幂次相等，或 $D(s)$较 $N(s)$高一次。

RC 网络的策动点阻抗函数 $Z(s)$可用以下形式来描述：

$$Z(s)=H\frac{(s+\alpha_{z1})(s+\alpha_{z2})\cdots(s+\alpha_{zm})}{(s+\alpha_{p1})(s+\alpha_{p2})\cdots(s+\alpha_{pn})}\quad 0\leqslant\alpha_{p1}<\alpha_{z1}<\alpha_{p2}<\alpha_{z2}<\cdots \tag{2-1-3}$$

式中，$0\leqslant\alpha_{p1}<\alpha_{z1}<\alpha_{p2}<\alpha_{z2}<\cdots$表明了 $Z(s)$的零点和极点是交替出现的，且在负实轴上距原点最近处(含原点上)必为极点，距原点最远处(含无限远)必为零点。

---

① 本书仅是由特例观察得到其特点，更一般情况下的证明详见参考文献[2]。

表 2-1-2　*RC* 网络的策动点阻抗函数及其零极点分布

RC 网络	策动点阻抗函数	零极点值	零极点图
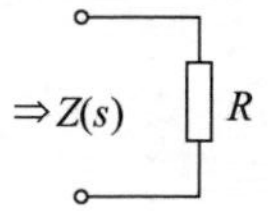 $\Rightarrow Z(s)$　R	$Z(s)=R$	无零极点	
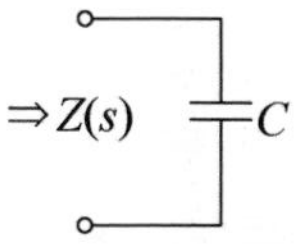 $\Rightarrow Z(s)$　C	$Z(s)=\dfrac{1}{sC}$	零点：$s=\infty$ 极点：$s=0$	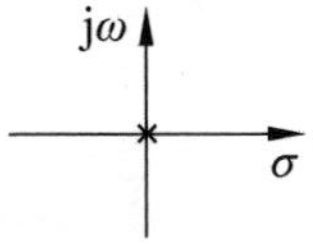 $\mathrm{j}\omega$　σ
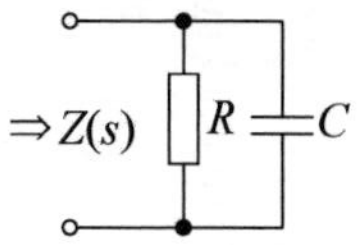 $\Rightarrow Z(s)$　R　C	$Z(s)=\dfrac{1}{C}\dfrac{1}{s+\dfrac{1}{RC}}$	零点：$s=\infty$ 极点：$s=-\dfrac{1}{RC}$	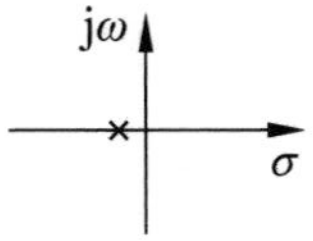 $\mathrm{j}\omega$　σ
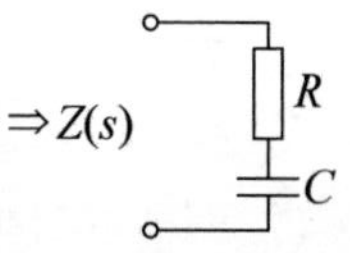 $\Rightarrow Z(s)$　R　C	$Z(s)=\dfrac{R\left(s+\dfrac{1}{RC}\right)}{s}$	零点：$s=-\dfrac{1}{RC}$ 极点：$s=0$	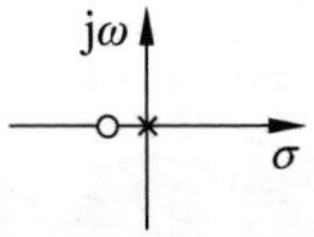 $\mathrm{j}\omega$　σ
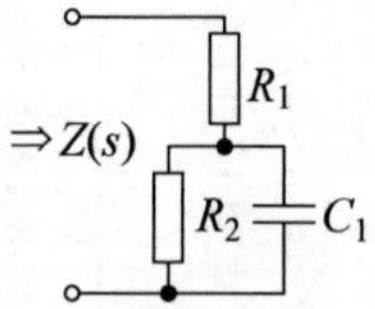 $\Rightarrow Z(s)$　R_1　R_2　C_1	$Z(s)=R_1\dfrac{s+\dfrac{1}{C_1}\left(\dfrac{1}{R_1}+\dfrac{1}{R_2}\right)}{s+\dfrac{1}{R_2C_1}}$	零点：$s=-\dfrac{1}{C_1}\left(\dfrac{1}{R_1}+\dfrac{1}{R_2}\right)$ 极点：$s=-\dfrac{1}{R_2C_1}$	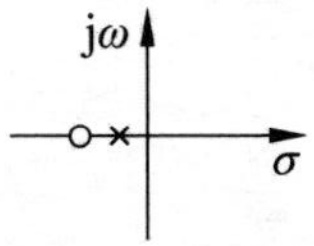 $\mathrm{j}\omega$　σ

续表

RC 网络	策动点阻抗函数	零极点值	零极点图
$\Rightarrow Z(s)$, C_1, R_1, C_2	$Z(s)=\dfrac{C_1+C_2}{C_1C_2}\left[\dfrac{s+\dfrac{1}{R_1(C_1+C_2)}}{s\left(s+\dfrac{1}{R_1C_2}\right)}\right]$	零点：$s=\infty, s=-\dfrac{1}{R_1(C_1+C_2)}$ 极点：$s=0, s=-\dfrac{1}{R_1C_2}$	$\mathrm{j}\omega$, σ
$\Rightarrow Z(s)$, R_1, C_1, R_2, C_2	$Z(s)=$ $R_1\dfrac{s^2+s\left(\dfrac{1}{R_2C_2}+\dfrac{C_1+C_2}{R_1C_1C_2}\right)+\dfrac{1}{R_1R_2C_1C_2}}{s\left(s+\dfrac{1}{R_2C_2}\right)}$	零点：$s=$ $\dfrac{-(R_1C_1+R_2C_1+R_2C_2)\pm\sqrt{(R_1C_1+R_2C_1+R_2C_2)^2-4R_1R_2C_1C_2}}{2R_1R_2C_1C_2}$ 极点：$s=0, s=-\dfrac{1}{R_2C_2}$	$\mathrm{j}\omega$, σ
$\Rightarrow Z(s)$, R_1, C_1, R_2, C_2	$Z(s)=$ $\dfrac{\dfrac{C_1+C_2}{C_1C_2}\left[s+\dfrac{1}{C_1+C_2}\left(\dfrac{1}{R_1}+\dfrac{1}{R_2}\right)\right]}{\left(s+\dfrac{1}{R_1C_1}\right)\left(s+\dfrac{1}{R_2C_2}\right)}$	零点：$s=\infty, s=-\dfrac{1}{C_1+C_2}\left(\dfrac{1}{R_1}+\dfrac{1}{R_2}\right)$ 极点：$s=-\dfrac{1}{R_1C_1}, s=-\dfrac{1}{R_2C_2}$	$\mathrm{j}\omega$, σ

2.2 Foster 综合法设计无源单口网络

2.1 节介绍的直接法适用于设计简单的无源单口网络，对于较为复杂的无源单口网络来说，需要采用其他方案。福斯特(Foster)综合法是一种设计无源单口网络的常用方法，一般无源单口网络的策动点阻抗或导纳函数可表示为一个多项式，可以采用部分分式法将其分解为多个因式相加的形式，每一个因式都比较简单，可以分别用直接法来实现，再进一步将这些因式对应网络进行串联或并联连接，从而完成整个无源单口网络的设计。通过这种方法来综合设计的无源单口网络称为福斯特网络，其中，只含有电感和电容元件的福斯特网络称为 *LC* 福斯特网络，只含有电阻和电容元件的福斯特网络称为 *RC* 福斯特网络。根据阻抗表示式 $Z(s)$ 来实现的福斯特网络称为福斯特Ⅰ型网络，根据导纳表示式 $Y(s)$ 来实现的福斯特网络称为福斯特Ⅱ型网络。

2.2.1 *LC* 福斯特网络

1. *LC* 福斯特Ⅰ型网络[策动点阻抗函数 $Z(s)$ 展开，串联结构形式]

设某无源单口网络的策动点阻抗函数 $Z(s)$ 与式(2-1-1)或式(2-1-2)相同，如式(2-2-1)或式(2-2-2)所示：

$$Z(s)=H\frac{s(s^2+\omega_{z1}^2)(s^2+\omega_{z2}^2)\cdots(s^2+\omega_{zm}^2)}{(s^2+\omega_{p1}^2)(s^2+\omega_{p2}^2)\cdots(s^2+\omega_{pn}^2)}\quad 0<\omega_{p1}<\omega_{z1}<\omega_{p2}<\omega_{z2}<\cdots \tag{2-2-1}$$

$$Z(s)=H\frac{(s^2+\omega_{z1}^2)(s^2+\omega_{z2}^2)\cdots(s^2+\omega_{zm}^2)}{s(s^2+\omega_{p1}^2)(s^2+\omega_{p2}^2)\cdots(s^2+\omega_{pn}^2)}\quad 0<\omega_{z1}<\omega_{p1}<\omega_{z2}<\omega_{p2}<\cdots \tag{2-2-2}$$

采用多项式除法，可得到该策动点阻抗函数 $Z(s)$ 的部分分式的一般形式为

$$\begin{aligned}Z(s)&=k_\infty s+\frac{k_0}{s}+\frac{k_1 s}{s^2+\omega_{p1}^2}+\frac{k_2 s}{s^2+\omega_{p2}^2}+\cdots+\frac{k_n s}{s^2+\omega_{pn}^2}\\&=Z_\infty(s)+Z_0(s)+Z_1(s)+Z_2(s)+\cdots+Z_n(s)\end{aligned} \tag{2-2-3}$$

式中，各项不一定都出现，若 $Z(s)$ 在无限远处有单阶极点，则表达式中的 $Z_\infty(s)=k_\infty s$ 项就存在；若 $Z(s)$ 在原点处有单阶极点，形如式(2-2-2)，则表达式中的 $Z_0(s)=k_0/s$ 项就存在；若 $Z(s)$ 在 $s=\pm j\omega_{pi}(i=1,2,\cdots,n)$ 处有一对共轭复数极点，表达式中就存在 $Z_i(s)=k_i s/(s^2+\omega_{pi}^2)$ 项。

式(2-2-3)中各系数分别为

$$k_\infty=\left.\frac{Z(s)}{s}\right|_{s=\infty} \tag{2-2-4}$$

$$k_0=[sZ(s)]|_{s=0} \tag{2-2-5}$$

$$k_i=\left[\frac{s^2+\omega_{pi}^2}{s}Z(s)\right]\bigg|_{s^2=-\omega_{pi}^2} \quad i=1,2,\cdots,n \tag{2-2-6}$$

式(2-2-3)中的各项较为简单,可通过直接法进行综合,各项之和对应阻抗之和,在电路结构上体现为各项对应电路的串联结构,式(2-2-3)所对应电路如图 2-2-1 所示。其中第一项 $Z_\infty(s)=k_\infty s$ 对应 $Z(s)$ 在无限远处的单阶极点,可直接用 k_∞(H)的电感 L_∞ 来实现;第二项 $Z_0(s)=k_0/s$ 对应 $Z(s)$ 在原点处的单阶极点,可直接用 $1/k_0$(F)的电容 C_0 来实现。后面各项 $Z_i(s)=k_i s/(s^2+\omega_{pi}^2)$,$i=1,2,\cdots,n$ 可分解为

$$Z_i(s)=\frac{k_i s}{s^2+\omega_{pi}^2}=\frac{1}{\dfrac{s^2+\omega_{pi}^2}{k_i s}}=\frac{1}{s\left(\dfrac{1}{k_i}\right)+\dfrac{1}{s\left(\dfrac{k_i}{\omega_{pi}^2}\right)}}=\frac{1}{Y_i(s)} \tag{2-2-7}$$

式中,$Y_i(s)$表示为 $Z_i(s)$所对应导纳

$$Y_i(s)=s\left(\frac{1}{k_i}\right)+\frac{1}{s\left(\dfrac{k_i}{\omega_{pi}^2}\right)} \tag{2-2-8}$$

导纳 $Y_i(s)$由两项和构成,在电路结构上对应为这两项实现电路的并联,其中第一项可直接用 $1/k_i$(F)的电容 C_i 来实现,第二项可直接用 k_i/ω_{pi}^2(H)的电感 L_i 来实现。

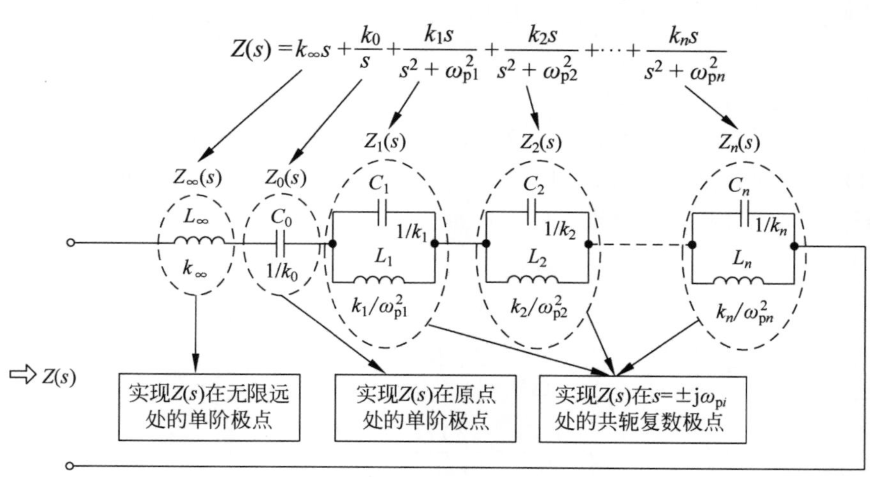

图 2-2-1 LC 福斯特Ⅰ型网络的实现电路

LC 福斯特Ⅰ型网络具有以下特点:

(1) 网络的可实现性:凡是归一化系数为正,在虚轴上具有相互交替的单阶零点和极点的有理函数所表示的输入阻抗都可以用图 2-2-1 所示的 LC 福斯特Ⅰ型网络来实现。因此在利用 LC 福斯特Ⅰ型网络设计无源单口网络时,首先需要讨论其策动点阻抗函数 $Z(s)$是否满足该特点。

（2）串联电感L_∞的作用：当$s=\infty$时，L_∞阻抗为无穷大，此时整个网络阻抗为无穷大，因此串联电感L_∞实现了$Z(s)$在无限远处的极点。若$Z(s)$不存在无穷极点，则不存在L_∞。

（3）串联电容C_0的作用：当$s=0$时，C_0阻抗为无穷大，此时整个网络阻抗为无穷大，因此串联电容C_0实现了$Z(s)$在原点处的极点。若$Z(s)$不存在原点处的极点，则不存在C_0。

（4）电容C_i和电感$L_i(i=1,2,\cdots,n)$并联电路的作用：当$s=\pm j\omega_{pi}$时，该并联电路等效阻抗$Z_i(\pm j\omega_{pi})$为无穷大，此时整个网络阻抗为无穷大，因此该并联电路实现了$Z(s)$在$\pm j\omega_{pi}$处的一对共轭复数极点。

综上所述，利用LC福斯特Ⅰ型网络设计无源单口网络实际上是一个逐次移出策动点阻抗函数$Z(s)$极点的过程，$Z(s)$的所有极点都可以通过该网络来实现。LC福斯特Ⅰ型网络总体来说是一个串联型网络，每个串联部分电路的阻抗值为无穷大时就是该策动点阻抗函数的一个极点。因此，$Z(s)$极点的分布情况可直接由LC福斯特Ⅰ型网络看出，但不能直接看出$Z(s)$零点的分布情况。

【例 2-2-1】 用LC福斯特Ⅰ型网络实现以下策动点阻抗函数

$$Z(s)=H\frac{s(s^2+4)(s^2+25)}{(s^2+1)(s^2+9)}$$

（1）假设$H=1$，求对应的LC福斯特Ⅰ型网络；

（2）假设$H=10$，求对应的LC福斯特Ⅰ型网络；

（3）假设$H=10$，若$Z(s)$的表达式中的s用$10s$代替，求对应的LC福斯特Ⅰ型网络。

解： ① 讨论网络的可实现性

分析知该策动点阻抗函数的零点为$0,\pm j2,\pm j5$；极点为$\pm j,\pm j3,\infty$，极点和零点都为单阶的且在虚轴上交替出现，因此$Z(s)$可用LC福斯特Ⅰ型网络实现。

② $H=1$时，$Z(s)$的部分分式表达式为

$$Z(s)=k_\infty s+\frac{k_0}{s}+\frac{k_1 s}{s^2+1}+\frac{k_2 s}{s^2+9}$$

$$k_\infty=\left.\frac{Z(s)}{s}\right|_{s=\infty}=\left.\frac{(s^2+4)(s^2+25)}{(s^2+1)(s^2+9)}\right|_{s=\infty}=1$$

$$k_0=sZ(s)\left.\right|_{s=0}=\left.\frac{s^2(s^2+4)(s^2+25)}{(s^2+1)(s^2+9)}\right|_{s=0}=0$$

$$k_1=Z(s)\left.\left(\frac{s^2+1}{s}\right)\right|_{s^2=-1}=\left.\frac{(s^2+4)(s^2+25)}{(s^2+9)}\right|_{s^2=-1}=9$$

$$k_2=Z(s)\left.\left(\frac{s^2+9}{s}\right)\right|_{s^2=-9}=\left.\frac{(s^2+4)(s^2+25)}{(s^2+1)}\right|_{s^2=-9}=10$$

即

$$Z(s)=s+\frac{9s}{s^2+1}+\frac{10s}{s^2+9}=Z_\infty(s)+Z_1(s)+Z_2(s)$$

则 $Z(s)$ 对应的 LC 福斯特Ⅰ型网络如图 2-2-2 所示，各元件值分别为

$$C_1=\frac{1}{k_1}=\frac{1}{9}(\mathrm{F})\quad C_2=\frac{1}{k_2}=\frac{1}{10}(\mathrm{F})$$

$$L_\infty=k_\infty=1(\mathrm{H})\quad L_1=\frac{k_1}{\omega_{\mathrm{p1}}^2}=\frac{9}{1}=9(\mathrm{H})\quad L_2=\frac{k_2}{\omega_{\mathrm{p2}}^2}=\frac{10}{9}(\mathrm{H})$$

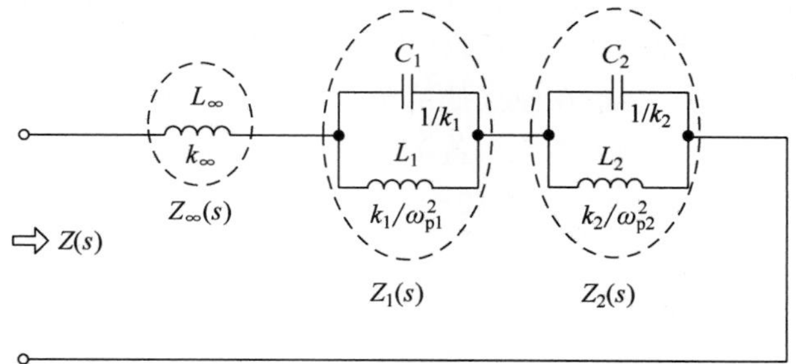

图 2-2-2　例 2-2-1 电路

③ $H=10$ 即归一化因子由 1 变为 10，则图 2-2-2 所示电路中电感 L_∞、L_1 和 L_2 去归一化变为 $10L_\infty$、$10L_1$ 和 $10L_2$，电容 C_1 和 C_2 去归一化变为 $0.1C_1$ 和 $0.1C_2$，即

$$C_1'=\frac{1}{90}(\mathrm{F})\quad C_2'=\frac{1}{100}(\mathrm{F})$$

$$L_\infty'=10(\mathrm{H})\quad L_1'=90(\mathrm{H})\quad L_2'=\frac{100}{9}(\mathrm{H})$$

④ 在 $H=10$ 基础上 s 用 $10s$ 代替，则电感在 L_∞'、L_1' 和 L_2' 基础上频率去归一化变为 $10L_\infty'$、$10L_1'$ 和 $10L_2'$，电容在 C_1' 和 C_2' 基础上频率去归一化变为 $10C_1'$ 和 $10C_2'$，即

$$C_1''=\frac{1}{9}(\mathrm{F})\quad C_2''=\frac{1}{10}(\mathrm{F})$$

$$L_\infty''=100(\mathrm{H})\quad L_1''=900(\mathrm{H})\quad L_2''=\frac{1000}{9}(\mathrm{H})$$

2. LC 福斯特Ⅱ型网络［策动点导纳函数 $Y(s)$ 展开，并联结构形式］

满足可实现条件的策动点函数可用基于策动点阻抗函数 $Z(s)$ 所得到的福斯特Ⅰ型网络来实现，也可用基于策动点导纳函数 $Y(s)$ 所得到的福斯特Ⅱ型网络来实现。用式(2-2-1)或式(2-2-2)策动点阻抗函数 $Z(s)$ 所表示的无源单口网络也可用以下策动点导纳函数 $Y(s)$ 来表示：

$$Y(s)=H'\frac{(s^2+\omega_{\mathrm{p1}}^2)(s^2+\omega_{\mathrm{p2}}^2)\cdots(s^2+\omega_{\mathrm{p}n}^2)}{s(s^2+\omega_{\mathrm{z1}}^2)(s^2+\omega_{\mathrm{z2}}^2)\cdots(s^2+\omega_{\mathrm{z}m}^2)}\quad 0<\omega_{\mathrm{p1}}<\omega_{\mathrm{z1}}<\omega_{\mathrm{p2}}<\omega_{\mathrm{z2}}<\cdots \tag{2-2-9}$$

$$Y(s)=H'\frac{s(s^2+\omega_{\mathrm{p1}}^2)(s^2+\omega_{\mathrm{p2}}^2)\cdots(s^2+\omega_{\mathrm{p}n}^2)}{(s^2+\omega_{\mathrm{z1}}^2)(s^2+\omega_{\mathrm{z2}}^2)\cdots(s^2+\omega_{\mathrm{z}m}^2)}\quad 0<\omega_{\mathrm{z1}}<\omega_{\mathrm{p1}}<\omega_{\mathrm{z2}}<\omega_{\mathrm{p2}}<\cdots \tag{2-2-10}$$

式中，$H'=\dfrac{1}{H}$，采用多项式除法，可以得到该策动点导纳函数的部分分式一般形式为

$$\begin{aligned} Y(s) &= k'_{\infty}s+\frac{k'_0}{s}+\frac{k'_1 s}{s^2+\omega_{z1}^2}+\frac{k'_2 s}{s^2+\omega_{z2}^2}+\cdots+\frac{k'_m s}{s^2+\omega_{zm}^2} \\ &= Y_{\infty}(s)+Y_0(s)+Y_1(s)+Y_2(s)+\cdots+Y_m(s) \end{aligned} \tag{2-2-11}$$

式中，各项不一定都出现，若 $Y(s)$在无限远处有单阶极点[由于 $Y(s)$与 $Z(s)$互为倒数，因此对应 $Z(s)$在无限远处的单阶零点]，则表达式中的 $Y_{\infty}(s)=k'_{\infty}s$ 项就存在；若 $Y(s)$在原点处有单阶极点[对应 $Z(s)$在原点处的单阶零点]，形如式(2-2-9)[对应式(2-2-1)]，则表达式中的 $Y_0(s)=k'_0/s$ 项就存在；若 $Y(s)$在 $s=\pm j\omega_{zi}(i=1,2,\cdots,m)$处有一对共轭复数极点[对应 $Z(s)$在 $s=\pm j\omega_{zi}$ 处的一对共轭复数零点]，表达式中就存在 $Y_i(s)=k'_i s/(s^2+\omega_{zi}^2)$项。

式(2-2-11)中各系数分别为

$$k'_{\infty}=\left.\frac{Y(s)}{s}\right|_{s=\infty} \tag{2-2-12}$$

$$k'_0=[sY(s)]\,|_{s=0} \tag{2-2-13}$$

$$k'_i=\left.\left[\frac{s^2+\omega_{zi}^2}{s}Y(s)\right]\right|_{s^2=-\omega_{zi}^2} \quad i=1,2,\cdots,m \tag{2-2-14}$$

式(2-2-11)中的各项可通过直接法进行综合，各项之和在电路结构上体现为各项对应电路的并联结构，式(2-2-11)对应电路如图 2-2-3 所示。其中第一项 $Y_{\infty}(s)=k'_{\infty}s$ 对应 $Y(s)$在无限远处的单阶极点[即 $Z(s)$在无限远处的单阶零点]，可直接用 k'_{∞}(F)的电容 C'_{∞}来实现；第二项 $Y_0(s)=k'_0/s$ 对应 $Y(s)$在原点处的单阶极点[即 $Z(s)$在原点处的单阶零点]，可直接用 $1/k'_0$(H)的电感 L'_0来实现。后面各项 $Y_i(s)=k'_i s/(s^2+\omega_{zi}^2)(i=1,2,\cdots,m)$可分解为

$$Y_i(s)=\frac{k'_i s}{s^2+\omega_{zi}^2}=\frac{1}{\dfrac{s^2+\omega_{zi}^2}{k'_i s}}=\frac{1}{s\left(\dfrac{1}{k'_i}\right)+\dfrac{1}{s\left(\dfrac{k'_i}{\omega_{zi}^2}\right)}}=\frac{1}{Z_i(s)} \tag{2-2-15}$$

式中，$Z_i(s)$表示为 $Y_i(s)$所对应阻抗

$$Z_i(s)=s\left(\frac{1}{k'_i}\right)+\frac{1}{s\left(\dfrac{k'_i}{\omega_{zi}^2}\right)} \tag{2-2-16}$$

阻抗 $Z_i(s)$由两项和构成，在电路结构上对应为这两项所实现电路的串联，其中第一项可直接用 $1/k'_i$(H)的电感 L'_i来实现，第二项可直接用 k'_i/ω_{zi}^2(F)的电容 C'_i来实现。

LC 福斯特Ⅱ型网络具有以下特点：

(1) 网络的可实现条件与 LC 福斯特Ⅰ型网络的要求相同。

(2) 并联电容 C'_{∞}的作用：当 $s=\infty$时，C'_{∞}的阻抗为零，相当于短路，此时整个网络阻抗为零，因此该并联电容实现了 $Z(s)$在无限远处的单阶零点。若 $Z(s)$不存在无限远处单阶零点，则不存在该并联电容。

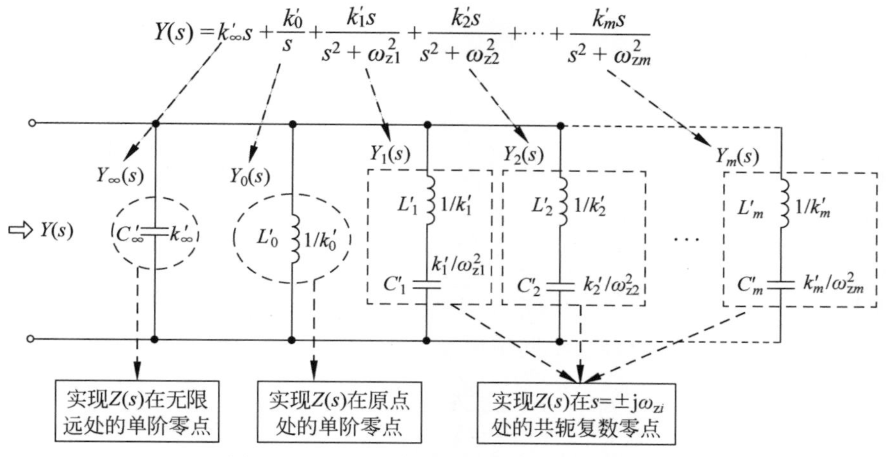

图 2-2-3 LC 福斯特Ⅱ型网络的实现电路

(3) 并联电感 L'_0 的作用：当 $s=0$ 时，L'_0 的阻抗为零，相当于短路，此时整个网络阻抗为零，因此该并联电感实现了 $Z(s)$ 在原点处的单阶零点。若 $Z(s)$ 不存在原点处的单阶零点，则不存在该并联电感。

(4) 电感 L'_i 和电容 $C'_i(i=1,2,\cdots,m)$ 串联支路的作用：当 $s=\pm j\omega_{zi}$ 时，该支路等效导纳 $Y_i(\pm j\omega_{zi})=\infty$，即阻抗 $Z_i(\pm j\omega_{zi})=0$，此时整个网络阻抗为零，因此该串联支路实现了 $Z(s)$ 在 $\pm j\omega_{zi}$ 处的一对共轭复数零点。

综上所述，利用 LC 福斯特Ⅱ型网络设计无源单口网络实际上是一个逐次移出策动点阻抗函数 $Z(s)$ 零点（或策动点导纳函数极点）的过程，$Z(s)$ 的所有零点都可以通过该网络来实现。LC 福斯特Ⅱ型网络总体来说是一个并联型网络，每个并联部分电路的阻抗值为零时就是该策动点阻抗函数的一个零点。因此，$Z(s)$ 零点的分布情况可直接由 LC 福斯特Ⅱ型网络看出，但不能直接看出 $Z(s)$ 极点的分布情况。

【例 2-2-2】 用 LC 福斯特Ⅱ型网络实现以下策动点阻抗函数

$$Z(s)=\frac{s(s^2+4)(s^2+25)}{(s^2+1)(s^2+9)}$$

解：① 讨论网络的可实现性

分析知该策动点阻抗函数的零点为 0，±j2，±j5；极点为±j，±j3，∞，极点和零点都为单阶的且在虚轴上交替出现，因此 $Z(s)$ 可用 LC 福斯特Ⅱ型网络实现。

② $Y(s)$ 的部分分式表达式为

$$Y(s)=\frac{1}{Z(s)}=\frac{(s^2+1)(s^2+9)}{s(s^2+4)(s^2+25)}=k'_\infty s+\frac{k'_0}{s}+\frac{k'_1 s}{s^2+4}+\frac{k'_2 s}{s^2+25}$$

其中

$$k'_\infty=\left.\frac{Y(s)}{s}\right|_{s=\infty}=\left.\frac{(s^2+1)(s^2+9)}{s^2(s^2+4)(s^2+25)}\right|_{s=\infty}=0$$

$$k'_0=sY(s)\,|_{s=0}=\left.\frac{(s^2+1)(s^2+9)}{(s^2+4)(s^2+25)}\right|_{s=0}=\frac{9}{100}$$

$$k'_1 = Y(s)\left(\frac{s^2+4}{s}\right)\bigg|_{s^2=-4} = \frac{(s^2+1)(s^2+9)}{s^2(s^2+25)}\bigg|_{s^2=-4} = \frac{5}{28}$$

$$k'_2 = Y(s)\left(\frac{s^2+25}{s}\right)\bigg|_{s^2=-25} = \frac{(s^2+1)(s^2+9)}{s^2(s^2+4)}\bigg|_{s^2=-25} = \frac{128}{175}$$

即

$$Y(s) = \frac{\frac{9}{100}}{s} + \frac{\frac{5}{28}s}{s^2+4} + \frac{\frac{128}{175}s}{s^2+25} = Y_0(s) + Y_1(s) + Y_2(s)$$

则 $Z(s)$对应的 LC 福斯特Ⅱ型网络如图 2-2-4 所示，各元件值分别为

$$C'_1 = \frac{k'_1}{\omega_{z1}^2} = \frac{5}{112}(\mathrm{F}) \quad C'_2 = \frac{k'_2}{\omega_{z2}^2} = \frac{128}{4375}(\mathrm{F})$$

$$L'_0 = \frac{1}{k'_0} = \frac{100}{9}(\mathrm{H}) \quad L'_1 = \frac{1}{k'_1} = \frac{28}{5}(\mathrm{H}) \quad L'_2 = \frac{1}{k'_2} = \frac{175}{128}(\mathrm{H})$$

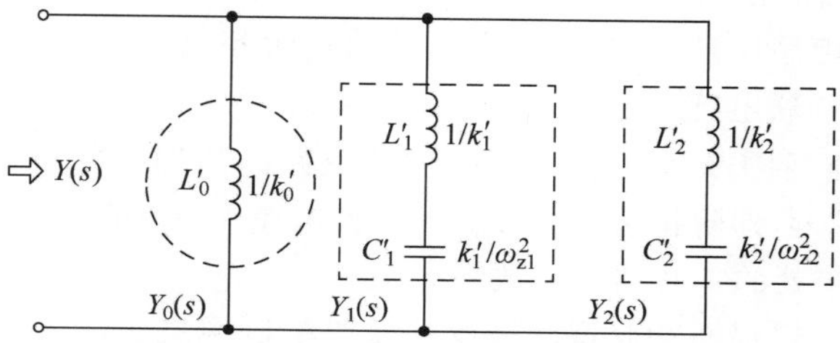

图 2-2-4　例 2-2-2 电路

2.2.2　*RC* 福斯特网络

1. *RC* 福斯特Ⅰ型网络［策动点阻抗函数 $Z(s)$展开，串联结构形式］

设某无源单口网络的策动点阻抗函数 $Z(s)$与式(2-1-3)相同，如下所示：

$$Z(s) = H\frac{(s+\alpha_{z1})(s+\alpha_{z2})\cdots(s+\alpha_{zm})}{(s+\alpha_{p1})(s+\alpha_{p2})\cdots(s+\alpha_{pn})} \quad 0 \leqslant \alpha_{p1} < \alpha_{z1} < \alpha_{p2} < \alpha_{z2} < \cdots \tag{2-2-17}$$

采用多项式除法，可以得到该策动点阻抗函数的部分分式一般形式为

$$\begin{aligned} Z(s) &= k_\infty + \frac{k_0}{s} + \frac{k_1}{s+\alpha_{p1}} + \frac{k_2}{s+\alpha_{p2}} + \cdots + \frac{k_n}{s+\alpha_{pn}} \\ &= Z(\infty) + Z_0(s) + Z_1(s) + Z_2(s) + \cdots + Z_n(s) \end{aligned} \tag{2-2-18}$$

式中，各项不一定都出现，若 $Z(s)$在 $s=\infty$时有有限值 $Z(\infty)=k_\infty$(即分子和分母多项式的最高幂次相同)，表达式中的 $Z(\infty)=k_\infty$ 项才存在；若 $Z(s)$在原点处有单阶极点，则表达式中的 $Z_0(s)=k_0/s$ 项才存在；若 $Z(s)$在负实轴 $s=-\alpha_{pi}(i=1,2,\cdots,n)$处有单阶极点，则表达式中就存在 $Z_i(s)=k_i/(s+\alpha_{pi})$项。

式(2-2-18)中各系数分别为

$$k_\infty = Z(s)\big|_{s=\infty} \tag{2-2-19}$$

$$k_0 = sZ(s)\big|_{s=0} \tag{2-2-20}$$

$$k_i = (s+\alpha_{\mathrm{p}i})Z(s)\big|_{s=-\alpha_{\mathrm{p}i}} \quad i=1,2,\cdots,n \tag{2-2-21}$$

式(2-2-18)中各项可通过直接法进行综合,各项之和在电路结构上体现为各项对应电路的串联结构,式(2-2-18)对应电路如图 2-2-5 所示。其中第一项 $Z(\infty)=k_\infty$ 对应 $Z(s)$在无穷大频率处的有限值,可直接用 $k_\infty(\Omega)$的电阻 R_∞ 来实现;第二项 $Z_0(s)=k_0/s$ 对应 $Z(s)$在原点处的极点,可直接用 $1/k_0$(F)的电容 C_0 来实现。后面各项 $Z_i(s)=k_i/(s+\alpha_{\mathrm{p}i})(i=1,2,\cdots,n)$可分解为

$$Z_i(s)=\frac{k_i}{s+\alpha_{\mathrm{p}i}}=\frac{1}{\dfrac{s+\alpha_{\mathrm{p}i}}{k_i}}=\frac{1}{s\left(\dfrac{1}{k_i}\right)+\dfrac{\alpha_{\mathrm{p}i}}{k_i}}=\frac{1}{Y_i(s)} \tag{2-2-22}$$

式中,$Y_i(s)$表示为 $Z_i(s)$所对应导纳

$$Y_i(s)=s\left(\frac{1}{k_i}\right)+\frac{\alpha_{\mathrm{p}i}}{k_i} \tag{2-2-23}$$

导纳 $Y_i(s)$由两项和构成,在电路结构上对应为这两项实现电路的并联,其中第一项可直接用 $1/k_i$(F)的电容 C_i 来实现,第二项可直接用 $k_i/\alpha_{\mathrm{p}i}(\Omega)$的电阻 R_i 来实现。

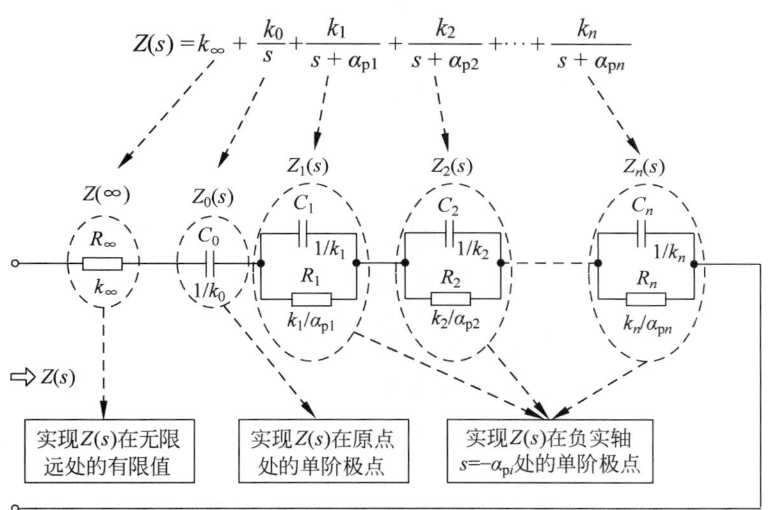

图 2-2-5 *RC* 福斯特Ⅰ型网络的实现电路

RC 福斯特Ⅰ型网络具有以下特点:

(1) 网络的可实现性:凡是归一化系数为正,在非正实轴上具有相互交替的单阶零点和极点,而且在原点处或最靠近原点处是单阶极点的有理函数所表示的输入阻抗都可以用图 2-2-5 所示的 *RC* 福斯特Ⅰ型网络来实现。因此在利用 *RC* 福斯特Ⅰ型网络设计无源单口网络时,首先需要讨论其策动点阻抗函数 $Z(s)$是否满足该特点。

(2) 串联电阻 R_∞ 的作用:当 $s=\infty$时,图 2-2-5 所示电路中所有电容短路,此时整个

网络等效阻抗为 R_∞，因此 R_∞ 实现了 $Z(s)$ 在无穷大频率处的有限值 $Z(\infty)$。$Z(s)$ 的高频特性 $Z(\infty)$ 决定了 R_∞ 是否出现，若 $Z(s)$ 的分子和分母多项式最高幂次相同，则 $Z(\infty)\neq 0$，串联电阻 R_∞ 必须出现，否则串联电阻 R_∞ 不能出现。

(3) 串联电容 C_0 的作用：当 $s=0$ 时，C_0 阻抗为无穷大，此时整个网络阻抗为无穷大，因此该串联电容实现了 $Z(s)$ 在原点处的单阶极点。若 $Z(s)$ 不存在原点处的单阶极点，则不存在 C_0。

(4) 电容 C_i 和电阻 $R_i(i=1,2,\cdots,n)$ 并联电路的作用：当 $s=-\alpha_{pi}$ 时，该并联电路等效阻抗 $Z_i(-\alpha_{pi})$ 为无穷大，此时整个网络阻抗为无穷大，因此该并联电路实现了 $Z(s)$ 在 $-\alpha_{pi}$ 处的极点。

2. *RC* 福斯特Ⅱ型网络[策动点导纳函数 $Y(s)$ 展开，并联结构形式]

用式(2-2-17)策动点阻抗函数 $Z(s)$ 所表示的无源单口网络也可用以下策动点导纳函数 $Y(s)$ 来表示

$$Y(s)=H'\frac{(s+\alpha_{p1})(s+\alpha_{p2})\cdots(s+\alpha_{pn})}{(s+\alpha_{z1})(s+\alpha_{z2})\cdots(s+\alpha_{zm})}\quad 0\leqslant\alpha_{p1}<\alpha_{z1}<\alpha_{p2}<\alpha_{z2}<\cdots \tag{2-2-24}$$

采用多项式除法，可以得到该策动点导纳函数的部分分式一般形式为

$$\begin{aligned}Y(s)&=k'_\infty s+k'_0+\frac{k'_1 s}{s+\alpha_{z1}}+\frac{k'_2 s}{s+\alpha_{z2}}+\cdots+\frac{k'_m s}{s+\alpha_{zm}}\\&=Y_\infty(s)+Y_0+Y_1(s)+Y_2(s)+\cdots+Y_m(s)\end{aligned}\tag{2-2-25}$$

式中，各系数分别为

$$k'_\infty=\left.\frac{Y(s)}{s}\right|_{s=\infty}\tag{2-2-26}$$

$$k'_0=Y(s)\mid_{s=0}=Y(0)\tag{2-2-27}$$

$$k'_i=\left.\left[(s+\alpha_{zi})\frac{Y(s)}{s}\right]\right|_{s=-\alpha_{zi}}\quad i=1,2,\cdots,m\tag{2-2-28}$$

式中，各项不一定都出现，若 $Y(s)$ 在无限远处有单阶极点[对应 $Z(s)$ 在无限远处有单阶零点]，则表达式中的 $Y_\infty(s)=k'_\infty s$ 项就存在；若 $Y(s)$ 在 $s=0$ 时有有限值 k'_0，表达式中的 $Y_0=k'_0$ 项才存在；若 $Y(s)$ 在负实轴 $s=-\alpha_{zi}(i=1,2,\cdots,m)$ 处有一个极点，表达式中就存在 $Y_i(s)=k'_i s/(s+\alpha_{zi})$ 项。

式(2-2-25)中各项可用直接法进行综合，各项之和在电路结构上体现为各项对应电路的并联结构，式(2-2-25)对应电路如图 2-2-6 所示。其中第一项 $Y_\infty(s)=k'_\infty s$ 对应策动点导纳函数 $Y(s)$ 在无限远处的单阶极点[即 $Z(s)$ 在无限远处的单阶零点]，可直接用 k'_∞(F)的电容 C'_∞ 来实现；第二项 $Y_0=k'_0$ 对应 $Y(s)$ 在原点处的有限值，可直接用 $1/k'_0(\Omega)$ 的电阻 R'_0 来实现。后面各项 $Y_i(s)=k'_i s/(s+\alpha_{zi})(i=1,2,\cdots,m)$ 可分解为

$$Y_i(s)=\frac{k'_i s}{s+\alpha_{zi}}=\frac{1}{\dfrac{s+\alpha_{zi}}{k'_i s}}=\frac{1}{\dfrac{1}{k'_i}+\dfrac{1}{s\left(\dfrac{k'_i}{\alpha_{zi}}\right)}}=\frac{1}{Z_i(s)}\tag{2-2-29}$$

其中，$Z_i(s)$表示为$Y_i(s)$所对应阻抗

$$Z_i(s)=\frac{1}{k'_i}+\frac{1}{s\left(\frac{k'_i}{\alpha_{zi}}\right)} \tag{2-2-30}$$

阻抗$Z_i(s)$由两项和构成，在电路结构上对应为这两项实现电路的串联，其中第一项可直接用$1/k'_i(\Omega)$的电阻R'_i来实现，第二项可直接用$k'_i/\alpha_{zi}(\mathrm{F})$的电容$C'_i$来实现。

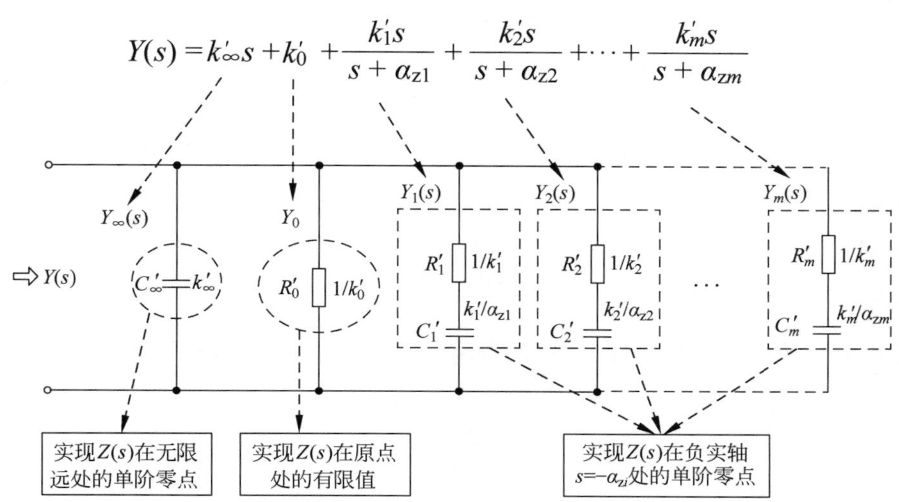

图 2-2-6　RC 福斯特Ⅱ型网络的实现电路

RC 福斯特Ⅱ型网络具有以下特点：

(1) 网络的可实现条件与 RC 福斯特Ⅰ型网络的要求相同。

(2) 并联电容C'_∞的作用：当$s=\infty$时，C'_∞的阻抗为零，相当于短路，此时整个网络阻抗为零，因此该并联电容实现了$Z(s)$在无限远处的单阶零点。若$Z(s)$在无限远处无单阶零点，则该并联电容C'_∞不会出现。

(3) 并联电阻R'_0的作用：当$s=0$时，图 2-2-6 所示电路中所有电容开路，此时整个网络等效阻抗为R'_0，因此R'_0实现了$Z(s)$在原点处的有限值$Z(0)$。若$Z(0)\neq 0$且$Z(0)\neq\infty$，则并联电阻R'_0必须出现；否则并联电阻R'_0不会出现。

(4) 电阻R'_i和电容$C'_i(i=1,2,\cdots,m)$串联支路的作用：当$s=-\alpha_{zi}$时，该支路等效阻抗$Z_i(-\alpha_{zi})$为零，此时整个网络等效阻抗为零，因此该串联支路实现了$Z(s)$在$-\alpha_{zi}$处的零点。

【例 2-2-3】 用 RC 福斯特Ⅰ型和Ⅱ型网络实现以下策动点阻抗函数

$$Z(s)=\frac{(s+1)(s+3)}{s(s+2)(s+4)}$$

解：① 讨论网络的可实现性

分析知该策动点阻抗函数的零点为$-1,-3,\infty$；极点为$0,-2,-4$，极点和零点都为单阶的并在非正实轴上交替出现，且原点处为极点，归一化因子为正，因此$Z(s)$可用 RC 福斯特Ⅰ型和Ⅱ型网络实现。

② $Z(s)$的部分分式表达式为

$$Z(s)=k_{\infty}+\frac{k_0}{s}+\frac{k_1}{s+2}+\frac{k_2}{s+4}$$

$$k_{\infty}=Z(s)\mid_{s=\infty}=\left.\frac{(s+1)(s+3)}{s(s+2)(s+4)}\right|_{s=\infty}=0$$

$$k_0=sZ(s)\mid_{s=0}=\left.\frac{(s+1)(s+3)}{(s+2)(s+4)}\right|_{s=0}=\frac{3}{8}$$

$$k_1=(s+2)Z(s)\mid_{s=-2}=\left.\frac{(s+1)(s+3)}{s(s+4)}\right|_{s=-2}=\frac{1}{4}$$

$$k_2=(s+4)Z(s)\mid_{s=-4}=\left.\frac{(s+1)(s+3)}{s(s+2)}\right|_{s=-4}=\frac{3}{8}$$

即

$$Z(s)=\frac{\frac{3}{8}}{s}+\frac{\frac{1}{4}}{s+2}+\frac{\frac{3}{8}}{s+4}=Z_0(s)+Z_1(s)+Z_2(s)$$

则 $Z(s)$对应的 RC 福斯特Ⅰ型网络如图 2-2-7(a)所示，各元件值分别为

$$C_0=\frac{1}{k_0}=\frac{8}{3}(\mathrm{F})\quad C_1=\frac{1}{k_1}=4(\mathrm{F})\quad C_2=\frac{1}{k_2}=\frac{8}{3}(\mathrm{F})$$

$$R_1=\frac{k_1}{\alpha_{\mathrm{p1}}}=\frac{1}{8}(\Omega)\quad R_2=\frac{k_2}{\alpha_{\mathrm{p2}}}=\frac{3}{32}(\Omega)$$

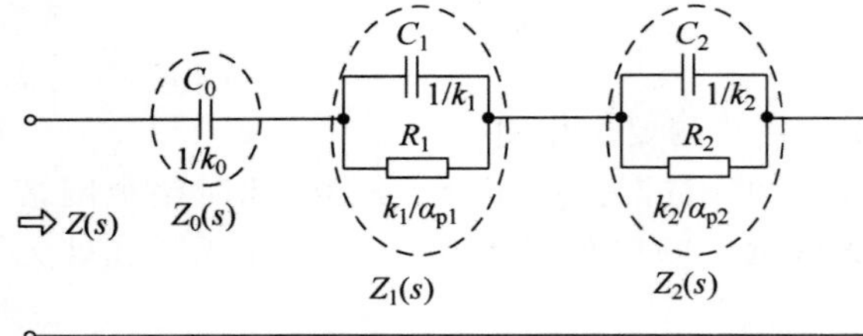

(a) RC福斯特Ⅰ型网络的实现电路

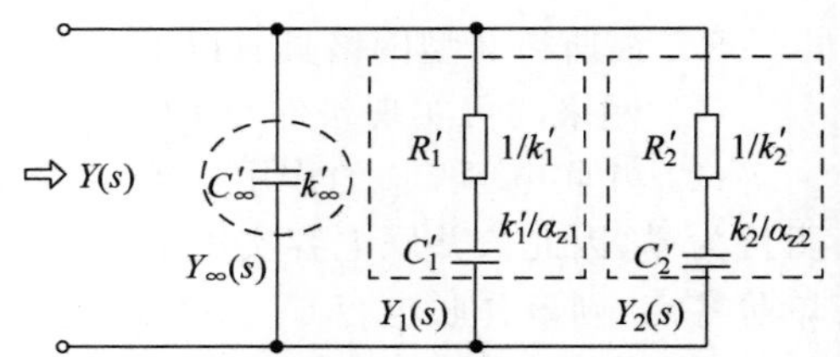

(b) RC福斯特Ⅱ型网络的实现电路

图 2-2-7 例 2-2-3 电路

③ $Y(s)$的部分分式表达式为

$$Y(s)=\frac{1}{Z(s)}=k'_{\infty}s+k'_0+\frac{k'_1 s}{s+1}+\frac{k'_2 s}{s+3}$$

$$k'_{\infty}=\left.\frac{Y(s)}{s}\right|_{s=\infty}=\left.\frac{(s+2)(s+4)}{(s+1)(s+3)}\right|_{s=\infty}=1$$

$$k'_0=Y(s)\mid_{s=0}=\left.\frac{s(s+2)(s+4)}{(s+1)(s+3)}\right|_{s=0}=0$$

$$k'_1=(s+1)\left.\frac{Y(s)}{s}\right|_{s=-1}=\left.\frac{(s+2)(s+4)}{s+3}\right|_{s=-1}=\frac{3}{2}$$

$$k'_2=(s+3)\frac{Y(s)}{s}\bigg|_{s=-3}=\frac{(s+2)(s+4)}{s+1}\bigg|_{s=-3}=\frac{1}{2}$$

即

$$Y(s)=s+\frac{\frac{3}{2}s}{s+1}+\frac{\frac{1}{2}s}{s+3}=Y_\infty(s)+Y_1(s)+Y_2(s)$$

则 $Y(s)$对应的 RC 福斯特Ⅱ型网络如图 2-2-7(b)所示，各元件值分别为

$$C'_\infty=k'_\infty=1(\mathrm{F})\quad C'_1=\frac{k'_1}{\alpha_{z1}}=\frac{3}{2}(\mathrm{F})\quad C'_2=\frac{k'_2}{\alpha_{z2}}=\frac{1}{6}(\mathrm{F})$$

$$R'_1=\frac{1}{k'_1}=\frac{2}{3}(\Omega)\quad R'_2=\frac{1}{k'_2}=2(\Omega)$$

2.3 Cauer 综合法设计无源单口网络

对于较为复杂的无源单口网络，也可以采用连分式展开的方法将其网络函数展开为连分式的形式，连分式的每一个部分都比较简单，可以分别用直接法来实现，最后按照阻抗或导纳的串并联规则将其连接起来实现整个网络。

这样的方法称为考尔(Cauer)综合法，所实现的网络称为考尔网络，它的特点为将网络的策动点阻抗或导纳函数变换成串联和并联交替的连分式展开形式，最后转换成元器件串并联交替出现的网络。考尔网络分为两种，即考尔Ⅰ型网络和考尔Ⅱ型网络，考尔Ⅰ型网络按 s 的降幂排列将网络函数的分子和分母连分式展开，考尔Ⅱ型网络按 s 的升幂排列将网络函数的分子和分母连分式展开。

2.3.1 考尔Ⅰ型网络

对于策动点阻抗函数表达式 $Z(s)=\dfrac{N(s)}{D(s)}$来说，一般情况下，若分子多项式 $N(s)$的最高幂次高于或等于分母多项式 $D(s)$，则直接对 $Z(s)$进行连分式展开；若分子多项式 $N(s)$的最高幂次低于分母多项式 $D(s)$，则需要将其转换成策动点导纳函数 $Y(s)=\dfrac{D(s)}{N(s)}$，然后对 $Y(s)$进行连分式展开。

接下来以 $Z(s)=\dfrac{(s^2+1)(s^2+9)}{s(s^2+4)}$为例进行考尔Ⅰ型网络设计，步骤如下：

(1) 分子多项式的最高幂次高于分母多项式，可直接用连分式展开的方法对 $Z(s)$进行综合，整理 $Z(s)$，将分子多项式 $N(s)$和分母多项式 $D(s)$按 s 的降幂排列，得 $Z(s)=\dfrac{s^4+10s^2+9}{s^3+4s}$。

(2) 分子多项式除以分母多项式，可得到商数项 $Z_1(s)=s$ 和余数项 $Z_{1余}(s)=$

$\dfrac{6s^2+9}{s^3+4s}$，即

$$Z(s)=s+\frac{6s^2+9}{s^3+4s}=Z_1(s)+Z_{1余}(s) \tag{2-3-1}$$

对应等效电路如图 2-3-1(a)所示，其中 $Z_1(s)=s$ 可用串联元件(称为串臂)的 1H 电感 L_1 来模拟。

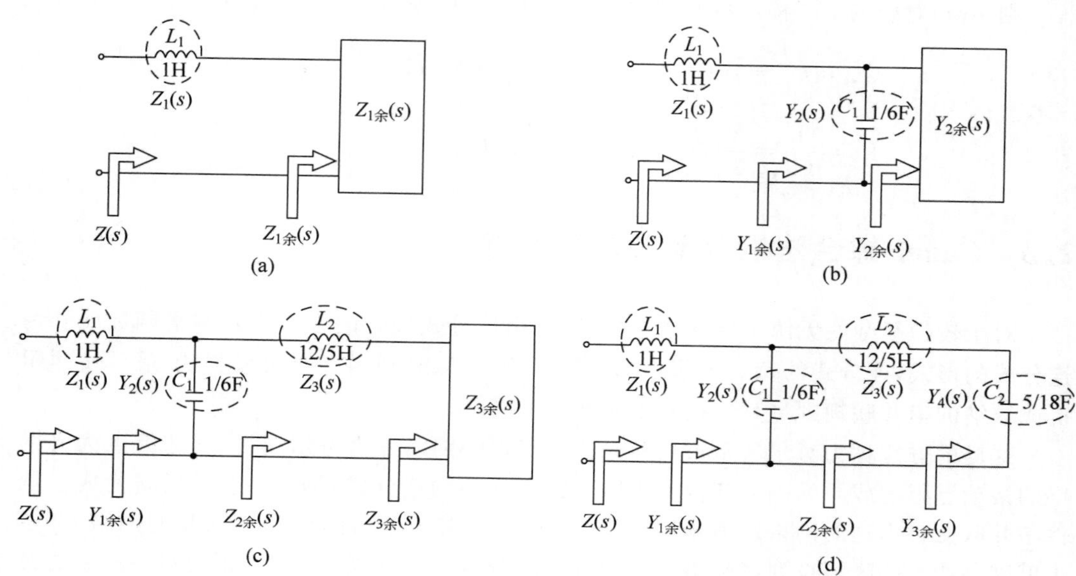

图 2-3-1　考尔Ⅰ型网络设计步骤

(3) 为实现连分式展开，需要辗转相除，即对余数项 $Z_{1余}(s)=\dfrac{6s^2+9}{s^3+4s}$所对应的策动点导纳函数 $Y_{1余}(s)=\dfrac{s^3+4s}{6s^2+9}$重复步骤(2)，可得到商数项 $Y_2(s)=s(1/6)$和余数项 $Y_{2余}(s)=\dfrac{s(5/2)}{6s^2+9}$，即

$$Y_{1余}(s)=\frac{s^3+4s}{6s^2+9}=s(1/6)+\frac{s(5/2)}{6s^2+9}=Y_2(s)+Y_{2余}(s) \tag{2-3-2}$$

因此 $Z(s)$可以表示为如下连分式形式

$$Z(s)=s+\cfrac{1}{s(1/6)+\cfrac{s(5/2)}{6s^2+9}}=Z_1(s)+\frac{1}{Y_2(s)+Y_{2余}(s)} \tag{2-3-3}$$

等效电路如图 2-3-1(b)所示，其中 $Y_2(s)=s(1/6)$可用并联元件(称为并臂)的 1/6F 电容 C_1 来模拟。

(4) 为实现连分式展开，需要再次辗转相除，即对余数项 $Y_{2余}(s)=\dfrac{s(5/2)}{6s^2+9}$所对应的

策动点阻抗函数 $Z_{2余}(s)=\dfrac{6s^2+9}{s(5/2)}$重复步骤(2)，可得到商数项 $Z_3(s)=s(12/5)$和余数项 $Z_{3余}(s)=\dfrac{9}{s(5/2)}$，即

$$Z_{2余}(s)=\frac{6s^2+9}{s(5/2)}=s(12/5)+\frac{9}{s(5/2)}=Z_3(s)+Z_{3余}(s) \tag{2-3-4}$$

因此 $Z(s)$可以表示为如下连分式形式：

$$Z(s)=s+\cfrac{1}{s(1/6)+\cfrac{1}{s(12/5)+\cfrac{9}{s(5/2)}}}=Z_1(s)+\cfrac{1}{Y_2(s)+\cfrac{1}{Z_3(s)+Z_{3余}(s)}} \tag{2-3-5}$$

等效电路如图 2-3-1(c)所示，其中 $Z_3(s)=s(12/5)$可用串臂的 12/5H 电感 L_2 来模拟。

(5) 为实现连分式展开，需要再次辗转相除，即对余数项 $Z_{3余}(s)=\dfrac{9}{s(5/2)}$所对应的策动点导纳函数 $Y_{3余}(s)=\dfrac{s(5/2)}{9}$重复步骤(2)，可得到商数项 $Y_4(s)=s(5/18)$，余数为 0，至此连分式展开结束，有

$$Y_{3余}(s)=\frac{s(5/2)}{9}=s(5/18)=Y_4(s) \tag{2-3-6}$$

因此 $Z(s)$的连分式最终形式为

$$Z(s)=s+\cfrac{1}{s(1/6)+\cfrac{1}{s(12/5)+\cfrac{1}{s(5/18)}}}=Z_1(s)+\cfrac{1}{Y_2(s)+\cfrac{1}{Z_3(s)+\cfrac{1}{Y_4(s)}}} \tag{2-3-7}$$

最终的考尔Ⅰ型网络如图 2-3-1(d)所示，其中 $Y_4(s)=s(5/18)$可用 5/18F 电容 C_2 来模拟。

2.3.2 考尔Ⅱ型网络

考尔Ⅰ型网络将策动点阻抗或导纳函数的分子分母多项式按 s 的降幂排列设计无源单口网络，而考尔Ⅱ型网络则是按 s 的升幂排列进行设计。

接下来以 $Z(s)=\dfrac{s(s^2+4)}{(s^2+1)(s^2+9)}$为例进行考尔Ⅱ型网络设计，步骤如下：

(1) 由于该策动点阻抗函数 $Z(s)$的分子多项式最高幂次低于分母多项式，需要将其转换成策动点导纳函数 $Y(s)=1/Z(s)$，然后对 $Y(s)$进行设计，整理 $Y(s)$，将分子多项式和分母多项式按 s 的升幂排列，得 $Y(s)=\dfrac{9+10s^2+s^4}{4s+s^3}$。

(2) 分子多项式除以分母多项式，可得商数项 $Y_1(s)=\frac{1}{s(4/9)}$ 和余数项 $Y_{1余}(s)=\frac{\frac{31}{4}s^2+s^4}{4s+s^3}$，即

$$Y(s)=\frac{1}{s(4/9)}+\frac{\frac{31}{4}s^2+s^4}{4s+s^3}=Y_1(s)+Y_{1余}(s) \tag{2-3-8}$$

对应等效电路如图 2-3-2(a)所示，其中 $Y_1(s)=\frac{1}{s(4/9)}$ 可用并臂的 4/9H 电感 L_1 模拟。

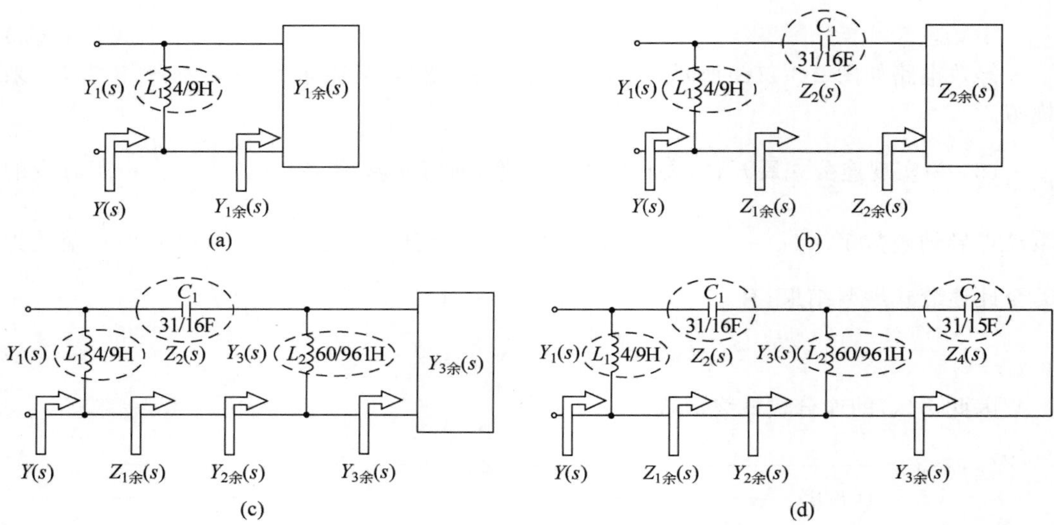

图 2-3-2 考尔Ⅱ型网络设计步骤

(3) 为实现连分式展开，需要辗转相除，即对余数项 $Y_{1余}(s)=\frac{\frac{31}{4}s^2+s^4}{4s+s^3}$ 所对应的策动点阻抗函数 $Z_{1余}(s)=\frac{4s+s^3}{\frac{31}{4}s^2+s^4}$ 重复步骤(2)，可得到商数项 $Z_2(s)=\frac{1}{s(31/16)}$ 和余数项 $Z_{2余}(s)=\frac{\frac{15}{31}s^3}{\frac{31}{4}s^2+s^4}$，即

$$Z_{1余}(s)=\frac{4s+s^3}{\frac{31}{4}s^2+s^4}=\frac{1}{s(31/16)}+\frac{\frac{15}{31}s^3}{\frac{31}{4}s^2+s^4}=Z_2(s)+Z_{2余}(s) \tag{2-3-9}$$

因此 $Y(s)$可以表示为如下连分式形式

$$Y(s)=\frac{1}{s(4/9)}+\frac{1}{\frac{1}{s(31/16)}+\frac{\frac{15}{31}s^3}{\frac{31}{4}s^2+s^4}}=Y_1(s)+\frac{1}{Z_2(s)+Z_{2余}(s)} \tag{2-3-10}$$

对应等效电路如图 2-3-2(b)所示，其中 $Z_2(s)=\frac{1}{s(31/16)}$可用串臂的 31/16F 电容 C_1 模拟。

(4) 为实现连分式展开，需要再次辗转相除，即对余数项 $Z_{2余}(s)=\frac{\frac{15}{31}s^3}{\frac{31}{4}s^2+s^4}$所对应的策动点导纳函数 $Y_{2余}(s)=\frac{\frac{31}{4}s^2+s^4}{\frac{15}{31}s^3}$重复步骤(2)，可得到商数项 $Y_3(s)=\frac{1}{s(60/961)}$和余数项 $Y_{3余}(s)=\frac{s}{15/31}$，即

$$Y_{2余}(s)=\frac{\frac{31}{4}s^2+s^4}{\frac{15}{31}s^3}=\frac{1}{s(60/961)}+\frac{s}{15/31}=Y_3(s)+Y_{3余}(s) \tag{2-3-11}$$

因此 $Y(s)$可以表示为如下连分式形式

$$Y(s)=\frac{1}{s(4/9)}+\frac{1}{\frac{1}{s(31/16)}+\frac{1}{\frac{1}{s(60/961)}+\frac{s}{15/31}}}=Y_1(s)+\frac{1}{Z_2(s)+\frac{1}{Y_3(s)+Y_{3余}(s)}} \tag{2-3-12}$$

对应等效电路如图 2-3-2(c)所示，其中 $Y_3(s)=\frac{1}{s(60/961)}$可用并臂的 60/961H 电感 L_2 来模拟。

(5) 为实现连分式展开，需要再次辗转相除，即对余数项 $Y_{3余}(s)=\frac{s}{15/31}$所对应的策动点阻抗函数 $Z_{3余}(s)=\frac{15/31}{s}$重复步骤(2)，可得到商数项 $Z_4(s)=\frac{1}{s(31/15)}$，余数为 0，至此连分式展开结束，有

$$Z_{3余}(s)=\frac{15/31}{s}=\frac{1}{s(31/15)}=Z_4(s) \tag{2-3-13}$$

因此 $Y(s)$的连分式最终形式为

$$Y(s)=\frac{1}{s(4/9)}+\cfrac{1}{\cfrac{1}{s(31/16)}+\cfrac{1}{\cfrac{1}{s(60/961)}+\cfrac{1}{\cfrac{1}{s(31/15)}}}}=Y_1(s)+\cfrac{1}{Z_2(s)+\cfrac{1}{Y_3(s)+\cfrac{1}{Z_4(s)}}}$$

(2-3-14)

最终的考尔Ⅱ型网络如图 2-3-2(d)所示,其中 $Z_4(s)=\frac{1}{s(31/15)}$ 可用 31/15F 电容 C_2 来模拟。

综上所述,一般情况下,当策动点阻抗函数 $Z(s)$ 的分子多项式最高幂次高于或等于分母多项式时,利用考尔Ⅰ型或Ⅱ型网络设计该无源单口网络需要对 $Z(s)$ 进行辗转相除,所得到的连分式的一般形式如下:

$$Z(s)=Z_1(s)+\cfrac{1}{Y_2(s)+\cfrac{1}{Z_3(s)+\cfrac{1}{Y_4(s)+\cdots}}}$$

$$\vdots$$

$$Z_{n-1}(s)+\frac{1}{Y_n(s)} \text{ 或 } Y_{n-1}(s)+\frac{1}{Z_n(s)}$$

(2-3-15)

对应考尔Ⅰ型或Ⅱ型网络如图 2-3-3(a)或(b)所示,其中的 $Z_1(s)$、$Y_2(s)$、$Z_3(s)$、$Y_4(s)$,…,$Z_{n-1}(s)$、$Y_n(s)$、$Y_{n-1}(s)$、$Z_n(s)$ 均可用直接法进行设计。

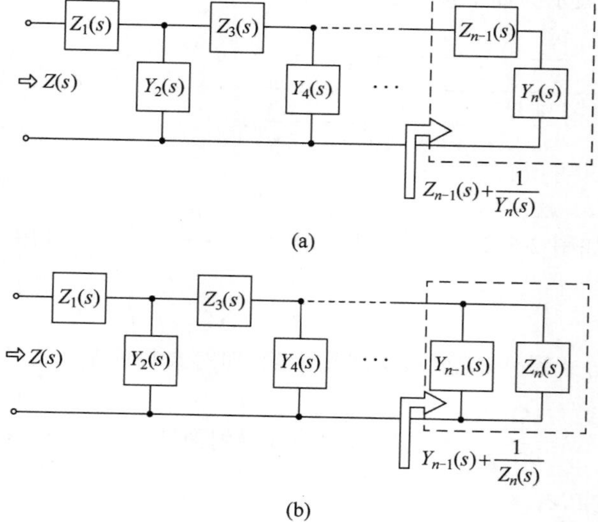

图 2-3-3 考尔Ⅰ型或Ⅱ型网络的一般形式[$Z(s)$展开]

通常情况下，若策动点阻抗函数 $Z(s)$ 的分子多项式的最高幂次低于或等于分母多项式，则需要将其转换成导纳函数 $Y(s)$，然后对 $Y(s)$ 进行辗转相除，所得到的连分式的一般形式如下：

$$Y(s)=Y_1(s)+\cfrac{1}{Z_2(s)+\cfrac{1}{Y_3(s)+\cfrac{1}{Z_4(s)+\cdots \atop \vdots \atop Z_{n-1}(s)+\frac{1}{Y_n(s)} \text{ 或 } Y_{n-1}(s)+\frac{1}{Z_n(s)}}}} \tag{2-3-16}$$

对应考尔Ⅰ型或Ⅱ型网络如图 2-3-4(a)或(b)所示，其中的 $Y_1(s)$、$Z_2(s)$、$Y_3(s)$、$Z_4(s)$，…，$Z_{n-1}(s)$、$Y_n(s)$、$Y_{n-1}(s)$、$Z_n(s)$ 均可用直接法进行设计。

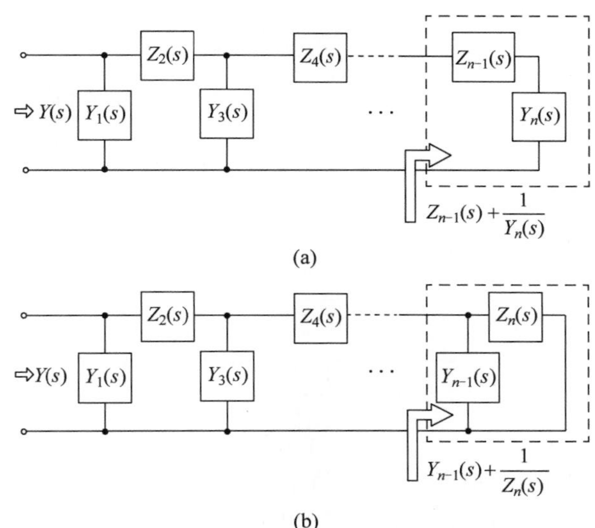

图 2-3-4　考尔Ⅰ型或Ⅱ型网络的一般形式[$Y(s)$展开]

【例 2-3-1】 用考尔网络两种形式实现以下策动点阻抗函数

$$Z(s)=\frac{s+2}{s^2+4s+3}$$

解：① 讨论网络的可实现性。

分析知该策动点阻抗函数的零点为 $-2,\infty$；极点为 $-1,-3$，极点和零点都为单阶的并在非正实轴上交替出现，且最靠近原点处是单阶极点 -1，归一化因子为正，因此 $Z(s)$ 可用 RC 考尔网络来实现。

② 确定连分式展开对应策动点函数。

由于 $Z(s)$ 的分子多项式的最高幂次低于分母多项式，需要将其转换成策动点导纳函数 $Y(s)=1/Z(s)$，然后再对 $Y(s)$ 进行连分式展开，即

$$Y(s)=\frac{1}{Z(s)}=\frac{s^2+4s+3}{s+2}$$

③ 考尔Ⅰ型网络，$Y(s)$ 的分子分母多项式按 s 的降幂排列后辗转相除。

商 s → $Y_1(s)$

$s+2\,\overline{)\,s^2+4s+3}$

$-)\,s^2+2s$

商 $1/2$ → $Z_2(s)$

$2s+3\,\overline{)\,s+2}$

$-)\,s+3/2$

商 $4s$ → $Y_3(s)$

$1/2\,\overline{)\,2s+3}$

$-)\,2s$

商 $1/6$ → $Z_4(s)$

$3\,\overline{)\,1/2}$

$-)\,1/2$

0

得到连分式为

$$Y(s)=\frac{s^2+4s+3}{s+2}=s+\cfrac{1}{1/2+\cfrac{1}{4s+\cfrac{1}{1/6}}}=Y_1(s)+\cfrac{1}{Z_2(s)+\cfrac{1}{Y_3(s)+\cfrac{1}{Z_4(s)}}}$$

所对应的考尔Ⅰ型网络如图 2-3-5(a)所示，其中的 $Y_1(s)=s$ 可用并臂上的 1F 电容 C_1 来实现，$Z_2(s)=1/2$ 可用串臂上的 $1/2\Omega$ 电阻 R_1 来实现，$Y_3(s)=4s$ 可用并臂上的 4F 电容 C_2 来实现，$Z_4(s)=1/6$ 可用串臂上的 $1/6\Omega$ 电阻 R_2 来实现。

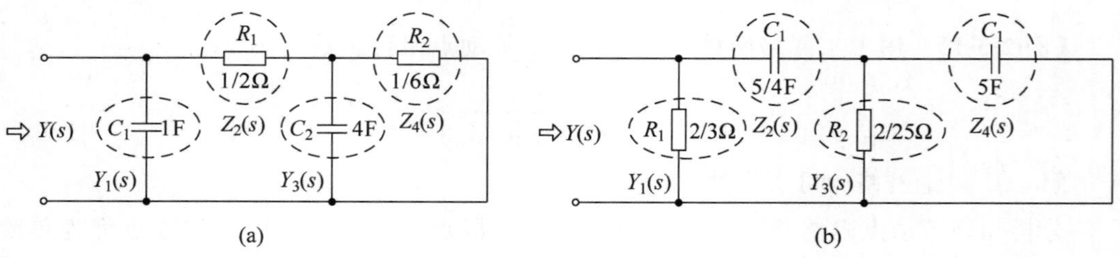

图 2-3-5 例 2-3-1 电路

④ 考尔Ⅱ型网络，分子分母多项式按 s 的升幂排列后辗转相除。

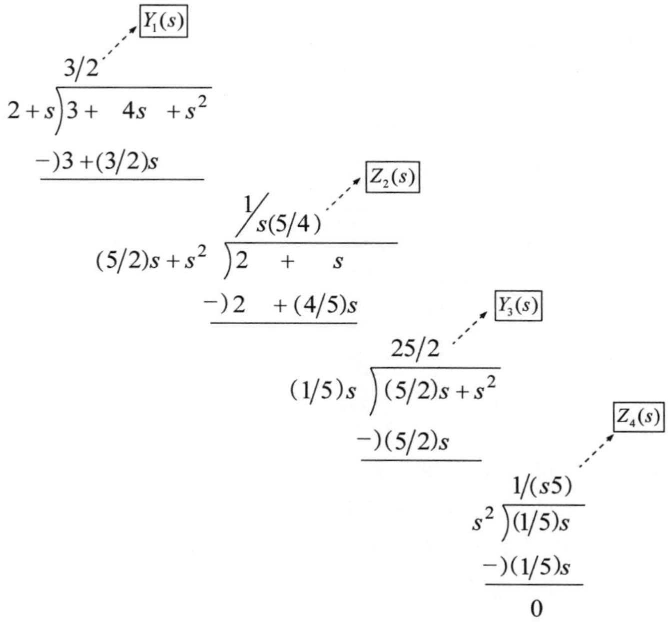

$$
\begin{array}{l}
\quad 3/2 \; \dashrightarrow \boxed{Y_1(s)} \\
2+s\,\overline{)\,3+\;4s\;+s^2} \\
\underline{-)\,3+(3/2)s} \\
\qquad 1\big/s(5/4) \; \dashrightarrow \boxed{Z_2(s)} \\
\qquad (5/2)s+s^2\,\overline{)\,2\;+\;s} \\
\qquad \underline{-)\,2\;+(4/5)s} \\
\qquad\qquad 25/2 \; \dashrightarrow \boxed{Y_3(s)} \\
\qquad\qquad (1/5)s\,\overline{)\,(5/2)s+s^2} \\
\qquad\qquad \underline{-)\,(5/2)s} \\
\qquad\qquad\qquad 1/(s5) \; \dashrightarrow \boxed{Z_4(s)} \\
\qquad\qquad\qquad s^2\,\overline{)\,(1/5)s} \\
\qquad\qquad\qquad \underline{-)\,(1/5)s} \\
\qquad\qquad\qquad\quad 0
\end{array}
$$

得到连分式为

$$
Y(s)=\frac{3+4s+s^2}{2+s}=3/2+\cfrac{1}{\cfrac{1}{s(5/4)}+\cfrac{1}{25/2+\cfrac{1}{\cfrac{1}{s5}}}}=Y_1(s)+\cfrac{1}{Z_2(s)+\cfrac{1}{Y_3(s)+\cfrac{1}{Z_4(s)}}}
$$

所对应的考尔Ⅱ型网络如图 2-3-5(b)所示，其中的 $Y_1(s)=3/2$ 可用并臂上的 $2/3\Omega$ 电阻 R_1 来实现，$Z_2(s)=\frac{1}{s(5/4)}$可用串臂上的 5/4F 电容 C_1 来实现，$Y_3(s)=25/2$ 可用并臂上的 $2/25\Omega$ 电阻 R_2 来实现，$Z_4(s)=\frac{1}{s5}$可用串臂上的 5F 电容 C_2 来实现。

2.4 *LC* 梯形滤波器综合设计

由串联元件(称为串臂)和并联元件(称为并臂)交替连接而成的网络称为梯形网络，仅由电感和电容构成的梯形网络称为 *LC* 梯形网络。在 *LC* 梯形二端口网络的输出端接以电阻负载，输入端所接信号源的内阻抗亦为纯电阻，这样便构成了双端接载 *LC* 梯形滤波器。这种滤波器的传输零点与网络中各 *LC* 元件的阻抗有一一对应的关系，这种关系给滤波网络的设计和调试带来极大方便；*LC* 梯形滤波器的另一优点是其转移函数对网络中各元件的灵敏度都是很小的。双端接载 *LC* 梯形滤波器的以上两个突出的优点，使之成为无源滤波器实现技术中应用最为广泛的一种电路结构，并常被选用为设计有源滤波器和其他现代滤波器的原型滤波器电路。

2.4.1 二端口 *LC* 梯形网络

二端口梯形网络形式如图 2-4-1 所示，其输入信号 $U_i(s)$和输出信号 $U_o(s)$位于不同端口，因此描述二端口 *LC* 梯形网络的网络函数为转移函数。

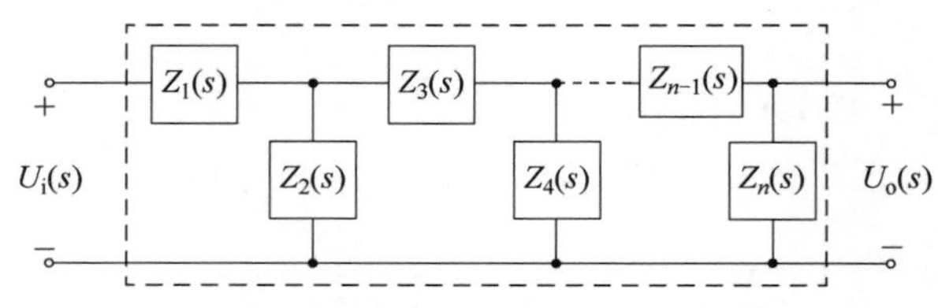

图 2-4-1 二端口梯形网络的一般形式

仅由电感和电容构成的二端口梯形网络，称为二端口 *LC* 梯形网络。二端口 *LC* 梯形网络的一个重要特点就是它的零点易于辨认和实现。当串臂阻抗为无穷大时，因为结构上是串联，所以信号无法传输，导致输出信号为零，对应为转移函数的零点。同理，当并臂阻抗为零时，因为结构上是并联，所以信号被短路，导致输出信号为零，对应为转移函数的零点。因此，一般来说，当梯形网络的一个串臂阻抗为无穷大或一个并臂阻抗为零时，就可以实现转移函数的一个零点。于是图 2-4-1 所示二端口梯形网络的转移函数 $U_o(s)/U_i(s)$的零点与串臂阻抗 $Z_1(s)$，$Z_3(s)$，…，$Z_{n-1}(s)$的极点及并臂阻抗 $Z_2(s)$，$Z_4(s)$，…，$Z_n(s)$的零点相同。

常用作二端口梯形网络的串臂和并臂以实现转移函数零点的电路如表 2-4-1 所示。

表 2-4-1 实现二端口梯形网络零点的 *LC* 串臂和并臂电路

	零点 $s=0$	零点 $s=\infty$	零点 $s=\pm \mathrm{j}\dfrac{1}{\sqrt{LC}}$
串臂基本电路	C_1	L_2	L_3 C_3
并臂基本电路	L_1	C_2	L_4 C_4

其中，当 $s=0$ 时，电容 C_1 阻抗为无穷大，因此 C_1 作为串臂元件时能够实现原点处转移函数的零点；电感 L_1 阻抗为零，因此 L_1 作为并臂元件时能够实现原点处转移函数的零点。当 $s=\infty$时，电感 L_2 阻抗为无穷大，因此 L_2 作为串臂元件时能够实现在无穷大频率处的零点；电容 C_2 阻抗为零，因此 C_2 作为并臂元件时能够实现在无穷大频率处的零点。当 $s=\pm \mathrm{j}(1/\sqrt{LC})$时，电感 L_3 和电容 C_3 并联网络等效阻抗为无穷大，因此该并联网络作为串臂时能够实现在 $s=\pm \mathrm{j}(1/\sqrt{LC})$处的零点；电感 L_4 和电容 C_4 串联网

络等效阻抗为零，因此该串联网络作为并臂时能够实现在 $s=\pm j(1/\sqrt{LC})$ 处的零点。

1. 实现全部零点在无穷大频率处的二端口 LC 梯形网络

由表 2-4-1 可知，全部零点都在无穷大频率处的转移函数可以由串臂全部为电感、并臂全部为电容的二端口 LC 梯形网络实现，如图 2-4-2 所示。

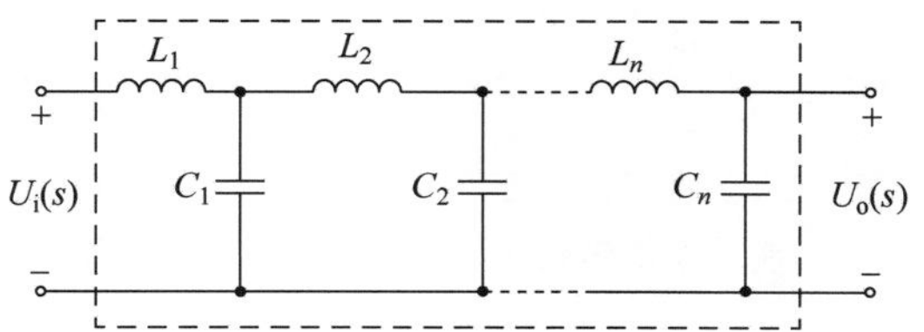

图 2-4-2　实现全部零点在无穷大频率处的二端口 LC 梯形网络

该网络具有 n 个串臂电感和 n 个并臂电容，因为每个串臂电感和每个并臂电容都可以在无穷大频率处各自产生一个零点，因此该网络的转移函数在 $s=\infty$ 处具有 $2n$ 个零点，利用该网络可实现 $2n$ 阶低通滤波器。

2. 实现全部零点在原点处的二端口 LC 梯形网络

由表 2-4-1 可知，将图 2-4-2 中的电感和电容互换位置，即串臂全部为电容，并臂全部为电感，这样获得的二端口 LC 梯形网络可实现全部零点都在原点处的转移函数，如图 2-4-3 所示。该网络具有 n 个串臂电容和 n 个并臂电感，因为每个串臂电容和每个并臂电感都可以在原点处各自产生一个零点，因此该网络的转移函数在 $s=0$ 处具有 $2n$ 个零点，利用该网络可实现 $2n$ 阶高通滤波器。

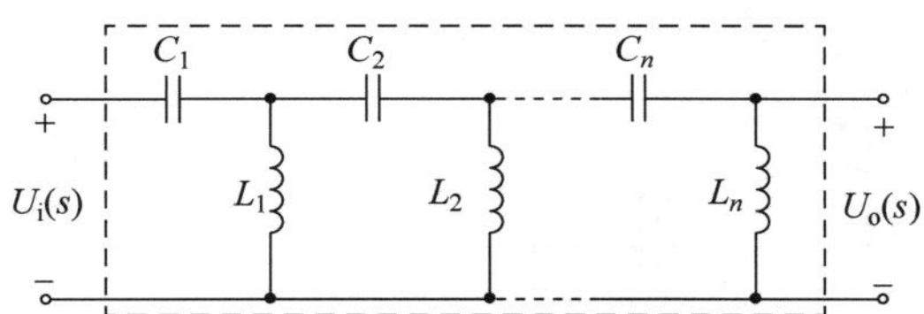

图 2-4-3　实现全部零点在原点处的二端口 LC 梯形网络

3. 实现全部零点在虚轴上的二端口 LC 梯形网络

以图 2-4-4 所示电路为例，该电路能实现虚轴上零点的转移函数，由表 2-4-1 可知，串臂电感 L_1 和并臂电容 C_3 实现了无穷大频率处转移函数的零点；串臂电容 C_2 和并臂电感 L_4 实现了原点处转移函数的零点；串臂电路（C_4 并 L_3）实现了 $s=\pm j(1/\sqrt{L_3C_4})$ 处的零点；并臂电路（L_2 串 C_1）实现了 $s=\pm j(1/\sqrt{L_2C_1})$ 处的零点。所以该网络有六个有限零点和两个无穷大处的零点，其转移函数的分子是一个 s 的 6 次多项式，分母是一个 s 的 8 次多项式。转移函数具有如下形式：

$$H(s)=\frac{U_o(s)}{U_i(s)}=H\frac{s\left(s^2+\frac{1}{L_3C_4}\right)\left(s^2+\frac{1}{L_2C_1}\right)s}{s^8+\cdots+b_0}\quad b_0\neq 0$$

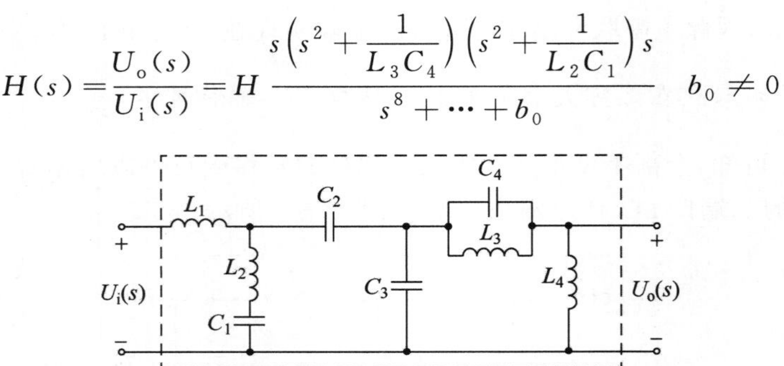

图 2-4-4　实现全部零点在虚轴上的二端口 LC 梯形网络

2.4.2　双端接电阻的二端口 *LC* 梯形网络设计

LC 网络的极点位于虚轴上，要实现左半平面的极点，通常以 LC 网络为基础接入电阻，将虚轴上的极点移动到 s 左半平面。一般情况下将电阻接入 LC 网络的源端和负载端，接入的电阻称为端接电阻，端接电阻后的 LC 网络实际上是 RLC 网络，具有如下特点：

(1) 所有的极点位于 s 左半平面；

(2) 所有的零点位于原点、无穷大频率处或 s 左半平面；

(3) 零、极点不需要交替分布。

双端接电阻的二端口 LC 梯形网络结构图如图 2-4-5 所示。

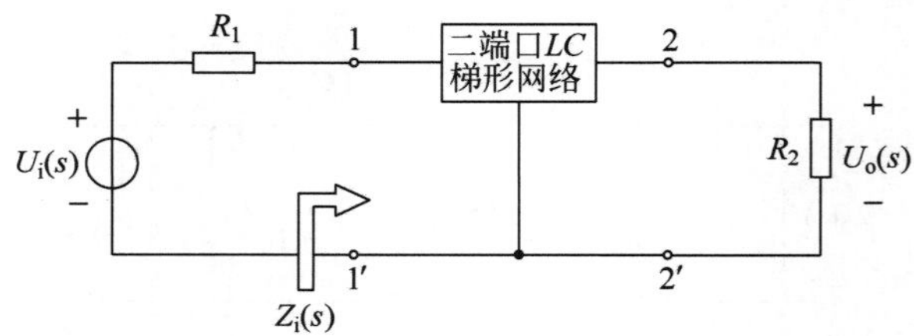

图 2-4-5　双端接电阻的二端口 LC 梯形网络结构图

对该网络的设计可以通过对输入阻抗 $Z_i(s)$ 的综合来实现，接下来讨论如何通过该网络的转移电压比 $H(s)=U_o(s)/U_i(s)$ 来获得 $Z_i(s)$ 的表达式[①]。

定义反射系数 $\rho(s)$ 为

$$\rho(s)\rho(-s)=1-\frac{4R_1}{R_2}H(s)H(-s)\tag{2-4-1}$$

则输入阻抗 $Z_i(s)$ 可以表示为

① 在此主要介绍设计过程，具体的理论推导详见参考文献[3]。

$$Z_{\mathrm{i}}(s)=\frac{1+\rho(s)}{1-\rho(s)}R_1 \tag{2-4-2}$$

或

$$Z_{\mathrm{i}}(s)=\frac{1-\rho(s)}{1+\rho(s)}R_1 \tag{2-4-3}$$

接下来，基于图 2-4-5 所示的双端接电阻二端口 LC 梯形网络，设计 n 阶归一化 Butterworth 低通无源滤波器，为满足归一化的要求，令图 2-4-5 中的 $R_1=R_2=1\Omega$。

对 n 阶归一化 Butterworth 低通无源滤波器来说，其转移电压比 $H(s)$的幅度平方函数为

$$|H(s)|^2=H(s)H(-s)=\frac{H_0^2}{D(s)D(-s)}=\frac{H_0^2}{1+(-1)^n s^{2n}} \tag{2-4-4}$$

因为 $R_1=R_2=1\Omega$，所以在 $s=0$(直流)处的转移电压比数值 H_0 为

$$H_0=H(s)\mid_{s=0}=\left.\frac{U_{\mathrm{o}}(s)}{U_{\mathrm{i}}(s)}\right|_{s=0}=\frac{R_2}{R_1+R_2}=\frac{1}{2} \tag{2-4-5}$$

将 $R_1=R_2=1\Omega$、式(2-4-4)和式(2-4-5)代入式(2-4-1)得

$$\rho(s)\rho(-s)=\frac{(-1)^n s^{2n}}{1+(-1)^n s^{2n}}=\frac{s^n(-s)^n}{1+(-1)^n s^{2n}}=\frac{s^n(-s)^n}{D(s)D(-s)} \tag{2-4-6}$$

因此反射系数 $\rho(s)$可以表示为

$$\rho(s)=\frac{s^n}{D(s)} \tag{2-4-7}$$

将式(2-4-7)代入式(2-4-2)或式(2-4-3)得输入阻抗 $Z_{\mathrm{i}}(s)$为

$$Z_{\mathrm{i}}(s)=\frac{D(s)+s^n}{D(s)-s^n}R_1 \tag{2-4-8}$$

或

$$Z_{\mathrm{i}}(s)=\frac{D(s)-s^n}{D(s)+s^n}R_1 \tag{2-4-9}$$

$D(s)$可通过表 1-4-2 进行查询，当 $n=4$ 时，有

$$D(s)=s^4+2.613\,126s^3+3.414\,214s^2+2.613\,126s+1 \tag{2-4-10}$$

将 $R_1=1\Omega$ 和式(2-4-10)代入式(2-4-8)或式(2-4-9)得四阶归一化 Butterworth 低通无源滤波器对应的输入阻抗 $Z_{\mathrm{i}}(s)$为

$$Z_{\mathrm{i}}(s)=\frac{2s^4+2.613\,126s^3+3.414\,214s^2+2.613\,126s+1}{2.613\,126s^3+3.414\,214s^2+2.613\,126s+1} \tag{2-4-11}$$

或

$$Z_{\mathrm{i}}(s)=\frac{2.613\,126s^3+3.414\,214s^2+2.613\,126s+1}{2s^4+2.613\,126s^3+3.414\,214s^2+2.613\,126s+1} \tag{2-4-12}$$

将式(2-4-11)所表示的输入阻抗 $Z_{\mathrm{i}}(s)$的进行连分式展开为

$$Z_{\mathrm{i}}(s)=s0.7654+\cfrac{1}{s1.8478+\cfrac{1}{s1.8478+\cfrac{1}{s0.7654+1}}}=sL_1+\cfrac{1}{sC_2+\cfrac{1}{sL_3+\cfrac{1}{sC_4+R_2}}}\tag{2-4-13}$$

对应的电路如图 2-4-6(a)所示。

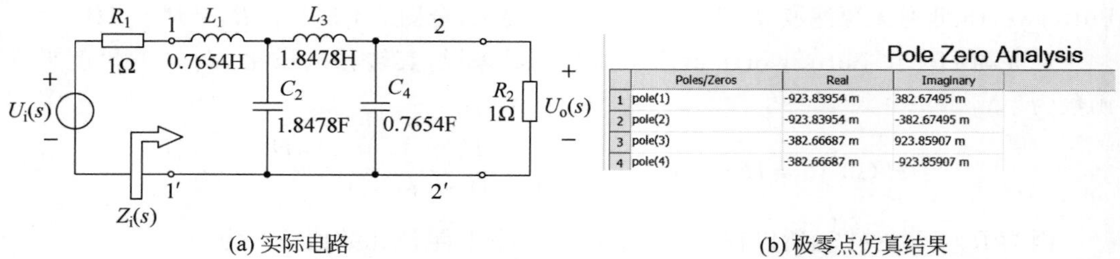

(a) 实际电路　　　　(b) 极零点仿真结果

图 2-4-6　四阶归一化 Butterworth 低通无源滤波器实现电路 1

利用 Multisim 对图 2-4-6 所示电路进行极零点仿真，仿真结果如图 2-4-6(b)所示，观察发现仿真结果与表 1-4-1 一致。

将式(2-4-12)所表示的输入阻抗 $Z_{\mathrm{i}}(s)$取倒数再进行连分式展开为

$$Y_{\mathrm{i}}(s)=s0.7654+\cfrac{1}{s1.8478+\cfrac{1}{s1.8478+\cfrac{1}{s0.7654+1}}}=sC_1+\cfrac{1}{sL_2+\cfrac{1}{sC_3+\cfrac{1}{sL_4+R_2}}}\tag{2-4-14}$$

对应的电路如图 2-4-7(a)所示。

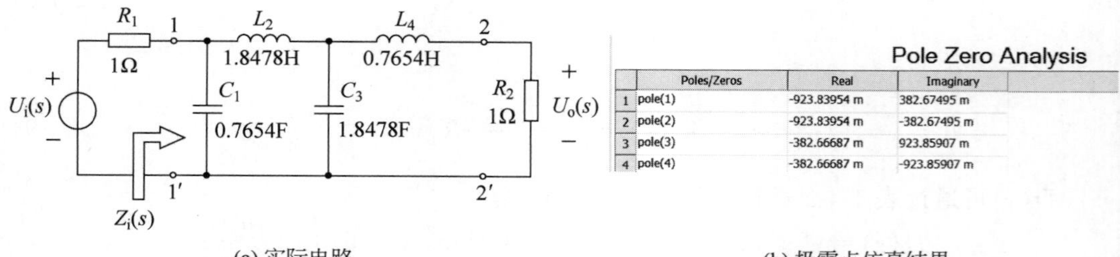

(a) 实际电路　　　　(b) 极零点仿真结果

图 2-4-7　四阶归一化 Butterworth 低通无源滤波器实现电路 2

利用 Multisim 对图 2-4-7(a)所示电路进行极零点仿真，仿真结果如图 2-4-7(b)所示，观察发现仿真结果与表 1-4-1 一致。

对于 n 阶归一化 Butterworth 低通无源滤波器均可用以上方法进行设计，该方法还可以推广到其他类型的双端接电阻梯形低通无源滤波器的设计中。通常情况下，可以用图 2-4-8 或图 2-4-9 所示的电路来实现 n 阶归一化双端接电阻梯形低通无源滤波器。

为便于设计，往往通过查表的方式获取各元件参数值，相关表格如表 2-4-2～表 2-4-4 所示。

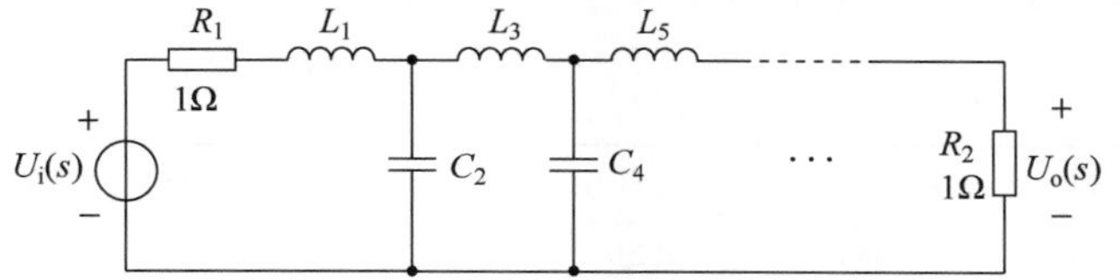

图 2-4-8 n 阶归一化双端接电阻梯形低通无源滤波器实现电路 1

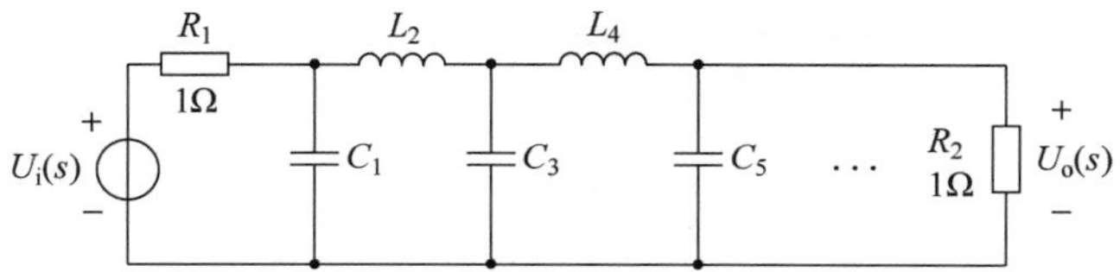

图 2-4-9 n 阶归一化双端接电阻梯形低通无源滤波器实现电路 2

表 2-4-2 n 阶归一化 Butterworth 低通无源滤波器元件值表

	实现电路1						
n	L_1/H	C_2/F	L_3/H	C_4/F	L_5/H	C_6/F	L_7/H
1	2.0000						
2	1.4142	1.4142					
3	1.0000	2.0000	1.0000				
4	0.7654	1.8478	1.8478	0.7654			
5	0.6180	1.6180	2.0000	1.6180	0.6180		
6	0.5176	1.4142	1.9139	1.9139	0.4142	0.5176	
7	0.4450	1.2470	1.8019	2.0000	1.8019	1.2470	0.4450
n	C_1/F	L_2/H	C_3/F	L_4/H	C_5/F	L_6/H	C_7/F
	实现电路2						

表 2-4-3 n 阶归一化 0.5dB 波纹 Chebyshev 低通滤波器元件值表

	实现电路1						
n	L_1/H	C_2/F	L_3/H	C_4/F	L_5/H	C_6/F	L_7/H
3	1.5963	1.0967	1.5963				
5	1.7058	1.2296	2.5408	1.2296	1.7058		
7	1.7373	1.2582	2.6383	1.3443	2.6383	1.2582	1.7373
n	C_1/F	L_2/H	C_3/F	L_4/H	C_5/F	L_6/H	C_7/F
	实现电路2						

表 2-4-4　n 阶归一化 1.0dB 波纹 Chebyshev 低通滤波器元件值表

	实现电路1						
n	L_1/H	C_2/F	L_3/H	C_4/F	L_5/H	C_6/F	L_7/H
3	2.0236	0.9941	2.0236				
5	2.1349	1.0911	3.0009	1.0911	2.1349		
7	2.1666	1.1115	3.0936	1.1735	3.0936	1.1115	2.1666
n	C_1/F	L_2/H	C_3/F	L_4/H	C_5/F	L_6/H	C_7/F
	实现电路2						

习题二

2-1　LC 单口网络如题图 2-1(a)所示，其策动点阻抗函数 $Z(s)$ 的零极点分布如题图 2-1(b)所示，试说明各零极点分别是由哪个或哪些元件在什么频率时产生的。

2-2　RC 单口网络如题图 2-2(a)所示，其策动点阻抗函数 $Z(s)$ 的零极点分布如题图 2-2(b)所示，试说明各零极点分别是由哪个或哪些元件在什么频率时产生的。

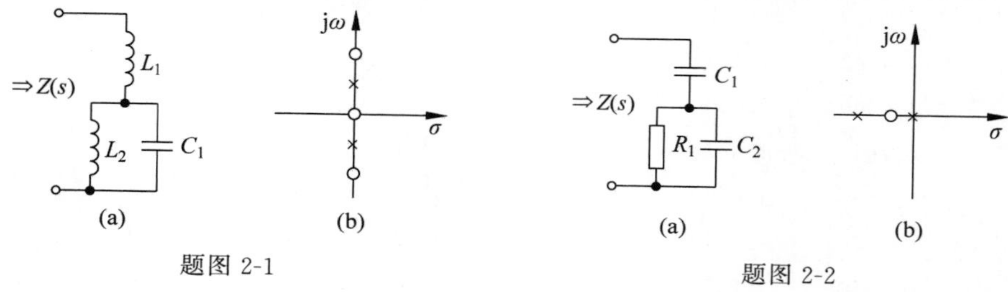

题图 2-1　　题图 2-2

2-3　试分别用福斯特Ⅰ型、福斯特Ⅱ型、考尔Ⅰ型、考尔Ⅱ型四种网络实现以下策动点阻抗函数。

$$Z(s)=\frac{10s(s^4+6s^2+8)}{s^4+4s^2+3}$$

2-4　试分别用福斯特Ⅰ型、福斯特Ⅱ型、考尔Ⅰ型、考尔Ⅱ型四种网络实现以下策动点阻抗函数。

$$Z(s)=\frac{24(s+1)(s+3)}{s(s+2)(s+4)}$$

2-5　试分别用考尔Ⅰ型、考尔Ⅱ型网络实现以下策动点导纳函数。

$$Y(s)=\frac{s^3+2s}{s^4+10s^2+9}$$

2-6　试分别用福斯特Ⅰ型、福斯特Ⅱ型网络实现以下策动点导纳函数。

$$Y(s)=\frac{s^2+4s+3}{2s^2+12s+16}$$

2-7 某策动点阻抗函数 $Z(s)$的零极点分布如题图 2-3 所示，若 $Z(0)=8\Omega$，试用考尔网络实现阻抗函数 $Z(s)$。

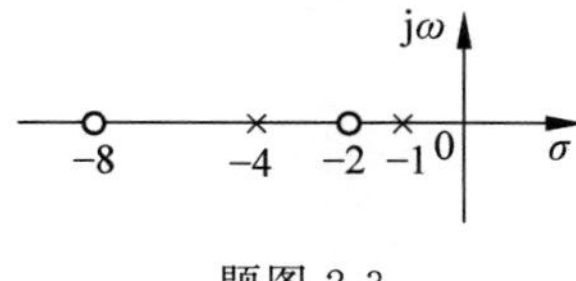

题图 2-3

第3章 基于反馈的二阶有源滤波器的分析与设计

20 世纪 20—60 年代,实际应用的滤波器主要是由电阻、电感和电容构成的无源滤波器。在 20 世纪 50 年代人们已经认识到,用有源电路替代电感在减小体积和降低成本方面具有潜在的优势,用电阻、电容和晶体管构成的电路也可以实现无源网络的频率特性,但是当时这种有源滤波器还不能完全达到实用要求。20 世纪 60 年代中期,高质量集成运算放大器走向商品化,有源 RC 滤波器获得了很大的发展。

有源滤波器的优点主要有:尺寸小,重量轻;采用集成工艺可以大批量生产,价格低,可靠性高;可以提供增益;可以与数字电路集成在同一芯片上。有源滤波器的不足之处主要是:适用频率范围受有源器件有限带宽的限制;受元件值的容差和漂移的影响较大,即灵敏度相对来说比较高。

二阶有源 RC 滤波电路是高阶有源滤波电路的基础。二阶有源滤波电路的设计方法有多种,本章主要介绍基于反馈结构的二阶有源滤波电路的设计。

3.1 实际运算放大器

3.1.1 实际运算放大器的模型

运算放大器(简称运放)是组成滤波电路的一个重要的有源器件,其性能直接影响有源 RC 滤波器的整体特性。理想运放模型取运放的增益无穷大,然而实际运放的增益只能是有限值,而且与频率有关,工作在小信号状态下的实际运放的开环增益特性可以近似用单极点网络函数表示

$$A(s)=\frac{A_0}{1+s/\omega_0} \tag{3-1-1}$$

式中,A_0 表示运放的直流增益,ω_0 为 3dB 截止角频率,对应的 Bode 图如图 3-1-1 所示。

通常情况下,运放的直流增益可达 100dB,3dB 截止频率 $f_0=\omega_0/(2\pi)$ 只有几赫兹或几十赫兹。在分析电路时,若角频率 $\omega \gg \omega_0$,式(3-1-1)可进一步化简为

$$A(s)=\frac{A_0\omega_0}{s}=\frac{1}{s\tau} \tag{3-1-2}$$

式中,$A_0\omega_0$ 为增益带宽乘积,$A_0\omega_0$ 的倒数定义为运放的时间常数 τ,理想运放的 τ 等于零。

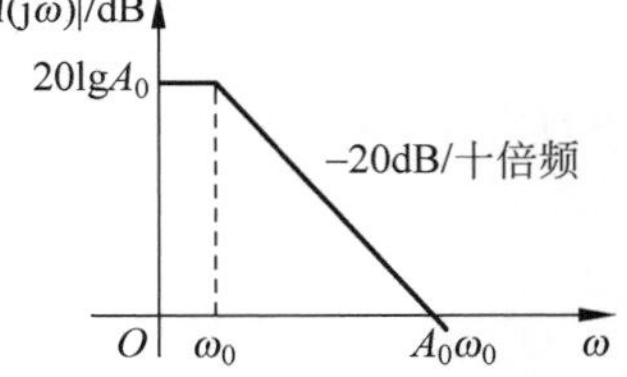

图 3-1-1 运放单极点模型 Bode 图

3.1.2 实际运算放大器电路分析

在有源滤波电路中常用反相放大器、同相放大器和积分器,接下来进行具体分析。

1. 反相放大器

反相放大器的电路如图 3-1-2 所示。

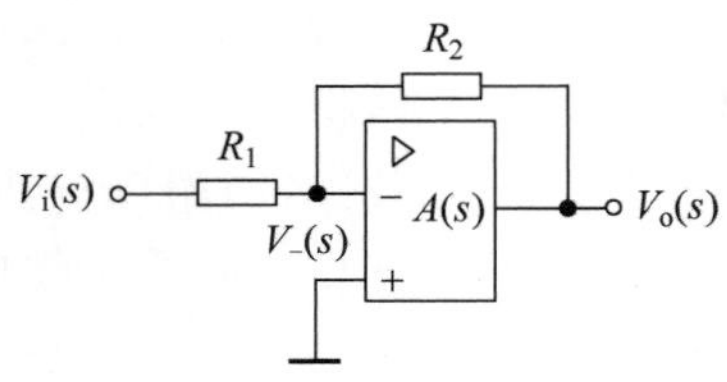

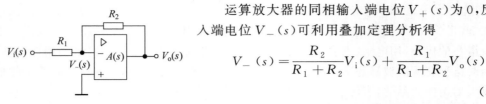

图 3-1-2　反相放大器

运算放大器的同相输入端电位 $V_+(s)$ 为 0，反相输入端电位 $V_-(s)$ 可利用叠加定理分析得

$$V_-(s)=\frac{R_2}{R_1+R_2}V_i(s)+\frac{R_1}{R_1+R_2}V_o(s) \tag{3-1-3}$$

实际运算放大器的输入-输出有如下关系：

$$V_o(s)=A(s)[V_+(s)-V_-(s)] \tag{3-1-4}$$

将 $V_+(s)$ 及 $V_-(s)$ 代入式(3-1-4)可分析出该反相放大器的增益为

$$H(s)=\frac{V_o(s)}{V_i(s)}=-\frac{R_2A(s)}{R_1+R_2+R_1A(s)}=-\frac{K}{1+\dfrac{1+K}{A(s)}} \tag{3-1-5}$$

当运算放大器为理想的情况下，$A(s)\to\infty$，则

$$H(s)\mid_{A(s)\to\infty}=-\frac{R_2}{R_1}=-K \tag{3-1-6}$$

即 $K=R_2/R_1$ 为由理想运算放大器构成的反相放大器的增益的负值。

若工作角频率 $\omega\gg\omega_0$，将式(3-1-2)代入式(3-1-5)，可得

$$H(s)=\frac{-K}{1+(1+K)s\tau} \tag{3-1-7}$$

2. 同相放大器

同相放大器的电路如图 3-1-3 所示。

运算放大器的同相输入端电位 $V_+(s)$ 为 $V_i(s)$，反相输入端电位 $V_-(s)$ 可由下式分析：

$$V_-(s)=\frac{R_1}{R_1+R_2}V_o(s) \tag{3-1-8}$$

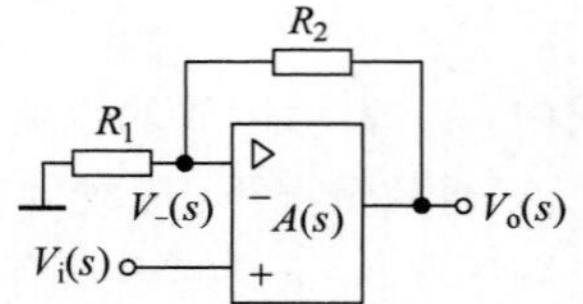

图 3-1-3　同相放大器

将 $V_+(s)$ 及 $V_-(s)$ 代入式(3-1-4)，可分析出该同相放大器的增益为

$$H(s)=\frac{V_o(s)}{V_i(s)}=\frac{A(s)(R_1+R_2)}{R_1+R_2+R_1A(s)}=\frac{K}{1+\dfrac{K}{A(s)}} \tag{3-1-9}$$

当运算放大器为理想的情况下，$A(s)\to\infty$，则

$$H(s)\mid_{A(s)\to\infty}=1+\frac{R_2}{R_1}=K \tag{3-1-10}$$

即 $K=1+\dfrac{R_2}{R_1}$ 为由理想运算放大器构成的同相放大器的增益。

若工作角频率 $\omega\gg\omega_0$，将式(3-1-2)代入式(3-1-9)，可得

$$H(s)=\frac{K}{1+Ks\tau} \tag{3-1-11}$$

3. 反相积分器

反相积分器的电路如图 3-1-4 所示。

运算放大器的同相输入端电位 $V_+(s)$为 0,反相输入端电位 $V_-(s)$可利用叠加定理分析得

$$V_-(s)=\frac{\frac{1}{sC}}{R+\frac{1}{sC}}V_i(s)+\frac{R}{R+\frac{1}{sC}}V_o(s) \tag{3-1-12}$$

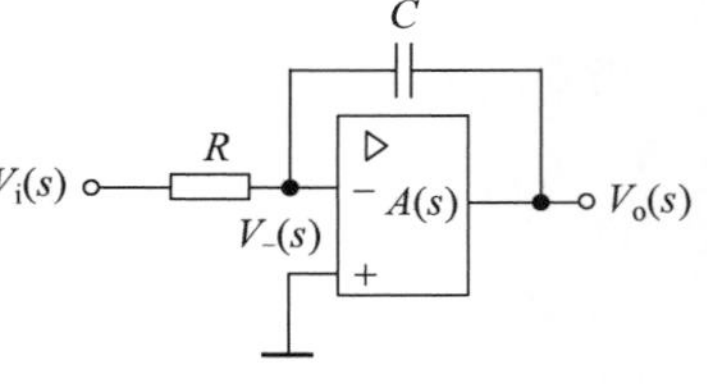

图 3-1-4　反相积分器

将 $V_+(s)$及 $V_-(s)$代入式(3-1-4),可分析出该反相积分器的增益为

$$H(s)=\frac{V_o(s)}{V_i(s)}=-\frac{1}{RC}\frac{1}{s+\frac{1}{A(s)}\left(s+\frac{1}{RC}\right)} \tag{3-1-13}$$

当运算放大器为理想的情况下,$A(s)\to\infty$,则

$$H(s)\big|_{A(s)\to\infty}=-\frac{1}{sRC} \tag{3-1-14}$$

若工作角频率 $\omega\gg\omega_0$,将式(3-1-2)代入式(3-1-13),可得

$$H(s)=\frac{-\frac{1}{sRC}}{1+\frac{\tau}{RC}+s\tau} \tag{3-1-15}$$

3.2　双线性转移函数和双二次转移函数

在滤波器综合设计中常用的转移函数有双线性函数和双二次函数两种,由线性无源 RLC 元件构成的二端口网络的转移函数 $H(s)$满足无源网络的网络函数的一般性质,这些性质是:

(1) $H(s)$是 s 的实系数有理函数;

(2) $H(s)$的全部极点位于 s 左半平面,或为虚轴上的单阶极点;

(3) $H(s)$的零点可以在 s 平面的任何位置;

(4) 复数极点必共轭成对出现,复数零点也必共轭成对出现。

3.2.1　双线性转移函数

分子、分母均为 s 的一次式的转移函数称为双线性转移函数,其一般形式如下:

$$H(s)=\frac{a_1 s+a_0}{s+\omega_0} \tag{3-2-1}$$

式中,ω_0 表示滤波器的截止频率,分子系数 a_0 和 a_1 的不同形式决定了滤波器的不同

类型。

现分别研究双线性转移函数分子多项式系数的几种特殊取值的情形。

1. $a_0 \neq 0, a_1 = 0$(低通滤波器)

当 $a_0 \neq 0, a_1 = 0$ 时,对应为低通滤波器,其转移函数为

$$H(s) = \frac{a_0}{s + \omega_0} \tag{3-2-2}$$

令 $s = \mathrm{j}\omega$,有

$$H(\mathrm{j}\omega) = \frac{a_0}{\mathrm{j}\omega + \omega_0} \tag{3-2-3}$$

因此该转移函数的幅频特性为

$$|H(\mathrm{j}\omega)| = \frac{|a_0|}{\sqrt{\omega^2 + \omega_0^2}} \tag{3-2-4}$$

由式(3-2-4)可以看出,随着 ω 的加大,$|H(\mathrm{j}\omega)|$ 单调减小,因此式(3-2-2)对应为低通滤波器的转移函数。

对式(3-2-4)取常用对数再乘以 20,可得到以 dB 为单位的增益函数

$$G(\omega) = 20\lg|H(\mathrm{j}\omega)| = 20\lg\left|\frac{a_0}{\sqrt{\omega^2 + \omega_0^2}}\right| (\mathrm{dB}) \tag{3-2-5}$$

利用 MATLAB 画出其幅频特性如图 3-2-1(a)所示[式(3-2-1)中 $a_0 = 10, a_1 = 0, \omega_0 = 1\mathrm{rad/s}$],可以看出这是一个低通滤波器的增益特性。

当 $\omega = 0$ 时,增益函数达到其最大值 $G(0) = 20\lg\left|\frac{a_0}{\omega_0}\right| = 20(\mathrm{dB})$,称为直流增益。

当 $\omega = \omega_0$ 时,增益函数为

$$G(\omega_0) = 20\lg\left[\left|\frac{a_0}{\omega_0}\right| \Big/ \sqrt{2}\right] = 20\lg\left|\frac{a_0}{\omega_0}\right| - 3 = G(0) - 3 = 17(\mathrm{dB}) \tag{3-2-6}$$

此时,增益较 $\omega = 0$ 时下降了 3dB,因此 $0 \sim \omega_0$ 的频带宽度称为 3dB 带宽。

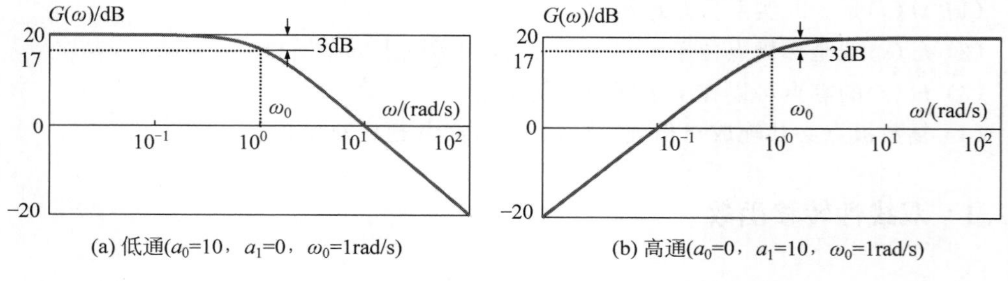

(a) 低通(a_0=10, a_1=0, ω_0=1rad/s) (b) 高通(a_0=0, a_1=10, ω_0=1rad/s)

图 3-2-1 双线性转移函数的幅频特性

2. $a_0=0,a_1\neq 0$(高通滤波器)

当 $a_0=0,a_1\neq 0$ 时,对应为高通滤波器,其转移函数为

$$H(s)=\frac{a_1 s}{s+\omega_0} \tag{3-2-7}$$

幅频特性为

$$|H(\mathrm{j}\omega)|=\frac{|a_1\omega|}{\sqrt{\omega^2+\omega_0^2}} \tag{3-2-8}$$

由式(3-2-8)可以看出,随着 ω 的加大,$|H(\mathrm{j}\omega)|$ 单调增加,因此式(3-2-7)对应为高通滤波器的转移函数。

增益函数为

$$G(\omega)=20\lg\left|\frac{a_1\omega}{\sqrt{\omega^2+\omega_0^2}}\right|(\mathrm{dB}) \tag{3-2-9}$$

利用 MATLAB 画出其幅频特性如图 3-2-1(b)所示[式(3-2-1)中 $a_0=0,a_1=10,\omega_0=1\mathrm{rad/s}$],可以看出这是一个高通滤波器的增益特性。

当 $\omega=0$ 时,增益函数 $G(0)=20\lg\left|\frac{a_1\omega}{\sqrt{\omega^2+\omega_0^2}}\right|=0(\mathrm{dB})$,即在直流时传输信号为零。

当 $\omega\to\infty$ 时,增益函数 $G(\infty)=20\lg|a_1|=20(\mathrm{dB})$。

当 $\omega=\omega_0$ 时,增益函数为

$$G(\omega_0)=20\lg\left|\frac{a_1}{\sqrt{2}}\right|=G(\infty)-3=17(\mathrm{dB}) \tag{3-2-10}$$

此时,较高频增益 $G(\infty)$ 时下降了 3dB。

3. $a_0=-a_1\omega_0$(全通滤波器)

当 $a_0=-a_1\omega_0$ 时,对应为全通滤波器,其转移函数为

$$H(s)=\frac{a_1(s-\omega_0)}{s+\omega_0} \tag{3-2-11}$$

幅频特性为

$$|H(\mathrm{j}\omega)|=|a_1| \tag{3-2-12}$$

由式(3-2-12)可以看出,$|H(\mathrm{j}\omega)|$ 与 ω 无关,因此式(3-2-11)对应为全通滤波器的转移函数。

增益函数为

$$G(\omega)=20\lg|a_1|(\mathrm{dB}) \tag{3-2-13}$$

利用 MATLAB 画出其幅频特性和相频特性如图 3-2-2 所示[式(3-2-1)中 $a_0=10,a_1=-10,\omega_0=1\mathrm{rad/s}$],可以看出这是一个全通滤波器的增益特性。

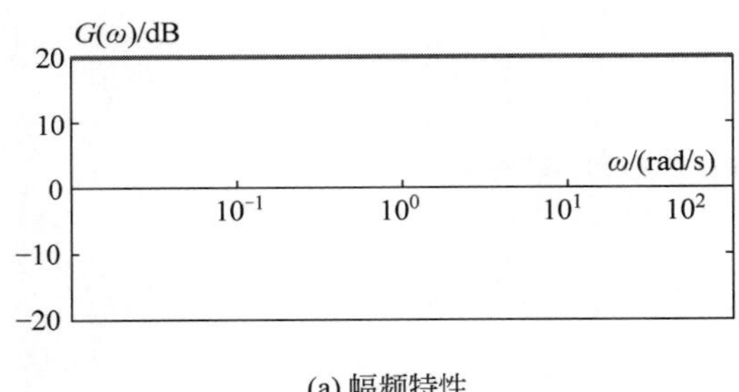

(a) 幅频特性

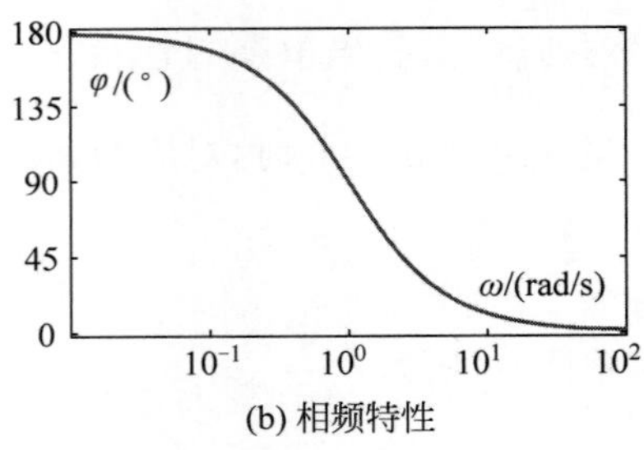

(b) 相频特性

图 3-2-2　双线性转移函数的频率特性(全通 $a_0=10, a_1=-10, \omega_0=1\text{rad/s}$)

3.2.2　双二次转移函数

分子、分母均为 s 的二次式的转移函数称为双二次转移函数，其一般形式为

$$H(s)=\frac{N(s)}{D(s)}=\frac{a_2s^2+a_1s+a_0}{s^2+b_1s+b_0}=\frac{a_2s^2+a_1s+a_0}{s^2+\frac{\omega_0}{Q}s+\omega_0^2} \tag{3-2-14}$$

式中，ω_0 和 Q 分别表示 $H(s)$的极点频率和品质因数。

现分别研究双二次转移函数分子多项式系数的几种特殊取值的情形。

1. $a_0\neq0, a_1=a_2=0$(低通滤波器)

当 $a_0\neq0, a_1=a_2=0$ 时，对应为低通滤波器，其转移函数为

$$H(s)=\frac{a_0}{s^2+b_1s+b_0}=\frac{a_0}{s^2+\frac{\omega_0}{Q}s+\omega_0^2} \tag{3-2-15}$$

式中，ω_0 称为低通滤波器的截止频率。

$H(s)$的幅频特性为

$$|H(\mathrm{j}\omega)|=\frac{|a_0|}{\sqrt{(\omega_0^2-\omega^2)^2+\left(\frac{\omega_0\omega}{Q}\right)^2}} \tag{3-2-16}$$

当 $\omega=0$ 时，$|H(\mathrm{j}0)|=\frac{|a_0|}{\omega_0^2}$；当 $\omega\to\infty$时，$|H(\mathrm{j}\infty)|\to0$。

令$\frac{\mathrm{d}}{\mathrm{d}\omega}\left|H(\mathrm{j}\omega)\right|=0$，可求出$|H(\mathrm{j}\omega)|$出现极大值时的频率以及极大值分别为

$$\omega_{\max}=\omega_0\sqrt{1-\frac{1}{2Q^2}} \tag{3-2-17}$$

$$|H(\mathrm{j}\omega)|_{\max}=|H(\mathrm{j}\omega_{\max})|=\frac{|a_0|Q}{\omega_0^2\sqrt{1-\frac{1}{4Q^2}}} \tag{3-2-18}$$

由式(3-2-17)知，仅当 $1-\frac{1}{2Q^2}>0$ 即 $Q>\frac{1}{\sqrt{2}}$ 时，$|H(j\omega)|$ 才会出现极大值。当 $Q=\frac{1}{\sqrt{2}}$ 时电路的响应称为最大平坦响应。由式(3-2-17)还可以看出，Q 值越高，ω_{max} 越接近于 ω_0。通常，当 $Q>5$ 时，可认为 $\omega_{max}\approx\omega_0$。

利用 MATLAB 画出不同 Q 值情况下式(3-2-15)所表示的双二次转移函数的幅频特性，如图 3-2-3(a)所示[当式(3-2-14)中 $a_0=10$，$a_1=a_2=0$，$\omega_0=1\text{rad/s}$ 时]，可以看出这是一个低通滤波器的增益特性。

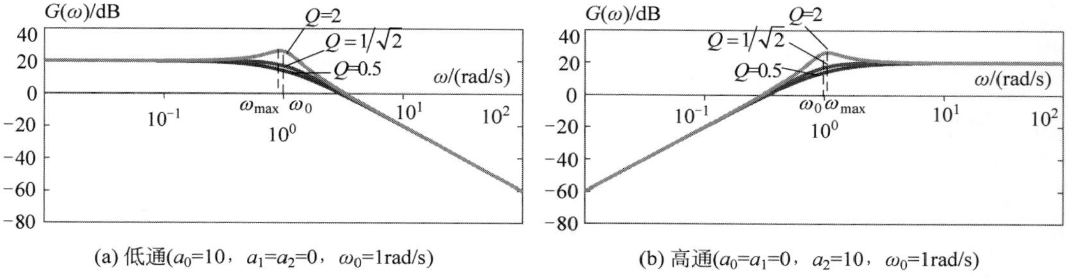

(a) 低通($a_0=10$，$a_1=a_2=0$，$\omega_0=1\text{rad/s}$)　(b) 高通($a_0=a_1=0$，$a_2=10$，$\omega_0=1\text{rad/s}$)

图 3-2-3 双二次转移函数的幅频特性

2. $a_0=a_1=0$，$a_2\neq0$(高通滤波器)

当 $a_0=a_1=0$，$a_2\neq0$ 时，对应为高通滤波器，其转移函数为

$$H(s)=\frac{a_2s^2}{s^2+b_1s+b_0}=\frac{a_2s^2}{s^2+\frac{\omega_0}{Q}s+\omega_0^2} \tag{3-2-19}$$

式中，ω_0 称为高通滤波器的截止频率。

$H(s)$ 幅频特性为

$$|H(j\omega)|=\frac{|a_2|\omega^2}{\sqrt{(\omega_0^2-\omega^2)^2+\left(\frac{\omega_0\omega}{Q}\right)^2}} \tag{3-2-20}$$

当 $\omega=0$ 时，$|H(j0)|=0$；当 $\omega\to\infty$ 时，$|H(j\infty)|\to|a_2|$。

令 $\frac{d}{d\omega}|H(j\omega)|=0$，可求出 $|H(j\omega)|$ 出现极大值时的频率以及极大值分别为

$$\omega_{max}=\omega_0\frac{1}{\sqrt{1-\frac{1}{2Q^2}}} \tag{3-2-21}$$

$$|H(j\omega)|_{max}=|H(j\omega_{max})|=\frac{|a_2|Q}{\sqrt{1-\frac{1}{4Q^2}}} \tag{3-2-22}$$

由式(3-2-21)知,仅当 $1-\frac{1}{2Q^2}>0$ 即 $Q>\frac{1}{\sqrt{2}}$ 时,$|H(\mathrm{j}\omega)|$ 才会出现极大值。

利用 MATLAB 画出不同 Q 值情况下式(3-2-19)所表示的双二次转移函数的幅频特性,如图 3-2-3(b)所示[当式(3-2-14)中 $a_0=a_1=0,a_2=10,\omega_0=1\mathrm{rad/s}$ 时],可以看出这是一个高通滤波器的增益特性。

3. $a_0=a_2=0,a_1\neq 0$(带通滤波器)

当 $a_0=a_2=0,a_1\neq 0$ 时,可实现带通滤波器,其转移函数为

$$H(s)=\frac{a_1 s}{s^2+b_1 s+b_0}=\frac{a_1 s}{s^2+\frac{\omega_0}{Q}s+\omega_0^2} \tag{3-2-23}$$

幅频特性为

$$|H(\mathrm{j}\omega)|=\frac{|a_1|\omega}{\sqrt{(\omega_0^2-\omega^2)^2+\left(\frac{\omega_0\omega}{Q}\right)^2}} \tag{3-2-24}$$

当 $\omega=0$ 和 $\omega\to\infty$ 时,$|H(\mathrm{j}0)|=|H(\mathrm{j}\infty)|=0$;当 $\omega=\omega_0$ 时,$|H(\mathrm{j}\omega)|$ 出现极大值为

$$|H(\mathrm{j}\omega)|_{\max}=|H(\mathrm{j}\omega_0)|=\frac{|a_1|Q}{\omega_0} \tag{3-2-25}$$

带通滤波器的幅频特性中极大值对应的频率称为中心频率,故式(3-2-23)表示的二阶带通滤波函数的中心频率为 ω_0。二阶带通滤波器不失真地传送信号的频率范围称为通频带,通频带通常用 3dB 带宽来表征,即增益函数由峰值下降 3dB(对应幅频特性 $|H(\mathrm{j}\omega)|$ 下降至峰值的 $1/\sqrt{2}$)的频带宽度,利用式(3-2-24)可分析出 3dB 带宽的边界频率 ω_1 和 ω_2 分别为

$$\omega_1=\omega_0\left(\sqrt{1+\frac{1}{4Q^2}}-\frac{1}{2Q}\right) \tag{3-2-26}$$

$$\omega_2=\omega_0\left(\sqrt{1+\frac{1}{4Q^2}}+\frac{1}{2Q}\right) \tag{3-2-27}$$

因此其 3dB 带宽 BW 为

$$\mathrm{BW}=\omega_2-\omega_1=\frac{\omega_0}{Q} \tag{3-2-28}$$

利用 MATLAB 画出式(3-2-23)所表示的双二次转移函数的幅频特性,如图 3-2-4 所示[当式(3-2-14)中 $a_0=a_2=0,a_1=10,\omega_0=1\mathrm{rad/s},Q=1$ 时],可以看出这是一个带通滤波器的增益特性。

4. $a_0\neq 0,a_1=0,a_2\neq 0$(带阻滤波器)

当 $a_0\neq 0,a_1=0,a_2\neq 0$ 时,可实现带阻滤波函数,其转移函数为

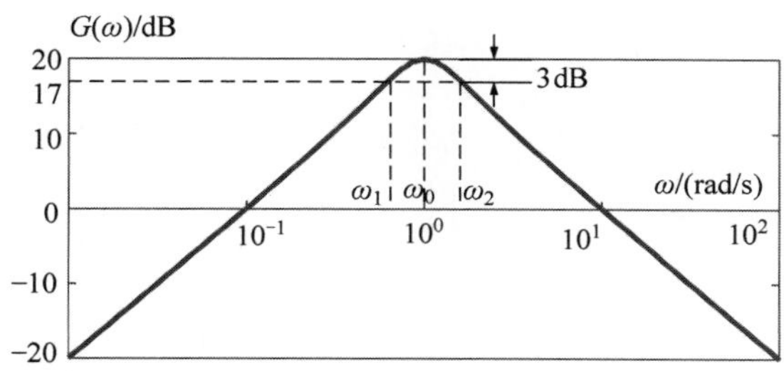

图 3-2-4 双二次转移函数的幅频特性(带通 $a_0=a_2=0,a_1=10,\omega_0=1\mathrm{rad/s},Q=1$)

$$H(s)=\frac{a_2 s^2+a_0}{s^2+b_1 s+b_0}=a_2\frac{s^2+\omega_z^2}{s^2+\frac{\omega_0}{Q}s+\omega_0^2} \tag{3-2-29}$$

式中,ω_z 称为带阻滤波器的零点频率。

幅频特性为

$$|H(\mathrm{j}\omega)|=\frac{|a_2(\omega_z^2-\omega^2)|}{\sqrt{(\omega_0^2-\omega^2)^2+\left(\frac{\omega_0\omega}{Q}\right)^2}} \tag{3-2-30}$$

当 $\omega=\omega_z$ 时,$|H(\mathrm{j}\omega_z)|=0$;当 $\omega=0$ 时,直流增益 $|H(\mathrm{j}0)|=|a_2|\frac{\omega_z^2}{\omega_0^2}$;当 $\omega\to\infty$时,高频增益 $|H(\mathrm{j}\infty)|=|a_2|$。

根据零点频率 ω_z 与极点频率 ω_0 的相对大小,可分为以下三种情况:

(1) 当 $\omega_z=\omega_0$ 时,直流增益等于高频增益,即 $|H(\mathrm{j}0)|=|H(\mathrm{j}\infty)|=|a_2|$,这种情况称为标准陷波。利用 MATLAB 画出其对应的幅频特性,如图 3-2-5(a)所示[当式(3-2-29)中 $a_2=10,\omega_z=\omega_0=1\mathrm{rad/s},Q=10$ 时]。

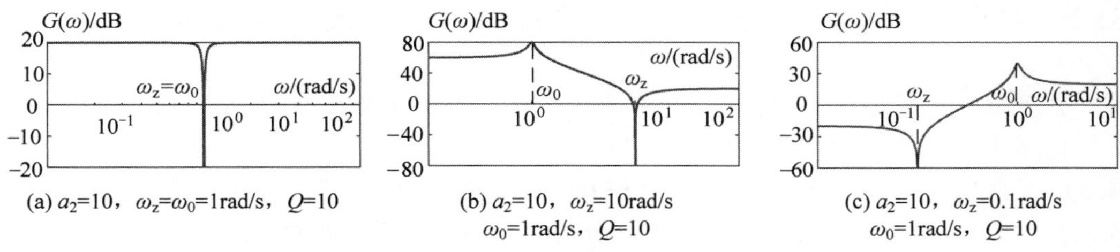

图 3-2-5 $a_0\neq 0,a_1=0,a_2\neq 0$ 时双二次转移函数的幅频特性

(2) 当 $\omega_z>\omega_0$ 时,直流增益大于高频增益,即 $|H(\mathrm{j}0)|>|H(\mathrm{j}\infty)|$,这种情况称为低通陷波。利用 MATLAB 画出其对应的幅频特性,如图 3-2-5(b)所示[当式(3-2-29)中 $a_2=10,\omega_z=10\mathrm{rad/s},\omega_0=1\mathrm{rad/s},Q=10$ 时]。

(3) 当 $\omega_z<\omega_0$ 时,直流增益小于高频增益,即 $|H(\mathrm{j}0)|<|H(\mathrm{j}\infty)|$,这种情况称为高通陷波。利用 MATLAB 画出其对应的幅频特性,如图 3-2-5(c)所示[当式(3-2-29)中 $a_2=10,\omega_z=0.1\mathrm{rad/s},\omega_0=1\mathrm{rad/s},Q=10$ 时]。

5. $a_0=a_2\omega_0^2, a_1=-a_2(\omega_0/Q)$（全通滤波器）

当 $a_0=a_2\omega_0^2, a_1=-a_2(\omega_0/Q)$ 时，可实现全通滤波函数，其转移函数

$$H(s)=a_2\frac{s^2-\frac{\omega_0}{Q}s+\omega_0^2}{s^2+\frac{\omega_0}{Q}s+\omega_0^2} \tag{3-2-31}$$

幅频特性为

$$|H(\mathrm{j}\omega)|=|a_2| \tag{3-2-32}$$

由式(3-2-32)可以看出，$|H(\mathrm{j}\omega)|$ 与 ω 无关，即对所有的频率分量的传输能力是相同的，因此式(3-2-31)对应为全通滤波器的转移函数。

利用 MATLAB 画出其幅频特性和相频特性如图 3-2-6 所示[当式(3-2-14)中 $a_0=10, a_1=-10, a_2=10, \omega_0=1\mathrm{rad/s}, Q=1$ 时]，可以看出这是一个全通滤波器的增益特性。

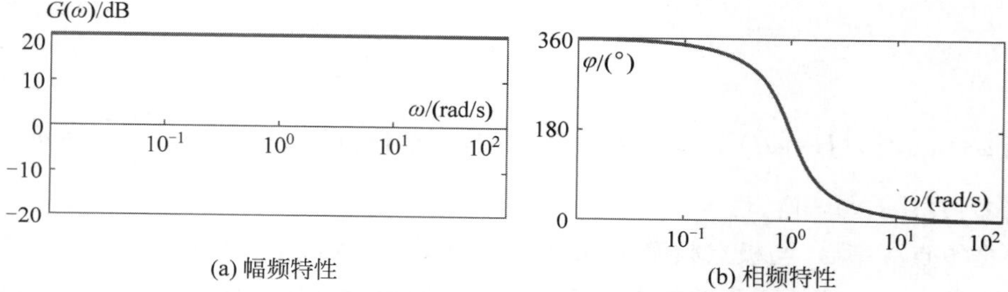

图 3-2-6　双二次转移函数的频率特性（全通 $a_0=10, a_1=-10, a_2=10, \omega_0=1\mathrm{rad/s}, Q=1$）

3.3 基于反馈的单运放双二次型有源 RC 滤波器电路结构

实现双二次转移函数的有源滤波器称为双二次型有源滤波器，它是实现高阶有源滤波器的基本电路，常简称为“二阶节”或“双二次节”。二阶节可由一个运放或者多个运放和 RC 元件构成，本节介绍由一个运放和 RC 元件构成的二阶节。按照 RC 网络反馈方式的不同，可将双二次型有源 RC 滤波器分为正反馈和负反馈两种电路结构。

3.3.1 基于正反馈的单运放双二次型有源 RC 滤波器电路结构

1. 电路结构

基于正反馈的单运放双二次型有源 RC 滤波器电路结构如图 3-3-1 所示，其中的 RC 无源网络是一个四端网络，输入信号 $V_i(s)$ 接入 2 端，输出信号 $V_o(s)$ 接回 3 端经 RC 无源网络从 1 端反馈回运算放大器的同相输入端，构成正反馈。为保证运算放大器工作在

线性区，电路中需要引入负反馈，这是由输出电压信号 $V_o(s)$ 经分压后反馈到运算放大器的反相输入端来实现的，因此如图 3-3-1 所示的电路为一种混合反馈结构。

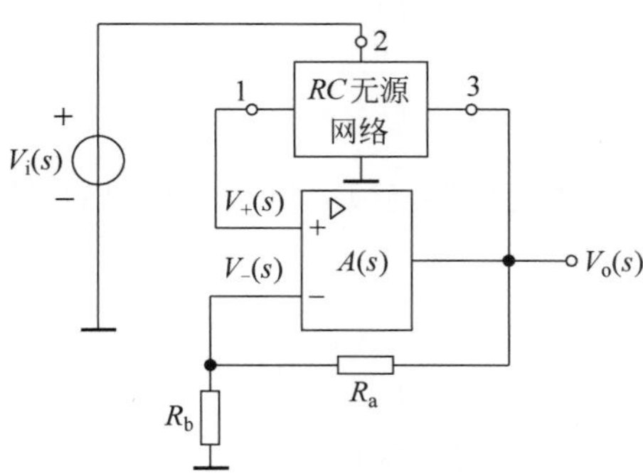

图 3-3-1　基于正反馈的单运放双二次型有源 RC 滤波器电路结构图

2. 转移函数

对于图 3-3-1 中的 RC 无源网络来说，该网络有两个输入[2 端的 $V_2(s)=V_i(s)$ 与 3 端的 $V_3(s)=V_o(s)$]和一个输出[1 端的 $V_1(s)=V_+(s)$]，在此定义 RC 无源网络的前馈转移函数 $T_{12}(s)$ 和反馈转移函数 $T_{13}(s)$ 分别为

$$T_{12}(s)=\left.\frac{V_1(s)}{V_2(s)}\right|_{V_3(s)=0} \tag{3-3-1}$$

$$T_{13}(s)=\left.\frac{V_1(s)}{V_3(s)}\right|_{V_2(s)=0} \tag{3-3-2}$$

由叠加定理知，运算放大器的同相输入端电位 $V_+(s)$ 可表示为

$$V_+(s)=T_{12}(s)V_i(s)+T_{13}(s)V_o(s) \tag{3-3-3}$$

分析反相输入端电位 $V_-(s)$ 可得

$$V_-(s)=\frac{R_b}{R_a+R_b}V_o(s) \tag{3-3-4}$$

对于实际运算放大器来说，其输入-输出有如下关系：

$$V_o(s)=A(s)[V_+(s)-V_-(s)] \tag{3-3-5}$$

将式(3-3-3)和式(3-3-4)代入式(3-3-5)，可分析出该滤波器的增益为

$$H(s)=\frac{V_o(s)}{V_i(s)}=\frac{KT_{12}(s)}{1-KT_{13}(s)+\dfrac{K}{A(s)}} \tag{3-3-6}$$

式中，$K=1+R_a/R_b$，为负反馈支路中电阻 R_a 和 R_b 的分压系数。

运算放大器为理想的情况下，$A(s)\to\infty$，则

$$H(s)\big|_{A(s)\to\infty}=\frac{KT_{12}(s)}{1-KT_{13}(s)} \tag{3-3-7}$$

将 RC 网络的前馈转移函数 $T_{12}(s)$ 和反馈转移函数 $T_{13}(s)$ 分别写为两个多项式

之比

$$T_{12}(s)=\frac{N_{12}(s)}{D_{12}(s)} \tag{3-3-8}$$

$$T_{13}(s)=\frac{N_{13}(s)}{D_{13}(s)} \tag{3-3-9}$$

一般情况下，同一网络的不同转移函数的极点是相同的，即分母多项式是相同的，令 $D_{12}(s)=D_{13}(s)=D(s)$，故

$$T_{12}(s)=\frac{N_{12}(s)}{D(s)} \tag{3-3-10}$$

$$T_{13}(s)=\frac{N_{13}(s)}{D(s)} \tag{3-3-11}$$

将式(3-3-10)和式(3-3-11)代入式(3-3-7)有

$$H(s)\mid_{A(s)\to\infty}=\frac{KN_{12}(s)}{D(s)-KN_{13}(s)} \tag{3-3-12}$$

式(3-3-12)表明，当运算放大器为理想的情况下，RC 网络前馈转移函数 $T_{12}(s)$的零点即滤波器转移函数 $H(s)$的零点，RC 网络的极点、反馈转移函数 $T_{13}(s)$的零点及因子 K 共同决定 $H(s)$的极点。

3. RC 无源网络的实现

图 3-3-1 中的 RC 无源网络常用梯形网络来实现，其一般电路结构如图 3-3-2(a)所示。

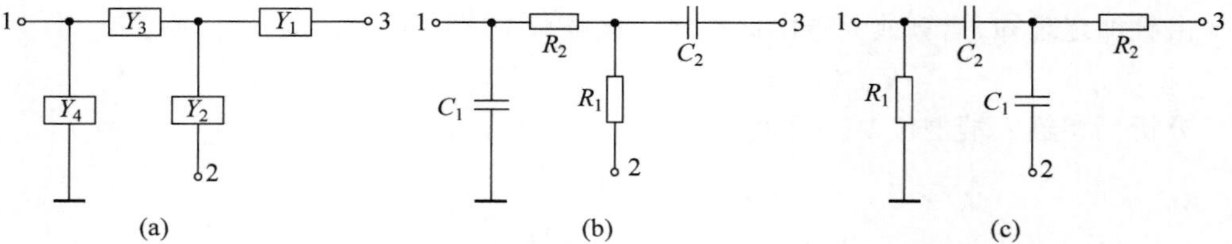

图 3-3-2 适用于图 3-3-1 所示结构的 RC 无源梯形网络 1

可分析图 3-3-2(a)所示梯形网络的前馈转移函数和反馈转移函数分别为

$$T_{12}(s)=\frac{N_{12}(s)}{D(s)}=\frac{Y_2Y_3}{Y_1Y_3+Y_1Y_4+Y_2Y_3+Y_2Y_4+Y_3Y_4} \tag{3-3-13}$$

$$T_{13}(s)=\frac{N_{13}(s)}{D(s)}=\frac{Y_1Y_3}{Y_1Y_3+Y_1Y_4+Y_2Y_3+Y_2Y_4+Y_3Y_4} \tag{3-3-14}$$

结合式(3-3-12)、式(3-3-13)和式(3-3-14)，可分析出运算放大器为理想的情况下，由图 3-3-2(a)所示 RC 梯形网络构成的如图 3-3-1 所示滤波器的转移函数 $H(s)$可表示为

$$H(s)\mid_{A(s)\to\infty}=\frac{KY_2Y_3}{(1-K)Y_1Y_3+Y_1Y_4+Y_2Y_3+Y_2Y_4+Y_3Y_4} \tag{3-3-15}$$

图 3-3-2(b)和图 3-3-2(c)给出了 2 种与图 3-3-2(a)结构相同，并适用于图 3-3-1 所示结构中的 RC 无源梯形网络。

对比图 3-3-2(a)和图 3-3-2(b)，有 $Y_1=sC_2$、$Y_2=1/R_1$、$Y_3=1/R_2$、$Y_4=sC_1$，代入式(3-3-15)，可分析出运算放大器为理想的情况下，由图 3-3-2(b)所示 RC 梯形网络构成的如图 3-3-1 所示滤波器的转移函数 $H(s)$可表示为

$$H(s)\big|_{A(s)\to\infty}=K\frac{\dfrac{1}{R_1R_2C_1C_2}}{s^2+s\left[\left(\dfrac{1}{R_1}+\dfrac{1}{R_2}\right)\dfrac{1}{C_2}+\dfrac{1-K}{R_2C_1}\right]+\dfrac{1}{R_1R_2C_1C_2}} \tag{3-3-16}$$

由式(3-3-16)可以看出，此时构成二阶低通滤波器。

对比图 3-3-2(a)和图 3-3-2(c)，有 $Y_1=1/R_2$、$Y_2=sC_1$、$Y_3=sC_2$、$Y_4=1/R_1$，代入式(3-3-15)，可分析出运算放大器为理想的情况下，由图 3-3-2(c)所示 RC 梯形网络构成的如图 3-3-1 所示滤波器的转移函数 $H(s)$可表示为

$$H(s)\big|_{A(s)\to\infty}=K\frac{s^2}{s^2+s\left[\left(\dfrac{1}{C_1}+\dfrac{1}{C_2}\right)\dfrac{1}{R_1}+\dfrac{1-K}{R_2C_1}\right]+\dfrac{1}{R_1R_2C_1C_2}} \tag{3-3-17}$$

由式(3-3-17)可以看出，此时构成二阶高通滤波器。

图 3-3-3(b)所示网络亦适用于图 3-3-1 所示结构中的 RC 梯形网络，该网络依然是梯形网络，其一般形式如图 3-3-3(a)所示，是以图 3-3-2(a)所示梯形网络为基础，在中间节点和地之间接入了 Y_5。

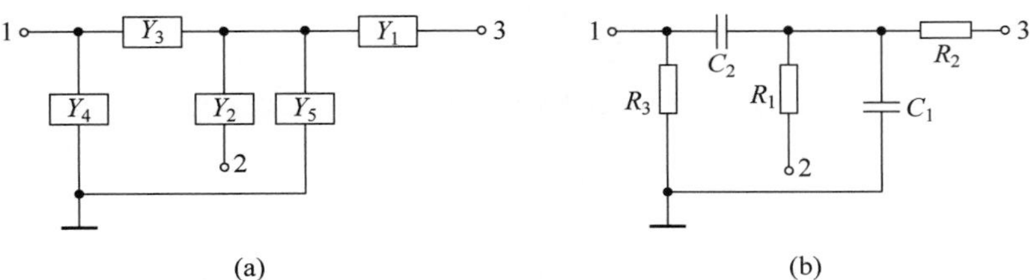

图 3-3-3 适用于图 3-3-1 所示结构的 RC 无源梯形网络 2

可分析图 3-3-3(a)所示梯形网络的前馈转移函数和反馈转移函数分别为

$$T_{12}(s)=\frac{N_{12}(s)}{D(s)}=\frac{Y_2Y_3}{Y_1Y_3+Y_1Y_4+Y_2Y_3+Y_2Y_4+Y_3Y_4+Y_3Y_5+Y_4Y_5} \tag{3-3-18}$$

$$T_{13}(s)=\frac{N_{13}(s)}{D(s)}=\frac{Y_1Y_3}{Y_1Y_3+Y_1Y_4+Y_2Y_3+Y_2Y_4+Y_3Y_4+Y_3Y_5+Y_4Y_5} \tag{3-3-19}$$

对比图 3-3-3(a)和图 3-3-3(b)，有 $Y_1=1/R_2$、$Y_2=1/R_1$、$Y_3=sC_2$、$Y_4=1/R_3$、$Y_5=sC_1$。结合式(3-3-12)、式(3-3-18)和式(3-3-19)，可分析出当运算放大器为理想的情况下，由图 3-3-3(b)所示 RC 梯形网络构成的如图 3-3-1 所示滤波器的转移函数 $H(s)$可表示为

$$H(s)\big|_{A(s)\to\infty}=\frac{s\dfrac{K}{R_1C_1}}{s^2+s\left[\left(\dfrac{1}{R_1}+\dfrac{1}{R_2}\right)\dfrac{1}{C_1}+\dfrac{1}{R_3}\left(\dfrac{1}{C_1}+\dfrac{1}{C_2}\right)-K\dfrac{1}{R_2C_1}\right]+\left(\dfrac{1}{R_1}+\dfrac{1}{R_2}\right)\dfrac{1}{R_3C_1C_2}} \tag{3-3-20}$$

由式(3-3-20)可以看出,此时构成二阶带通滤波器。

3.3.2 基于负反馈的单运放双二次型有源 *RC* 滤波器电路结构

1. 电路结构

基于负反馈的单运放双二次型有源 *RC* 滤波器电路结构如图 3-3-4 所示,其中的 *RC* 无源网络是一个四端网络,输入信号 $V_i(s)$接入 2 端,输出信号 $V_o(s)$接回 3 端经 *RC* 无源网络从 1 端反馈回运算放大器的反相输入端,构成负反馈。

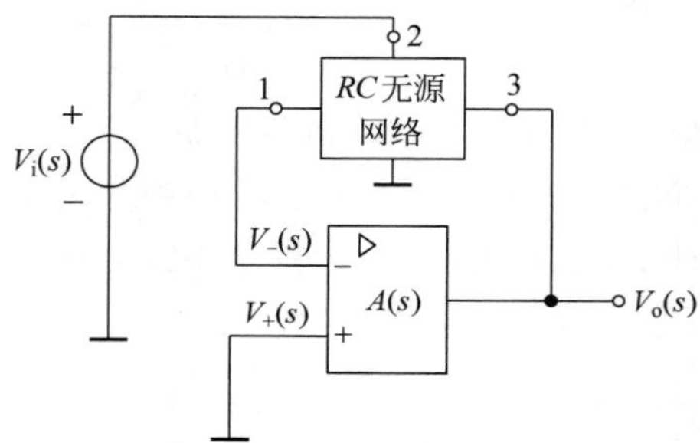

图 3-3-4 基于负反馈的单运放双二次型有源 *RC* 滤波器电路结构图

2. 转移函数

图 3-3-4 所示结构中的 *RC* 无源网络,同样定义前馈转移函数 $T_{12}(s)$和反馈转移函数 $T_{13}(s)$与式(3-3-1)和式(3-3-2)相同。

利用叠加定理,运算放大器的反相输入端电位 $V_-(s)$可表示为

$$V_-(s)=T_{12}(s)V_i(s)+T_{13}(s)V_o(s) \tag{3-3-21}$$

图 3-3-4 所示电路中同相输入端电位 $V_+(s)=0$,将 $V_+(s)$及式(3-3-21)代入式(3-3-5)所示的实际运算放大器的输入-输出关系表达式,可分析出该滤波器的增益为

$$H(s)=\frac{V_o(s)}{V_i(s)}=-\frac{T_{12}(s)}{T_{13}(s)+\dfrac{1}{A(s)}} \tag{3-3-22}$$

当运算放大器为理想的情况下,$A(s)\to\infty$,则

$$H(s)\big|_{A(s)\to\infty}=-\frac{T_{12}(s)}{T_{13}(s)} \tag{3-3-23}$$

将式(3-3-10)和式(3-3-11)代入式(3-3-23)有

$$H(s)\mid_{A(s)\to\infty}=-\frac{N_{12}(s)}{N_{13}(s)} \tag{3-3-24}$$

式(3-3-24)表明，当运算放大器为理想的情况下，RC 网络前馈转移函数 $T_{12}(s)$的零点即滤波器转移函数 $H(s)$的零点，RC 网络反馈转移函数 $T_{13}(s)$的零点即滤波器转移函数 $H(s)$的极点。

3. RC 无源网络的实现

负反馈结构单运放双二次型有源 RC 滤波器中常用的 RC 无源网络是桥 T 形网络，其一般电路结构如图 3-3-5(a)所示。

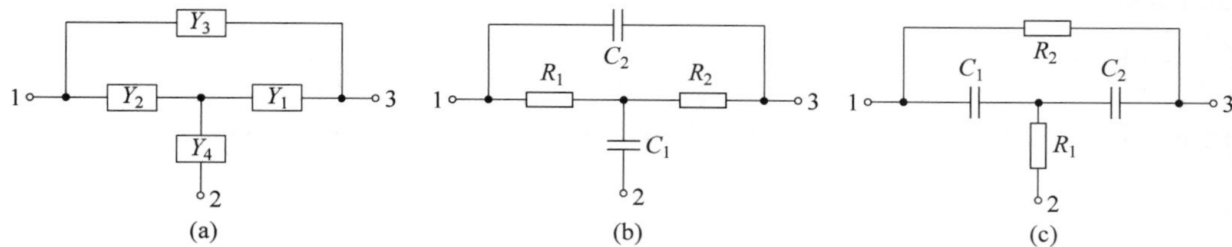

图 3-3-5　适用于图 3-3-4 所示结构中的 RC 无源桥 T 形网络 1

可分析图 3-3-5(a)所示桥 T 形网络的前馈转移函数和反馈转移函数分别为

$$T_{12}(s)=\frac{N_{12}(s)}{D(s)}=\frac{Y_2Y_4}{Y_1Y_2+Y_1Y_3+Y_2Y_3+Y_2Y_4+Y_3Y_4} \tag{3-3-25}$$

$$T_{13}(s)=\frac{N_{13}(s)}{D(s)}=\frac{Y_1Y_2+Y_1Y_3+Y_2Y_3+Y_3Y_4}{Y_1Y_2+Y_1Y_3+Y_2Y_3+Y_2Y_4+Y_3Y_4} \tag{3-3-26}$$

结合式(3-3-24)、式(3-3-25)和式(3-3-26)，可分析出当运算放大器为理想的情况下，由图 3-3-5(a)所示 RC 桥 T 形网络构成的如图 3-3-4 所示滤波器的转移函数 $H(s)$可表示为

$$H(s)\mid_{A(s)\to\infty}=-\frac{Y_2Y_4}{Y_1Y_2+Y_1Y_3+Y_2Y_3+Y_3Y_4} \tag{3-3-27}$$

图 3-3-5(b)和图 3-3-5(c)给出了 2 种与图 3-3-5(a)结构相同，并适用于图 3-3-4 所示结构中的 RC 无源桥 T 形网络。

对比图 3-3-5(a)和图 3-3-5(b)，有 $Y_1=1/R_2$、$Y_2=1/R_1$、$Y_3=sC_2$、$Y_4=sC_1$，代入式(3-3-27)，可分析出当运算放大器为理想的情况下，由图 3-3-5(b)所示 RC 梯形网络构成的如图 3-3-4 所示滤波器的转移函数 $H(s)$可表示为

$$H(s)\mid_{A(s)\to\infty}=-\frac{s\dfrac{1}{R_1C_2}}{s^2+s\left(\dfrac{1}{R_1}+\dfrac{1}{R_2}\right)\dfrac{1}{C_1}+\dfrac{1}{R_1R_2C_1C_2}} \tag{3-3-28}$$

由式(3-3-28)可以看出，此时构成二阶带通滤波器。

对比图 3-3-5(a)和图 3-3-5(c)，有 $Y_1=sC_2$、$Y_2=sC_1$、$Y_3=1/R_2$、$Y_4=1/R_1$，代入

式(3-3-27)，可分析出当运算放大器为理想的情况下，由图 3-3-5(c)所示 RC 梯形网络构成的如图 3-3-4 所示滤波器的转移函数 $H(s)$可表示为

$$H(s)\big|_{A(s)\to\infty}=-\frac{s\dfrac{1}{R_1C_2}}{s^2+s\left(\dfrac{1}{C_1}+\dfrac{1}{C_2}\right)\dfrac{1}{R_2}+\dfrac{1}{R_1R_2C_1C_2}} \tag{3-3-29}$$

由式(3-3-29)可以看出，此时构成二阶带通滤波器。

图 3-3-6(b)和图 3-3-6(c)所示网络亦适用于图 3-3-4 所示结构中的 RC 梯形网络，该网络依然是桥 T 形网络，其一般形式如图 3-3-6(a)所示，是以图 3-3-5(a)所示桥 T 形网络为基础，在中间节点和地之间接入了 Y_5。

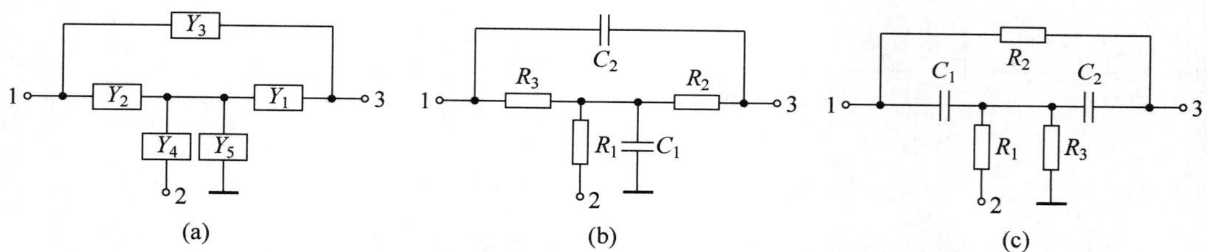

图 3-3-6 适用于图 3-3-4 所示结构中的 RC 无源桥 T 形网络 2

可分析图 3-3-6(a)所示梯形网络的前馈转移函数和反馈转移函数分别为

$$T_{12}(s)=\frac{N_{12}(s)}{D(s)}=\frac{Y_2Y_4}{Y_1Y_2+Y_1Y_3+Y_2Y_3+Y_2Y_4+Y_2Y_5+Y_3Y_4+Y_3Y_5} \tag{3-3-30}$$

$$T_{13}(s)=\frac{N_{13}(s)}{D(s)}=\frac{Y_1Y_2+Y_1Y_3+Y_2Y_3+Y_3Y_4+Y_3Y_5}{Y_1Y_2+Y_1Y_3+Y_2Y_3+Y_2Y_4+Y_2Y_5+Y_3Y_4+Y_3Y_5} \tag{3-3-31}$$

对比图 3-3-6(a)和图 3-3-6(b)，有 $Y_1=1/R_2$、$Y_2=1/R_3$、$Y_3=sC_2$、$Y_4=1/R_1$、$Y_5=sC_1$。结合式(3-3-24)、式(3-3-30)和式(3-3-31)，可分析出当运算放大器为理想的情况下，由图 3-3-6(b)所示 RC 梯形网络构成的如图 3-3-4 所示滤波器的转移函数 $H(s)$可表示为

$$H(s)\big|_{A(s)\to\infty}=-\frac{\dfrac{1}{R_1R_3C_1C_2}}{s^2+s\left(\dfrac{1}{R_1}+\dfrac{1}{R_2}+\dfrac{1}{R_3}\right)\dfrac{1}{C_1}+\dfrac{1}{R_2R_3C_1C_2}} \tag{3-3-32}$$

由式(3-3-32)可以看出，此时构成二阶低通滤波器。

对比图 3-3-6(a)和图 3-3-6(c)，有 $Y_1=sC_2$、$Y_2=sC_1$、$Y_3=1/R_2$、$Y_4=1/R_1$、$Y_5=1/R_3$。结合式(3-3-24)、式(3-3-30)和式(3-3-31)，可分析出运算放大器为理想的情况下，由图 3-3-6(c)所示 RC 梯形网络构成的如图 3-3-4 所示滤波器的转移函数 $H(s)$可表示为

$$H(s)\big|_{A(s)\to\infty} = -\frac{s\dfrac{1}{R_1C_2}}{s^2+s\left(\dfrac{1}{C_1}+\dfrac{1}{C_2}\right)\dfrac{1}{R_2}+\left(\dfrac{1}{R_1}+\dfrac{1}{R_3}\right)\dfrac{1}{R_2C_1C_2}} \tag{3-3-33}$$

由式(3-3-33)可以看出，此时构成二阶带通滤波器。

3.4 基于反馈的单运放双二次型有源 *RC* 滤波器的分析与设计

3.4.1 低通有源 *RC* 滤波器的分析与设计

1. 基于正反馈的单运放双二次型低通有源 RC 滤波器的分析与设计

将图 3-3-2(b)所示 RC 梯形网络引入图 3-3-1 所示基于正反馈的单运放双二次型有源 RC 滤波器电路结构图中，即得到如图 3-4-1(a)所示的低通有源 RC 滤波器，该滤波器称为 Sallen-Key(萨伦凯)低通滤波器，可进一步整理为如图 3-4-1(b)所示电路。

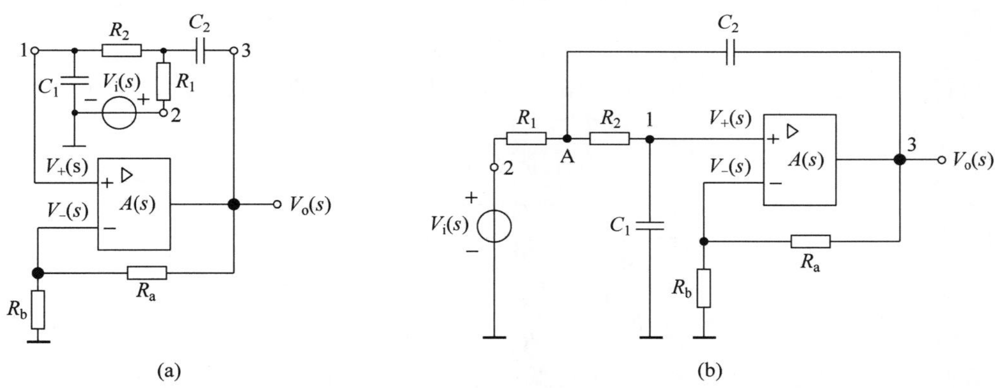

图 3-4-1 Sallen-Key 低通滤波器

3.3.3 节从系统结构的角度对于该滤波器的传递函数已有分析，其结果如式(3-3-16)所示。除此之外，也可以直接对图 3-4-1(b)所示电路进行分析。为简化分析，把运算放大器看作理想的，由理想运放的虚短和虚断特性，可将同相输入端电位 $V_+(s)$ 及反相输入端电位 $V_-(s)$ 表示为

$$V_+(s) = V_-(s) = \frac{R_b}{R_a+R_b}V_o(s) \tag{3-4-1}$$

由理想运放的虚断特性可知 R_2 和 C_1 近似串联，有

$$V_+(s) = \frac{\dfrac{1}{sC_1}}{R_2+\dfrac{1}{sC_1}}V_A(s) \tag{3-4-2}$$

结合式(3-4-1)和式(3-4-2)可分析出节点 A 的电位 $V_A(s)$ 为

$$V_A(s)=\frac{R_b(1+sR_2C_1)}{R_a+R_b}V_o(s) \tag{3-4-3}$$

列写节点 A 的 KCL 方程，有下式成立

$$sC_2[V_o(s)-V_A(s)]+\frac{V_i(s)-V_A(s)}{R_1}+\frac{V_+(s)-V_A(s)}{R_2}=0 \tag{3-4-4}$$

将式(3-4-1)和式(3-4-3)代入式(3-4-4)，可得图 3-4-1(b)所示 Sallen-Key 低通滤波器的转移函数为

$$H(s)=\frac{V_o(s)}{V_i(s)}=K\frac{\dfrac{1}{R_1R_2C_1C_2}}{s^2+s\left[\left(\dfrac{1}{R_1}+\dfrac{1}{R_2}\right)\dfrac{1}{C_2}+\dfrac{1-K}{R_2C_1}\right]+\dfrac{1}{R_1R_2C_1C_2}} \tag{3-4-5}$$

式中，$K=1+R_a/R_b$ 为负反馈支路中电阻 R_a 和 R_b 的分压系数。

观察发现，式(3-4-5)与在 3.3.3 节的分析结果[式(3-3-16)]相同。为便于对比分析，将式(3-2-15)所示的二阶低通滤波器转移函数的一般形式重写如下：

$$H(s)=H_0\frac{\omega_z^2}{s^2+\dfrac{\omega_p}{Q_p}s+\omega_p^2} \tag{3-4-6}$$

对比式(3-4-5)和式(3-4-6)，可得图 3-4-1(b)所示低通滤波器的设计方程为

$$\omega_p=\omega_z=\frac{1}{\sqrt{R_1R_2C_1C_2}} \tag{3-4-7}$$

$$Q_p=\frac{\sqrt{R_1R_2C_1C_2}}{(R_1+R_2)C_1+(1-K)R_1C_2} \tag{3-4-8}$$

$$H_0=K=1+\frac{R_a}{R_b} \tag{3-4-9}$$

为设计图 3-4-1(b)所示 Sallen-Key 低通滤波器，可以根据指标 ω_p、Q_p 和 H_0 直接基于式(3-4-7)、式(3-4-8)和式(3-4-9)求取元件值。但待确定的参数共有 5 个，R_1、R_2、C_1、C_2 和 K，关系式只有 3 个，因此在选择元件值时有一定的自由度。但这样设计出的电路元件值分散性较大，实际设计中还有一些技巧，下面介绍两种设计方案。

设计方案 1。

① 为减小元件值的分散性，取 $R_1=R_2=R$，$C_1=C_2=C$，选取适当的电容值 C；

② 基于式(3-4-7)，根据给定的指标 ω_p 和已确定的电容值 C 确定电阻值 R；

③ 基于式(3-4-8)，根据给定的指标 Q_p 以及已确定的 C 和 R 确定 K；

④ 基于式(3-4-9)，根据求出的 K 值确定电阻值 R_a 和 R_b。

设计方案 2。

允许元件值有一定的分散性，取 $R_1=R$，$R_2=\beta R$，$C_1=C$，$C_2=\alpha C$，其中 β 称为电阻比，α 称为电容比，代入式(3-4-7)和式(3-4-8)，有下式成立

$$\beta=\left[\frac{\sqrt{\alpha}}{2Q_p}\pm\sqrt{\frac{\alpha}{4Q_p^2}+(K-1)\alpha-1}\right]^2 \tag{3-4-10}$$

为使 β 为实数，需要

$$\frac{\alpha}{4Q_p^2}+(K-1)\alpha-1\geqslant 0 \tag{3-4-11}$$

K 值通常取 1 或 2，当 $K=1$[图 3-4-1(b)所示电路中用短路替代 R_a 并除去 R_b]时，要求 $\alpha\geqslant 4Q_p^2$，由于电容比 α 与 Q_p^2 有关，因此 $K=1$ 只能用于 Q_p 较低的滤波器设计。当 $K=2$ 时，要求 $\alpha\geqslant 4Q_p^2/(1+4Q_p^2)$，显然，对 Q_p 较大的电路，电容比并不大。

设计方案 2 的步骤如下：

① 选取适当的 K 值，基于式(3-4-11)，根据给定的指标 Q_p 确定电容比 α；

② 基于式(3-4-10)，根据给定的指标 Q_p 以及已确定的 K 和 α 确定电阻比 β；

③ 选取适当的电容值 C，即取 $C_1=C$，$C_2=\alpha C$，取 $R_1=R$，$R_2=\beta R$，基于式(3-4-7)，根据给定的指标 ω_p 以及已确定的 α、β 和 C 确定 R；

④ 基于式(3-4-9)，根据选取的 K 值确定电阻值 R_a 和 R_b。

【例 3-4-1】 已知 Sallen-Key 低通滤波器如图 3-4-1(b)所示，要求设计该滤波器使得其指标分别为 $\omega_p=10^4\text{rad/s}$，$Q_p=1/\sqrt{2}$。

解：设计方案 1。

① 取 $R_1=R_2=R$，$C_1=C_2=C$，选取 $C=1\text{nF}$。

② 将给定的指标 ω_p 及 $C_1=C_2=C=1\text{nF}$ 代入式(3-4-7)，确定电阻值 R。

$$\omega_p=\frac{1}{\sqrt{R_1R_2C_1C_2}}=\frac{1}{RC}\Rightarrow R=\frac{1}{\omega_pC}=\frac{1}{10^4\times 10^{-9}}=10^5(\Omega)=100(\text{k}\Omega)$$

③ 将给定的指标 Q_p 及 $C_1=C_2=C=1\text{nF}$，$R_1=R_2=R=100\text{k}\Omega$ 代入式(3-4-8)，确定 K。

$$Q_p=\frac{\sqrt{R_1R_2C_1C_2}}{(R_1+R_2)C_1+(1-K)R_1C_2}=\frac{RC}{2RC+(1-K)RC}=\frac{1}{3-K}$$

$$\Rightarrow K=3-\frac{1}{Q_p}=3-\sqrt{2}=1.586$$

④ 为减小元件值的分散性，取 $R_b=R=100\text{k}\Omega$，将 K 及 R_b 代入式(3-4-9)，确定电阻值 R_a。

$$K=1+\frac{R_a}{R_b}\Rightarrow R_a=R_b(K-1)=10^5\times(1.586-1)=5.86\times 10^4(\Omega)=58.6(\text{k}\Omega)$$

利用 Multisim 对所设计的电路进行仿真，相应仿真电路及结果如图 3-4-2 所示。由其幅频特性图测出通带增益为 4.006dB，对应 $20\lg(K)=20\lg(1.586)=4.006\text{dB}$；测出截止频率(增益为 $4.006-3=1.006\text{dB}$ 处对应频率)约为 1.588kHz，对应 $\omega_p=10^4\text{rad/s}$，因此该设计满足设计需求。在仿真电路中直接采用波特测试仪(Bode Plotter)进行传递函数的频率特性分析，也可以使用 Multisim 的交流扫描(AC Sweep)分析功能进行讨论。

设计方案 2。

① 选取 $K=1$，代入式(3-4-11)，得 $\alpha\geqslant(4Q^2=2)$，取 $\alpha=2$。

② 将 Q、K 和 α 代入式(3-4-10)，确定电阻比 β。

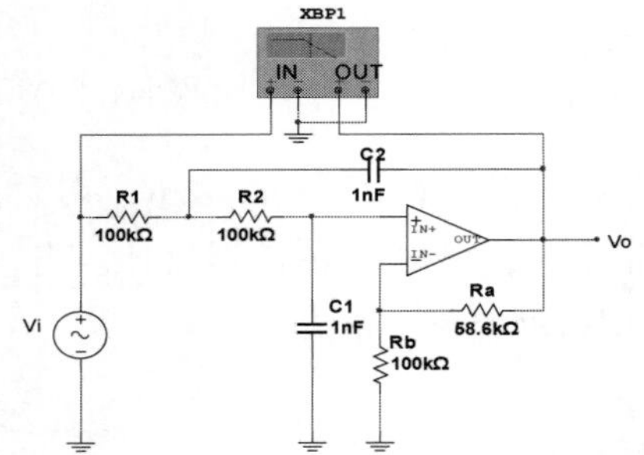

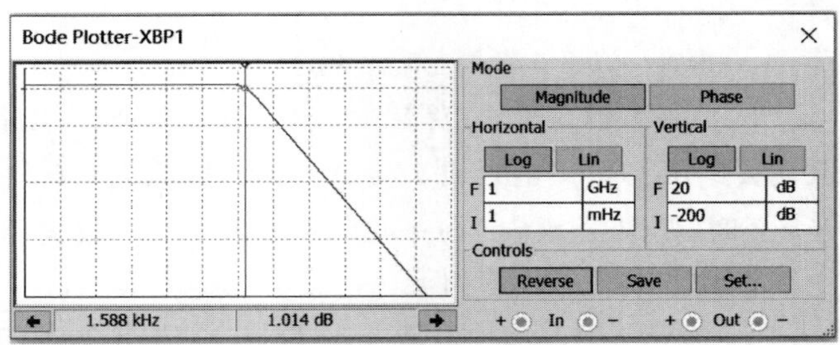

图 3-4-2　例 3-4-1 按设计方案 1 所设计电路的仿真电路及仿真结果

$$\beta=\left[\frac{\sqrt{\alpha}}{2Q}\pm\sqrt{\frac{\alpha}{4Q^2}+(K-1)\alpha-1}\right]^2=1$$

③ 选取 $C=1\text{nF}$，则 $C_1=C=1\text{nF}$，$C_2=\alpha C=2\text{nF}$，取 $R_1=R$，则 $R_2=R$，将 ω_p、C_1 和 C_2 代入式(3-4-7)，确定电阻值 R。

$$\omega_p=\frac{1}{\sqrt{R_1R_2C_1C_2}}=\frac{1}{R\sqrt{C_1C_2}}\Rightarrow R=\frac{1}{\omega_p\sqrt{C_1C_2}}$$

$$=\frac{1}{10^4\times10^{-9}\times\sqrt{2}}=7.071\times10^4(\Omega)=70.71(\text{k}\Omega)$$

④ 基于式(3-4-9)，根据选取的 K 值，确定电阻值 R_a 和 R_b。$K=1$，可用短路替代 R_a 并除去 R_b。

利用 Multisim 对所设计的电路进行仿真，相应仿真电路及结果如图 3-4-3 所示。由其幅频特性图测出通带增益为 0dB，对应 $20\lg(K)=20\lg(1)=0\text{dB}$；测出截止频率(增益为 $0-3=-3\text{dB}$ 处对应频率)约为 1.588kHz，对应 $\omega_p=10^4\text{rad/s}$，因此该设计满足了设计需求。

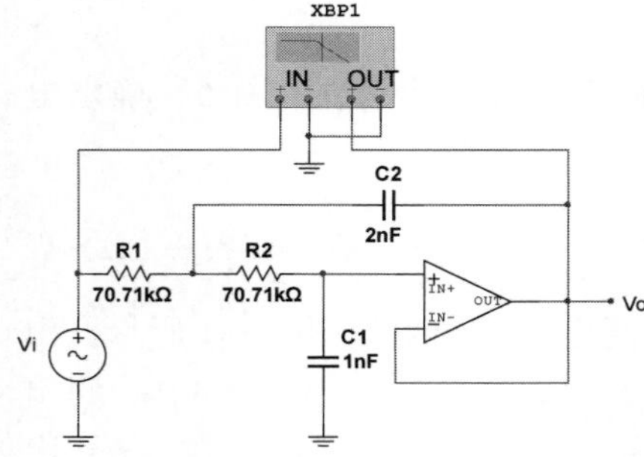

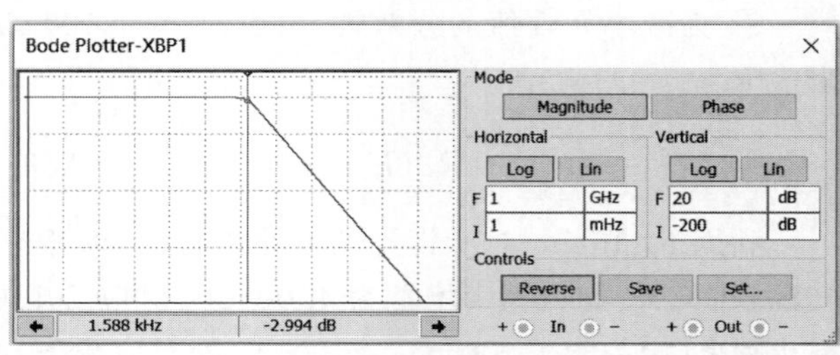

图 3-4-3　例 3-4-1 按设计方案 2 所设计电路的仿真电路及仿真结果

对于不同的设计方案，可以通过对比灵敏度来衡量性能好坏。基于式(3-4-7)和式(3-4-8)所示的设计方程，可求取该滤波器的无源灵敏度为

$$S_{R_1}^{\omega_p}=S_{R_2}^{\omega_p}=S_{C_1}^{\omega_p}=S_{C_2}^{\omega_p}=-0.5 \tag{3-4-12}$$

$$S_{R_a}^{\omega_p}=S_{R_b}^{\omega_p}=0 \tag{3-4-13}$$

$$S_{R_1}^{Q_p}=-S_{R_2}^{Q_p}=-0.5+Q_p\sqrt{\frac{R_2C_1}{R_1C_2}} \tag{3-4-14}$$

$$S_{C_2}^{Q_p}=-S_{C_1}^{Q_p}=-0.5+Q_p\left[\sqrt{\frac{R_1}{R_2}}+\sqrt{\frac{R_2}{R_1}}\right]\sqrt{\frac{C_1}{C_2}} \tag{3-4-15}$$

$$S_{R_a}^{Q_p}=-S_{R_b}^{Q_p}=(K-1)Q_p\sqrt{\frac{R_1C_2}{R_2C_1}} \tag{3-4-16}$$

由式(3-4-14)和式(3-4-15)可以看出 $S_{R_i}^{Q_p}$ 和 $S_{C_i}^{Q_p}(i=1,2)$直接与电路的 $Q_p\sqrt{C_1/C_2}$ 值有关，当 Q_p 值较大时，为了降低无源灵敏度，需要增大电容比 $\alpha=C_2/C_1$。

2. 基于负反馈的单运放双二次型低通有源 *RC* 滤波器的分析与设计

将图 3-3-6(b)所示 *RC* 无源网络引入图 3-3-4 所示基于负反馈的单运放双二次型有源 *RC* 滤波器电路结构图中，即得到如图 3-4-4 所示的低通有源 *RC* 滤波器，该滤波器为多端负反馈(Multiple Feedback，MFB)低通滤波器，又称无限增益多路反馈低通滤波器。

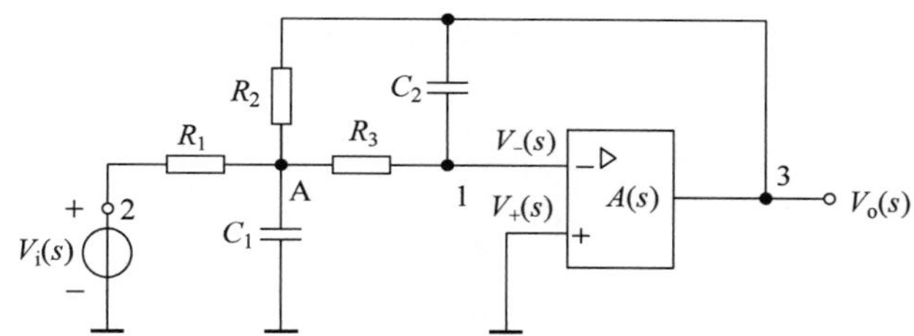

图 3-4-4 基于负反馈的单运放双二次型低通有源 *RC* 滤波器

3.3.3 节从系统结构的角度对于该滤波器的传递函数已有分析，其结果如式(3-3-32)所示。除此之外，也可以直接对图 3-4-4 所示电路进行分析。为简化分析，将运算放大器看作理想的，由理想运放的虚短特性知电路中同相输入端电位 $V_+(s)$和反相输入端电位 $V_-(s)$相等，可表示为

$$V_+(s)=V_-(s)=0 \tag{3-4-17}$$

列写节点 A 的 KCL 方程，有下式成立：

$$\frac{V_o(s)-V_A(s)}{R_2}+\frac{V_i(s)-V_A(s)}{R_1}+\frac{V_-(s)-V_A(s)}{R_3}-sC_1V_A(s)=0 \tag{3-4-18}$$

将式(3-4-17)代入式(3-4-18)，可得该低通滤波器的转移函数为

$$H(s)=\frac{V_o(s)}{V_i(s)}=\frac{-\dfrac{1}{R_1R_3C_1C_2}}{s^2+s\left(\dfrac{1}{R_1}+\dfrac{1}{R_2}+\dfrac{1}{R_3}\right)\dfrac{1}{C_1}+\dfrac{1}{R_2R_3C_1C_2}} \tag{3-4-19}$$

观察发现，式(3-4-19)与 3.3.3 节的分析结果[式(3-3-32)]相同。

对比式(3-4-6)和式(3-4-19),可得该滤波器的设计方程为

$$\omega_p = \omega_z = \frac{1}{\sqrt{R_2 R_3 C_1 C_2}} \tag{3-4-20}$$

$$Q_p = \frac{R_1 \sqrt{R_2 R_3 C_1 C_2}}{(R_1 R_2 + R_1 R_3 + R_2 R_3) C_2} \tag{3-4-21}$$

$$H_0 = -\frac{R_2}{R_1} \tag{3-4-22}$$

对于该低通滤波器的设计可以参照 Sallen-Key 低通滤波器的设计方法。

3.4.2 带通有源 *RC* 滤波器的分析与设计

1. 基于正反馈的单运放双二次型带通有源 *RC* 滤波器的分析与设计

将图 3-3-3(b)所示 *RC* 梯形网络引入图 3-3-1 所示电路结构中,整理后可得如图 3-4-5 所示的 Sallen-Key 带通滤波器。

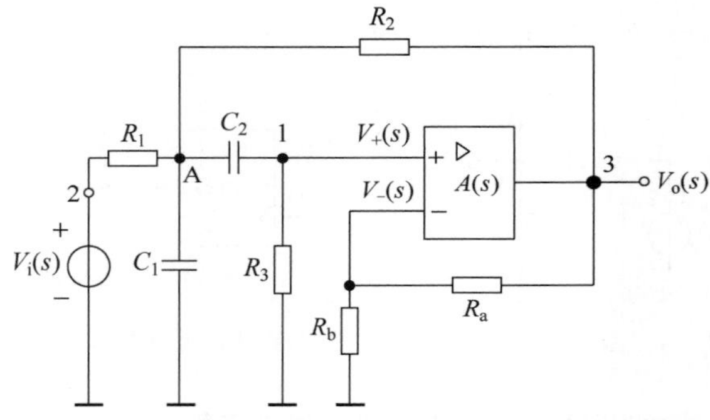

图 3-4-5 Sallen-Key 带通滤波器

3.3.3 节从系统结构的角度对于该滤波器的传递函数已有分析,其结果如式(3-3-20)所示。除此之外,也可以直接对图 3-4-5 所示电路进行分析。为简化分析,把运算放大器看作理想的,由理想运放的虚短和虚断特性,可将同相输入端电位 $V_+(s)$及反相输入端电位 $V_-(s)$表示为

$$V_+(s) = V_-(s) = \frac{R_b}{R_a + R_b} V_o(s) \tag{3-4-23}$$

由理想运放的虚断特性可知 C_2 和 R_3 近似串联,有

$$V_+(s) = \frac{R_3}{R_3 + \frac{1}{sC_2}} V_A(s) \tag{3-4-24}$$

结合式(3-4-23)和式(3-4-24)可分析出节点 A 的电位 $V_A(s)$为

$$V_{\mathrm{A}}(s)=\frac{R_{\mathrm{b}}(1+sR_3C_2)}{sR_3C_2(R_{\mathrm{a}}+R_{\mathrm{b}})}V_{\mathrm{o}}(s) \tag{3-4-25}$$

列写节点 A 的 KCL 方程，有

$$\frac{V_{\mathrm{o}}(s)-V_{\mathrm{A}}(s)}{R_2}+\frac{V_{\mathrm{i}}(s)-V_{\mathrm{A}}(s)}{R_1}+sC_2[V_{+}(s)-V_{\mathrm{A}}(s)]-sC_1V_{\mathrm{A}}(s)=0 \tag{3-4-26}$$

将式(3-4-23)和式(3-4-25)代入式(3-4-26)，可得该 Sallen-Key 带通滤波器的转移函数为

$$H(s)=\frac{V_{\mathrm{o}}(s)}{V_{\mathrm{i}}(s)}=\frac{s\dfrac{K}{R_1C_1}}{s^2+s\left[\left(\dfrac{1}{R_1}+\dfrac{1}{R_2}\right)\dfrac{1}{C_1}+\dfrac{1}{R_3}\left(\dfrac{1}{C_1}+\dfrac{1}{C_2}\right)-K\dfrac{1}{R_2C_1}\right]+\left(\dfrac{1}{R_1}+\dfrac{1}{R_2}\right)\dfrac{1}{R_3C_1C_2}} \tag{3-4-27}$$

式中，$K=1+R_{\mathrm{a}}/R_{\mathrm{b}}$ 为负反馈支路中电阻 R_{a} 和 R_{b} 的分压系数。

观察发现，式(3-4-27)与 3.3.3 节的分析结果[式(3-3-20)]相同。为便于对比分析，将式(3-2-23)所示的二阶带通滤波器转移函数的一般形式重写如下：

$$H(s)=H_0\frac{\dfrac{\omega_{\mathrm{z}}}{Q_{\mathrm{z}}}s}{s^2+\dfrac{\omega_{\mathrm{p}}}{Q_{\mathrm{p}}}s+\omega_{\mathrm{p}}^2}=H_0'\frac{s}{s^2+\dfrac{\omega_{\mathrm{p}}}{Q_{\mathrm{p}}}s+\omega_{\mathrm{p}}^2} \tag{3-4-28}$$

对比式(3-4-27)和式(3-4-28)，可得滤波器的设计方程为

$$\omega_{\mathrm{p}}=\sqrt{\left(\frac{1}{R_1}+\frac{1}{R_2}\right)\frac{1}{R_3C_1C_2}} \tag{3-4-29}$$

$$Q_{\mathrm{p}}=\frac{\sqrt{\left(\dfrac{1}{R_1}+\dfrac{1}{R_2}\right)\dfrac{1}{R_3C_1C_2}}}{\left(\dfrac{1}{R_1}+\dfrac{1}{R_2}\right)\dfrac{1}{C_1}+\dfrac{1}{R_3}\left(\dfrac{1}{C_1}+\dfrac{1}{C_2}\right)-K\dfrac{1}{R_2C_2}} \tag{3-4-30}$$

$$H_0'=\frac{K}{R_1C_1} \tag{3-4-31}$$

对于该带通滤波器的设计可以参照 Sallen-Key 低通滤波器的设计方法。

2. 基于负反馈的单运放双二次型带通有源 *RC* 滤波器的分析与设计

将图 3-3-6(c)所示 *RC* 无源网络引入图 3-3-4 所示基于负反馈的单运放双二次型有源 *RC* 滤波器电路结构图中，得到如图 3-4-6 所示的带通有源 *RC* 滤波器，该滤波器为 Delyiannis(德利雅尼斯)带通滤波器。与图 3-3-4 所示结构电路不同的是该电路中还引入了正反馈，这是由输出电压信号 $V_{\mathrm{o}}(s)$经分压后反馈到运算放大器的同相输入端来实现的，因此 Delyiannis 带通滤波器为混合反馈结构，这是为了使电路在 R_2/R_1 受到限制的情况下实现高 Q 值。

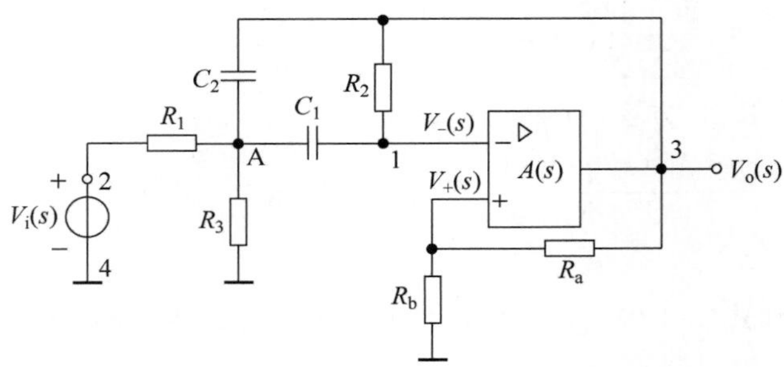

图 3-4-6 Delyiannis 带通滤波器

为简化分析，把运算放大器看作理想的，由理想运放的虚短和虚断特性，可将同相输入端电位 $V_+(s)$ 及反相输入端电位 $V_-(s)$ 表示为

$$V_+(s)=V_-(s)=\frac{R_b}{R_a+R_b}V_o(s) \tag{3-4-32}$$

由理想运放的虚断特性可知 C_1 和 R_2 近似串联，利用叠加定理有如下关系成立：

$$V_-(s)=\frac{R_2}{R_2+1/(sC_1)}V_A(s)+\frac{1/(sC_1)}{R_2+1/(sC_1)}V_o(s) \tag{3-4-33}$$

将式(3-4-32)代入式(3-4-33)，可求取节点 A 的电位 $V_A(s)$ 为

$$V_A(s)=\left[\frac{R_b(1+sR_2C_1)}{s(R_a+R_b)R_2C_1}-\frac{1}{sR_2C_1}\right]V_o(s) \tag{3-4-34}$$

列写节点 A 的 KCL 方程，有下式成立

$$\frac{V_i(s)-V_A(s)}{R_1}-\frac{V_A(s)}{R_3}+sC_1[V_-(s)-V_A(s)]+sC_2[V_o(s)-V_A(s)]=0 \tag{3-4-35}$$

将式(3-4-32)和式(3-4-34)代入式(3-4-35)，可得该 Delyiannis 带通滤波器的转移函数为

$$H(s)=\frac{V_o(s)}{V_i(s)}=-\frac{s\dfrac{\gamma}{R_1C_2}}{s^2+s\left[\dfrac{1}{R_2}\left(\dfrac{1}{C_1}+\dfrac{1}{C_2}\right)+(1-\gamma)\left(\dfrac{1}{R_1}+\dfrac{1}{R_3}\right)\dfrac{1}{C_2}\right]+\left(\dfrac{1}{R_1}+\dfrac{1}{R_3}\right)\dfrac{1}{R_2C_1C_2}} \tag{3-4-36}$$

式中，$\gamma=1+(R_b/R_a)$，$K=1+(R_a/R_b)$。

观察发现，式(3-4-36)与 3.3.3 节的分析结果[式(3-3-33)]有部分不同，不同的原因是电路中的正反馈导致的。若令图 3-4-6 中的 $R_a=\infty$ 和 $R_b=0$，则电路中的正反馈不复存在，与图 3-3-4 所示结构电路相同。此时，$\gamma=1+(R_b/R_a)=1$，将其代入式(3-4-36)，所得到的传递函数则与式(3-3-33)完全相同。

对比式(3-4-28)和式(3-4-36)，可得该 Delyiannis 带通滤波器的设计方程为

$$\omega_p=\sqrt{\left(\frac{1}{R_1}+\frac{1}{R_3}\right)\frac{1}{R_2C_1C_2}} \tag{3-4-37}$$

$$Q_{\mathrm{p}}=\frac{\sqrt{\left(\frac{1}{R_1}+\frac{1}{R_3}\right)\frac{1}{R_2C_1C_2}}}{\frac{1}{R_2}\left(\frac{1}{C_1}+\frac{1}{C_2}\right)+(1-\gamma)\left(\frac{1}{R_1}+\frac{1}{R_3}\right)\frac{1}{C_2}} \tag{3-4-38}$$

$$|H_0'|=\frac{\gamma}{R_1C_2} \tag{3-4-39}$$

若允许元件值有一定的分散性，令 $R=R_1/\!/R_3$，$R_2=\beta R$，$C_1=C$，$C_2=\alpha C$，则该 Delyiannis 带通滤波器的设计方程为

$$\omega_{\mathrm{p}}=\sqrt{\frac{\beta}{\alpha R_2^2C^2}} \tag{3-4-40}$$

$$Q_{\mathrm{p}}=\frac{1}{\frac{1}{\sqrt{\beta}}\left(\sqrt{\alpha}+\frac{1}{\sqrt{\alpha}}\right)+(1-\gamma)\sqrt{\frac{\beta}{\alpha}}} \tag{3-4-41}$$

$$|H_0'|=\frac{\gamma}{\alpha R_1C} \tag{3-4-42}$$

由以上设计方程，可分别求得该带通滤波器的设计公式为

$$R_2=\frac{1}{C\omega_{\mathrm{p}}}\sqrt{\frac{\beta}{\alpha}} \tag{3-4-43}$$

$$\gamma=1+\frac{1+\alpha-\frac{\sqrt{\alpha\beta}}{Q_{\mathrm{p}}}}{\beta} \tag{3-4-44}$$

$$R_1=\frac{\gamma}{\alpha\,|H_0'|\,C} \tag{3-4-45}$$

$$R_3=\frac{1}{\frac{\beta}{R_2}-\frac{1}{R_1}} \tag{3-4-46}$$

因此该带通滤波器的设计步骤为

① 给定 C,α,β 的值；

② 按式(3-4-43)、式(3-4-44)、式(3-4-45)和式(3-4-46)依次确定 R_2,γ,R_1 及 R_3；

③ 根据 γ 值确定 R_{a} 和 R_{b}。

【例 3-4-2】 已知 Delyiannis 带通滤波器如图 3-4-6 所示，要求设计该滤波器使得其指标分别为 $f_{\mathrm{p}}=4\mathrm{kHz}$，$Q=20$，$|H_0|=10$，设 $C_1=C_2=10\mathrm{nF}$，$\beta=1.9305$。

解：① 由题意知 $C=10\mathrm{nF}$，$\alpha=1$。

② 将相关参数代入式(3-4-43)、式(3-4-44)、式(3-4-45)和式(3-4-46)，依次确定 R_2，γ，R_1 及 R_3 分别为 $R_2=5.528\mathrm{k}\Omega$，$\gamma=2$，$R_1=15.23\mathrm{k}\Omega$，$R_3=3.492\mathrm{k}\Omega$。

③ 根据 γ 值确定 R_{a} 和 R_{b}。

由 $\gamma=1+(R_{\mathrm{b}}/R_{\mathrm{a}})=2$，知 $R_{\mathrm{a}}=R_{\mathrm{b}}$，在本例中取 $10\mathrm{k}\Omega$。

利用 Multisim 对所设计的电路进行仿真，相应仿真电路及结果如图 3-4-7 所示。由

其幅频特性图测出滤波器的中心频率约为4kHz,在该频率处增益为19.979dB时对应$20\lg K=20\lg 10=20\text{dB}$,因此该设计满足了设计需求。

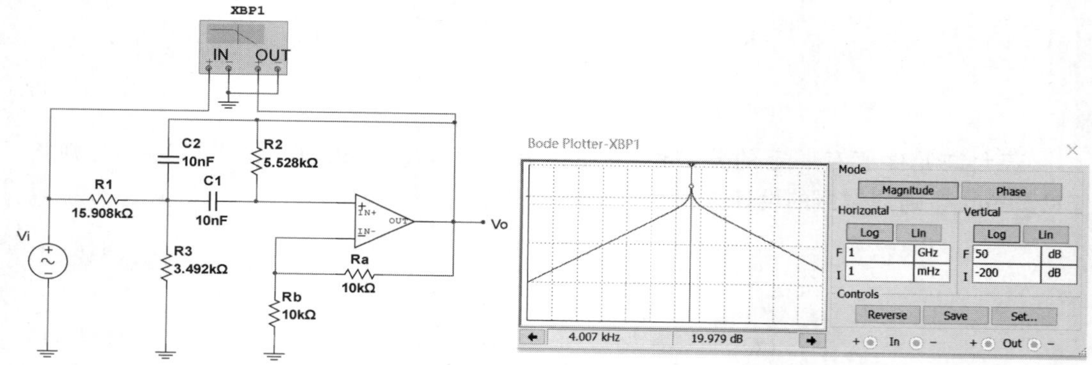

图 3-4-7　例 3-4-2 所设计电路的仿真电路及仿真结果

从该例可看出,尽管Q值较大,但最大电阻比并不大。此外,H_0值还可以独立地加以指定。Delyiannis带通滤波器的设计也可先指定γ值,然后再确定β值,相关公式从略。

3.4.3　高通有源*RC*滤波器的分析与设计

高通有源*RC*滤波器的设计方法大致有两种:

一是将相应*RC*无源网络引入基于正反馈或负反馈的单运放双二次型有源*RC*滤波器电路结构图中组成高通滤波器。

二是以低通有源*RC*滤波器基础,直接将其变换为高通有源*RC*滤波器,这种方法称为*RC-CR*变换法。

*RC-CR*变换法将*RC*低通滤波器中的电阻R替换为$1/R\omega_p$(F)的电容,电容C替换为$1/C\omega_p$(Ω)的电阻,即可直接将其变换为高通有源*RC*滤波器,其变换条件为

$$R_H=\frac{1}{C_L\omega_{Lp}} \tag{3-4-47}$$

$$C_H=\frac{1}{R_L\omega_{Lp}} \tag{3-4-48}$$

式中,下标为L的参数为低通原型电路的参数,下标为H的参数为变换以后的高通电路的参数。

以图3-4-8(a)所示的Sallen-Key低通滤波器为例,进行*RC-CR*变换后所得电路如图3-4-8(b)所示,该电路为Sallen-Key高通滤波器。

注意,低通滤波器中的*RC*无源网络需要进行*RC-CR*变换,而其放大电路部分[图3-4-8(a)中的电阻R_a和R_b]不需要进行变换。

图3-4-8(b)所示滤波器的分析过程与Sallen-Key低通滤波器相同,在运放为理想的

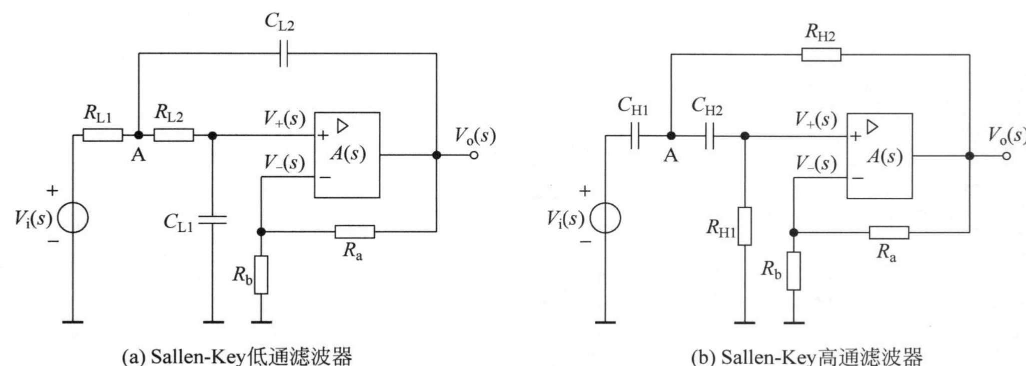

(a) Sallen-Key低通滤波器　　(b) Sallen-Key高通滤波器

图 3-4-8　*RC-CR* 变换

情况下，可分析出其转移函数为

$$H(s)=\frac{V_o(s)}{V_i(s)}=\frac{Ks^2}{s^2+s\left[\frac{1}{R_{H1}}\left(\frac{1}{C_{H1}}+\frac{1}{C_{H2}}\right)+\frac{1-K}{R_{H2}C_{H1}}\right]+\frac{1}{R_{H1}R_{H2}C_{H1}C_{H2}}} \tag{3-4-49}$$

式中，$K=1+R_a/R_b$ 为负反馈支路中电阻 R_a 和 R_b 的分压系数。

【例 3-4-3】 用 *RC-CR* 变换法综合实现如图 3-4-8(b)所示的 Sallen-Key 高通滤波器，要求其指标分别为 $\omega_p=10^4\text{rad/s}, Q_p=1/\sqrt{2}$。

解：① 对应低通滤波器的设计

选图 3-4-8(a)所示的 Sallen-Key 低通滤波器，以 Sallen-Key 低通滤波器设计方案 1 进行设计，其指标要求与例 3-4-1 相同，分析过程详见例 3-4-1，所设计的元件参数分别为 $C_{L1}=C_{L2}=1\text{nF}, R_{L1}=R_{L2}=R_b=100\text{k}\Omega, R_a=58.6\text{k}\Omega$。

② 高通滤波器的设计

由图 3-4-8(a)所示的 Sallen-Key 低通滤波器通过 *RC-CR* 变换得到的 Sallen-Key 高通滤波器如图 3-4-8(b)所示。

根据式(3-4-47)和式(3-4-48)的变换条件可以求得图 3-4-8(b)所示电路的元件值为

$$R_{H1}=R_{H2}=\frac{1}{C_L\omega_p}=\frac{1}{10^{-9}\times10^4}=10^5(\Omega)=100(\text{k}\Omega)$$

$$C_{H1}=C_{H2}=\frac{1}{R_L\omega_p}=\frac{1}{10^5\times10^4}=10^{-9}(\text{F})=1(\text{nF})$$

利用 Multisim 对所设计的电路进行仿真，相应仿真电路及结果如图 3-4-9 所示。由其幅频特性图测出通带增益为 4.006dB，对应 $20\lg K=20\lg 1.586=4.006\text{dB}$；测出截止频率(增益为 $4.006-3=1.006\text{dB}$ 处对应频率)约为 1.588kHz，对应 $\omega_p=10^4\text{rad/s}$，因此该设计满足了设计需求。

3.4.4　带阻有源 *RC* 滤波器的分析与设计

将双 T 形 *RC* 网络引入图 3-4-1 所示电路中可得到如图 3-4-10 所示的带阻有源 *RC*

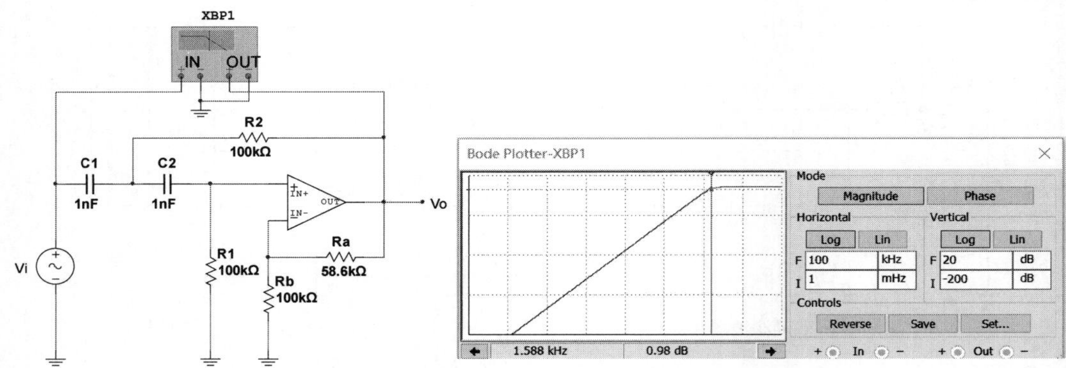

图 3-4-9　例 3-4-3 所设计电路的仿真电路及仿真结果

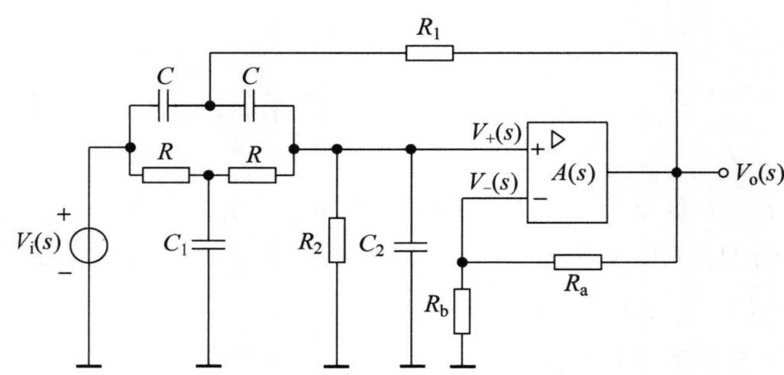

图 3-4-10　带阻有源 RC 滤波器

滤波器，又称为有源 RC 陷波滤波器。

图 3-4-10 中，$R_1=\dfrac{R}{2}$，$R_2=\dfrac{R}{\beta}$，$C_1=2C$，$C_2=\alpha C$，$K=1+\dfrac{R_a}{R_b}$，在运放为理想的情况下，该滤波器的转移函数为

$$H(s)=\frac{V_o(s)}{V_i(s)}=\frac{K}{1+2\beta}\frac{s^2+\dfrac{1}{R^2C^2}}{s^2+s\dfrac{4-2K+2(\alpha+\beta)}{RC(1+2\alpha)}+\dfrac{1+2\beta}{R^2C^2(1+2\alpha)}} \tag{3-4-50}$$

为便于对比分析，将式(3-2-29)所示的二阶带阻滤波器转移函数的一般形式重写如下：

$$H(s)=\frac{a_2s^2+a_0}{s^2+b_1s+b_0}=H_0\frac{s^2+\omega_z^2}{s^2+\dfrac{\omega_p}{Q_p}s+\omega_p^2} \tag{3-4-51}$$

对比式(3-4-48)和式(3-4-49)，可得该滤波器的设计方程为

$$\omega_z=\frac{1}{RC} \tag{3-4-52}$$

$$\omega_p = \omega_z \sqrt{\frac{1+2\beta}{1+2\alpha}} = \frac{1}{RC}\sqrt{\frac{1+2\beta}{1+2\alpha}} \tag{3-4-53}$$

$$Q_p = \frac{\sqrt{(1+2\alpha)(1+2\beta)}}{4-2K+2(\alpha+\beta)} \tag{3-4-54}$$

$$H_0 = \frac{K}{1+2\beta} \tag{3-4-55}$$

若取 $\beta=0$，即去除电阻 R_2，此时 $\omega_p<\omega_z$，则图 3-4-10 所示电路为低通陷波滤波器，将 $\beta=0$ 代入式(3-4-52)、式(3-4-53)、式(3-4-54)和式(3-4-55)，可求得 $\beta=0$ 时该滤波器的设计公式为

$$R = \frac{1}{\omega_z C} \tag{3-4-56}$$

$$\alpha = \frac{1}{2}\left(\frac{\omega_z^2}{\omega_p^2}-1\right) \tag{3-4-57}$$

$$C_2 = \alpha C \tag{3-4-58}$$

$$K = 2+\alpha-\frac{1}{2Q_p}\sqrt{1+2\alpha} \tag{3-4-59}$$

若取 $\alpha=0$，即去除电容 C_2，此时 $\omega_p>\omega_z$，则图 3-4-10 所示电路为高通陷波滤波器，将 $\alpha=0$ 代入式(3-4-52)、式(3-4-53)、式(3-4-54)和式(3-4-55)，可求得 $\alpha=0$ 时该滤波器的设计公式为

$$R = \frac{1}{\omega_z C} \tag{3-4-60}$$

$$\beta = \frac{1}{2}\left(\frac{\omega_p^2}{\omega_z^2}-1\right) \tag{3-4-61}$$

$$R_2 = R/\beta \tag{3-4-62}$$

$$K = 2+\beta-\frac{1}{2Q_p}\sqrt{1+2\beta} \tag{3-4-63}$$

【例 3-4-4】 试设计如图 3-4-10 所示有源 RC 陷波滤波器，要求 $Q_p=10$，$\omega_p=2\times10^5\,\text{rad/s}$，$\omega_z=10^5\,\text{rad/s}$，设 $C=500\text{pF}$。

解：由于 $\omega_p>\omega_z$，因此该滤波器为高通陷波滤波器。

取 $\alpha=0$，即去除电阻 C_2，基于式(3-4-60)、式(3-4-61)、式(3-4-62)和式(3-4-63)的设计公式得各元件参数分别为 $R=20\text{k}\Omega$，$\beta=1.5$，$R_2=13.33\text{k}\Omega$，$K=3.4$，若取 $R_a=24\text{k}\Omega$，则 $R_b=10\text{k}\Omega$。按照图 3-4-10 的要求 $R_1=R/2$，$C_1=2C$ 得 R_1 和 C_1 分别为 $R_1=10\text{k}\Omega$，$C_1=1000\text{pF}$，所设计电路如图 3-4-11 所示。

利用 Multisim 对所设计的电路进行仿真，相应仿真电路及结果如图 3-4-12 所示。由其幅频特性图测出该滤波器的零点频率约为 15.884kHz，对应 $\omega_z=10^5\,\text{rad/s}$，极点频率约为 31.768kHz，对应 $\omega_p=2\times10^5\,\text{rad/s}$，因此该设计满足了设计需求。

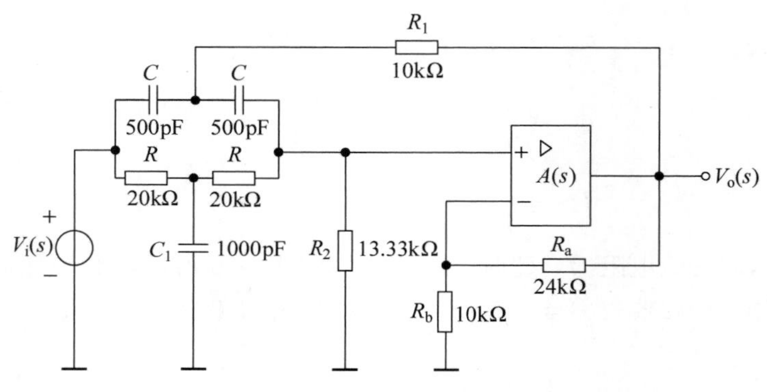

图 3-4-11　例 3-4-4 所设计电路

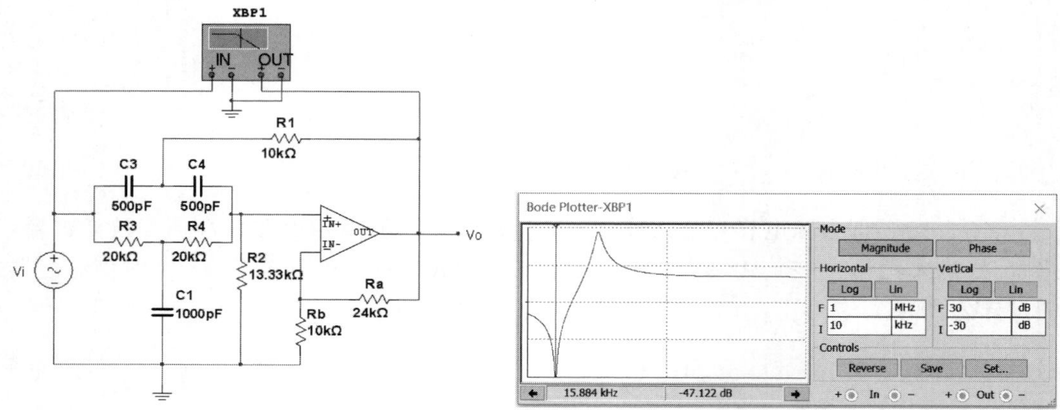

图 3-4-12　例 3-4-4 所设计电路的仿真电路及仿真结果

习题三

3-1　假设题图 3-1 所示电路中的运算放大器为理想的，求解其输出电压 $V_o(s)$。

3-2　假设题图 3-2 所示电路中的运算放大器为理想的，试求解该电路的转移函数 $V_o(s)/V_i(s)$，并求该电路极点频率 ω_p 的无源灵敏度。

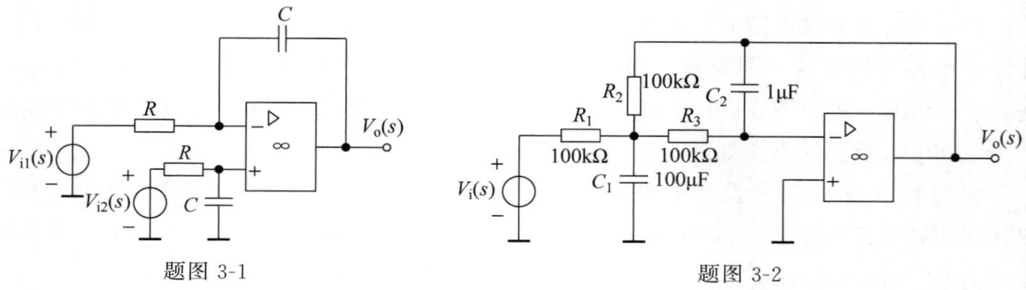

题图 3-1　　　　题图 3-2

3-3 反相加法器电路如题图 3-3 所示，其中的运算放大器符合单极点模型，求输出电压 $V_o(s)$的表达式。

3-4 同相放大器如题图 3-4 所示，$R_1=100\Omega$，$R_2=1\text{M}\Omega$，运算放大器符合单极点模型 $A(s)=\dfrac{A_0\omega_0}{s+\omega_0}$，其中运算放大器的直流增益 $A_0=10^4$，3dB 带宽 $\omega_0=100\text{rad/s}$。求该同相放大器的闭环直流增益和带宽。

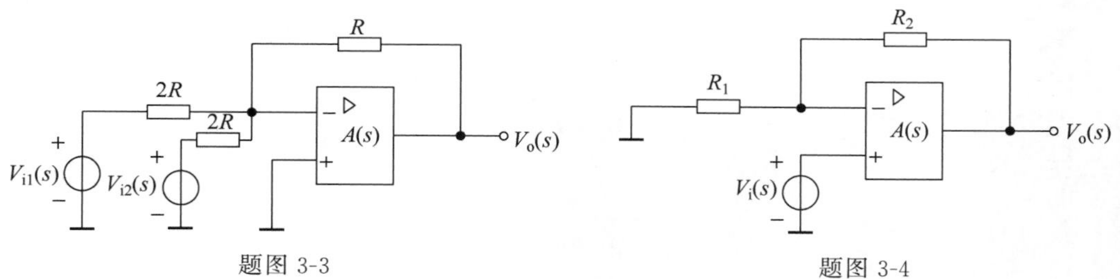

题图 3-3　　题图 3-4

3-5 求题图 3-5 所示滤波电路的转移函数、幅频特性和相频特性的表达式，并确定该滤波电路的类型。

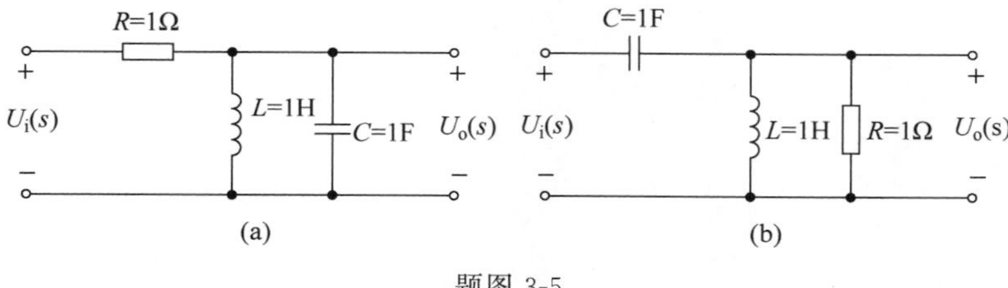

题图 3-5

3-6 试设计 Sallen-Key 二阶低通滤波器，要求 $f_p=2\text{kHz}$，$Q_p=10$。①取 $R_1=R_2$，$C_1=C_2$；②取 $C_1=C_2$，$K=2$。

3-7 试设计 Sallen-Key 二阶低通滤波器，并求 ω_p 和 Q_p 对各无源元件的灵敏度。选取 $Q_p=10$，$\omega_p=100\text{rad/s}$，$C_1=C_2=1\mu\text{F}$。

3-8 试设计 Delyiannis 二阶带通滤波器使其转移函数为

$$H(s)=-\frac{2\times10^4 s}{s^2+2000s+10^8}$$

设滤波器中运算放大器的同相输入端直接接地，两电容值相同。

3-9 用 RC-CR 变换法综合高通滤波器函数

$$H(s)=K\frac{s^2}{s^2+s+100}$$

要求采用 Sallen-Key 高通滤波电路来实现，Sallen-Key 低通滤波器设计时取 $R_1=R_2=R$，$C_1=C_2=C$。

第4章 高阶有源RC滤波器的分析与设计

设计高阶有源滤波器的方法主要有以下两种途径。

一种途径是直接实现由滤波器逼近所得到的转移函数的方法，主要包括直接综合法和级联实现法。直接综合法用一定数量的运放按特定电路结构直接实现整个滤波器转移函数，由于这种方法具有灵敏度性能较差，不便于调整等缺点，所以其实用价值较小。级联实现法则是采用积木块式结构，用两个或两个以上二阶和一阶有源 RC 滤波器级联来直接实现高阶有源 RC 滤波器，这种方法设计简单，调试方便。

另一种途径是间接对无源 LC 梯形滤波器进行模拟的方法，主要包括对其中部分元件进行模拟的元件模拟法，以及对 LC 梯形数学方程模拟的运算模拟法。

4.1 高阶有源滤波器的级联实现法

级联法首先把需要实现的高阶滤波器的转移函数分解成几个双二次函数（或许还有一个双线性函数）的乘积，然后每一乘积项分别由二阶有源 RC 滤波器（称为二阶节）或一阶有源 RC 滤波器（称为一阶节）来实现，最后把各单级滤波器级联起来以实现总的转移函数。由于级联滤波器采用积木块式结构，设计简单，调试方便，而且其灵敏度性能较直接综合法滤波器有所改善，因而得到较为广泛的应用。

4.1.1 基本原理

设需要设计的滤波器阶数为 n，则级联实现所需二阶节的数目 m 为

$$m=\begin{cases}\dfrac{n}{2} & \text{当 } n \text{ 为偶数}\\[2ex] \dfrac{n-1}{2} & \text{当 } n \text{ 为奇数}\end{cases} \tag{4-1-1}$$

当 n 为奇数时，应另加一个一阶节。

下面以 n 为偶数，即 $n=2m$ 的情形为例，研究级联滤波器的转移函数与构成它的各二阶节转移函数间的关系。

图 4-1-1 表示由 m 个二阶节级联所构成的 $2m$ 阶有源滤波器，图中 $H_j(s)(j=1,2,\cdots,m)$ 为第 j 二阶节的转移函数，$Z_{ij}(s)(j=1,2,\cdots,m)$ 为第 j 个二阶节的输入阻抗，$Z_{oj}(s)(j=1,2,\cdots,m)$ 为第 j 个二阶节的输出阻抗，$U_{oj}(s)(j=1,2,\cdots,m)$ 为第 j 个二阶节的输出电压。

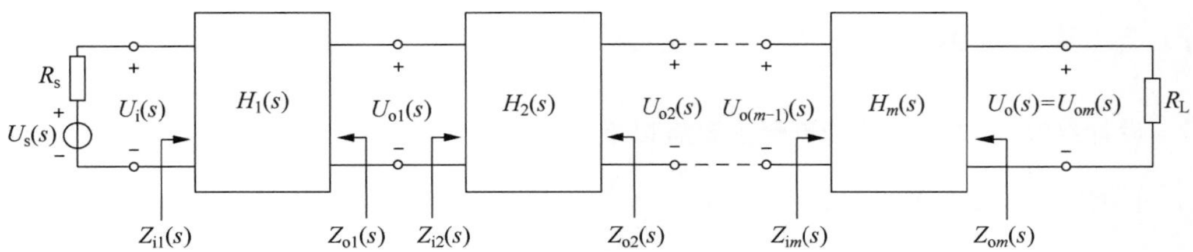

图 4-1-1 级联 $2m$ 阶有源滤波器

第一级的输出电压 $U_{o1}(s)$ 可表示为

$$
\begin{aligned}
U_{o1}(s) &= U_i(s)H_1(s)\frac{Z_{i2}(s)}{Z_{i2}(s)+Z_{o1}(s)} \\
&= U_s(s)\frac{Z_{i1}(s)}{Z_{i1}(s)+R_s}H_1(s)\frac{Z_{i2}(s)}{Z_{i2}(s)+Z_{o1}(s)}
\end{aligned} \tag{4-1-2}
$$

第二级的输出电压 $U_{o2}(s)$ 可表示为

$$
\begin{aligned}
U_{o2}(s) &= U_{o1}(s)H_2(s)\frac{Z_{i3}(s)}{Z_{o2}(s)+Z_{i3}(s)} \\
&= \frac{Z_{i1}(s)}{Z_{i1}(s)+R_s}\frac{Z_{i2}(s)}{Z_{i2}(s)+Z_{o1}(s)}\frac{Z_{i3}(s)}{Z_{i3}(s)+Z_{o2}(s)}H_1(s)H_2(s)U_s(s)
\end{aligned} \tag{4-1-3}
$$

以此类推，最后一级的输出电压 $U_{om}(s)$，即级联滤波器总的输出电压 $U_o(s)$ 可表示为

$$
\begin{aligned}
U_o(s) = U_{om}(s) = \frac{Z_{i1}(s)}{Z_{i1}(s)+R_s}\frac{R_L}{R_L+Z_{om}(s)}\prod_{k=1}^{m-1}\left[\frac{Z_{i(k+1)}(s)}{Z_{i(k+1)}(s)+Z_{ok}(s)}\right]\cdot \\
\prod_{j=1}^{m}[H_j(s)]U_s(s)
\end{aligned} \tag{4-1-4}
$$

故级联滤波器的转移函数 $H(s)$ 为

$$
H(s) = \frac{U_o(s)}{U_s(s)} = \frac{Z_{i1}(s)}{Z_{i1}(s)+R_s}\frac{R_L}{R_L+Z_{om}(s)}\prod_{k=1}^{m-1}\left[\frac{Z_{i(k+1)}(s)}{Z_{i(k+1)}(s)+Z_{ok}(s)}\right]\prod_{j=1}^{m}[H_j(s)] \tag{4-1-5}
$$

若每一个二阶节的输入阻抗均远大于其前一级的输出阻抗，即

$$
|Z_{i(k+1)}(s)| \gg |Z_{ok}(s)| \quad k=1,2,\cdots,m-1 \tag{4-1-6}
$$

且

$$
|Z_{i1}(s)| \gg R_s, \quad R_L \gg |Z_{om}(s)| \tag{4-1-7}
$$

则转移函数 $H(s)$ 可近似表示为

$$
H(s) = \frac{U_o(s)}{U_s(s)} = \prod_{j=1}^{m}[H_j(s)] \tag{4-1-8}
$$

实际上，以运算放大器为有源器件的双二次节基本能满足式(4-1-6)和式(4-1-7)的条件，因而通常可用式(4-1-8)来计算图 4-1-1 所示级联滤波器的转移函数 $H(s)$。

4.1.2 基本步骤

设计级联滤波器的基本步骤主要有以下两步。

1. 转移函数分解

这一过程将高阶转移函数分解为若干双二次函数(可能还有一个双线性函数)之乘

积，主要包括以下 4 个步骤。

1）因式分解

设需要设计的 n 阶滤波器的转移函数为

$$H(s)=\frac{N(s)}{D(s)}=\frac{a_m s^m+a_{m-1}s^{m-1}+\cdots+a_1 s+a_0}{b_n s^n+b_{n-1}s^{n-1}+\cdots+b_1 s+b_0} \tag{4-1-9}$$

对式(4-1-9)的分子多项式 $N(s)$ 和分母多项式 $D(s)$ 分别进行因式分解，成为以下形式

$$H(s)=\frac{\prod_{i=1}^{m/2}(c_{i2}s^2+c_{i1}s+c_{i0})(m\text{ 为偶数})\text{ 或 }(c_1 s+c_0)\prod_{i=1}^{(m-1)/2}(c_{i2}s^2+c_{i1}s+c_{i0})(m\text{ 为奇数})}{\prod_{j=1}^{n/2}(d_{j2}s^2+d_{j1}s+d_{j0})(n\text{ 为偶数})\text{ 或 }(d_1 s+d_0)\prod_{j=1}^{(n-1)/2}(d_{j2}s^2+d_{j1}s+d_{j0})(n\text{ 为奇数})} \tag{4-1-10}$$

2）零极点配对

对经因式分解后的 $H(s)$ 的极点和零点进行配对，形成各单级滤波器的转移函数。若 n 为偶数，通常需要形成 $n/2$ 个双二次函数；若 n 为奇数，通常需要形成 $(n-1)/2$ 个双二次函数和 1 个双线性函数。在零极点配对方式的选择方面，通常建议应使每个单级滤波器的幅频特性在整个滤波器通带内尽可能平坦，同时要注意各单级滤波器是否容易得到，调试是否方便。

3）确定级联顺序

在得到各单级滤波器的转移函数后，需要确定各单级滤波器进行级联的先后顺序。各单级滤波器通常以运算放大器为有源器件来实现，具有较低的输出阻抗，因此级联顺序的不同对整个滤波器的转移函数几乎不影响。但在实际应用时，通常把低通或带通环节放在输入端，以衰减进入滤波器的通带以外的高频信号，将高通或带通环节放在输出端，以防止内部产生的直流溢出或电源纹波出现在滤波器的输出信号中。

4）增益分配

在给定滤波器总增益的条件下，应对各单级滤波器指定其增益水平，这就是增益分配问题。为获得较大的动态范围，应尽量使各单级滤波器的幅频特性峰值彼此相等。

总的来说，完成以上 4 个小步骤后，转移函数 $H(s)$ 可改写为以下形式：

$$H(s)=\begin{cases}\prod_{j=1}^{n/2}\left[H_{0j}\dfrac{s^2+(\omega_{zj}/Q_{zj})s+\omega_{zj}^2}{s^2+(\omega_{pj}/Q_{pj})s+\omega_{pj}^2}\right]=\prod_{j=1}^{n/2}H_j(s) & n\text{ 为偶数}\\[2ex] \dfrac{a_1 s+a_0}{s+\omega_{p0}}\prod_{j=1}^{(n-1)/2}\left[H_{0j}\dfrac{s^2+(\omega_{zj}/Q_{zj})s+\omega_{zj}^2}{s^2+(\omega_{pj}/Q_{pj})s+\omega_{pj}^2}\right]=H_0(s)\prod_{j=1}^{(n-1)/2}H_j(s) & n\text{ 为奇数}\end{cases} \tag{4-1-11}$$

$$H_j(s)=H_{0j}\frac{s^2+(\omega_{zj}/Q_{zj})s+\omega_{zj}^2}{s^2+(\omega_{pj}/Q_{pj})s+\omega_{pj}^2},\quad j=1,2,\cdots,\frac{n}{2}\text{ 或}\frac{n-1}{2} \tag{4-1-12}$$

$$H_0(s)=\frac{a_1 s + a_0}{s+\omega_{p0}} \tag{4-1-13}$$

式(4-1-11)及式(4-1-12)中，$H_j(s)$为第 j 个双二次函数，ω_{zj}、Q_{zj}、ω_{pj} 和 Q_{pj} 分别为 $H_j(s)$的零点频率、零点品质因数、极点频率和极点品质因数，H_{0j} 为 $H_j(s)$的增益常数。当 n 为奇数时，式(4-1-11)中会出现双线性函数 $H_0(s)$。

2. 转移函数实现

这一过程需要选择适当的有源二阶节(可能还有一阶节)实现每一个双二次函数(可能还有一个双线性函数)，然后按照所确定的级联顺序把它们级联起来，最终得到整个滤波器。

4.1.3 基于 Filter Designer 的滤波器设计与分析

通过 TI 官网即可进入 Filter Design Tool 进行滤波器设计，其设计主要包括滤波器类型(FILTER TYPE)、滤波器响应(FILTER RESPONSE)、拓扑(TOPOLOGY)、设计(DESIGN)和导出(EXPORT)这几个过程。

接下来基于 Filter Design Tool 设计一个 4 阶 Sallen-Key 低通滤波器以满足如下要求：通带增益 20dB，通带截止频率 1000Hz，通带纹波 1dB。

1. 滤波器类型(FILTER TYPE)

首先需要选择滤波器类型，可选类型包括低通(Lowpass)、高通(Highpass)、带通(Bandpass)、带阻(Bandstop)和全通(Allpass)滤波器，如图 4-1-2 所示。在本设计中应该选择低通(Lowpass)，单击后即进入滤波器响应(FILTER RESPONSE)过程。

2. 滤波器响应(FILTER RESPONSE)

图 4-1-3 所示的滤波器响应(FILTER RESPONSE)过程界面主要包含①滤波器参数，②选择滤波器响应和③显示这 3 个部分。

本设计中，在左侧的①滤波器参数设置栏内分别输入滤波器的设计指标通带增益[Gain(A0)]20dB，通带截止频率[Frequency(Fp)]1000Hz，通带纹波[Ripple(Rp)]1dB，滤波器阶次(Filter Order)等于 4。

设置好滤波器参数后，滤波器的响应曲线会在右侧显示。为便于直观比较不同方案(不同逼近滤波函数)的性能，可在右下的②选择滤波器响应栏内选中多个滤波器响应类型，则会在右上③显示栏内同时显示各个方案对应的响应曲线，包括幅频(Magnitude)特性、相频(Phase)特性、群延时(Group Delay)特性和阶跃响应(Step Response)特性。

可根据设计的实际需求选取适合的滤波器逼近方式，比如本设计中若需要获得较为平坦的幅频特性，可选择右下栏内的 Butterworth 滤波器响应，单击该类型右侧的 SELECT，即进入拓扑(TOPOLOGY)过程。

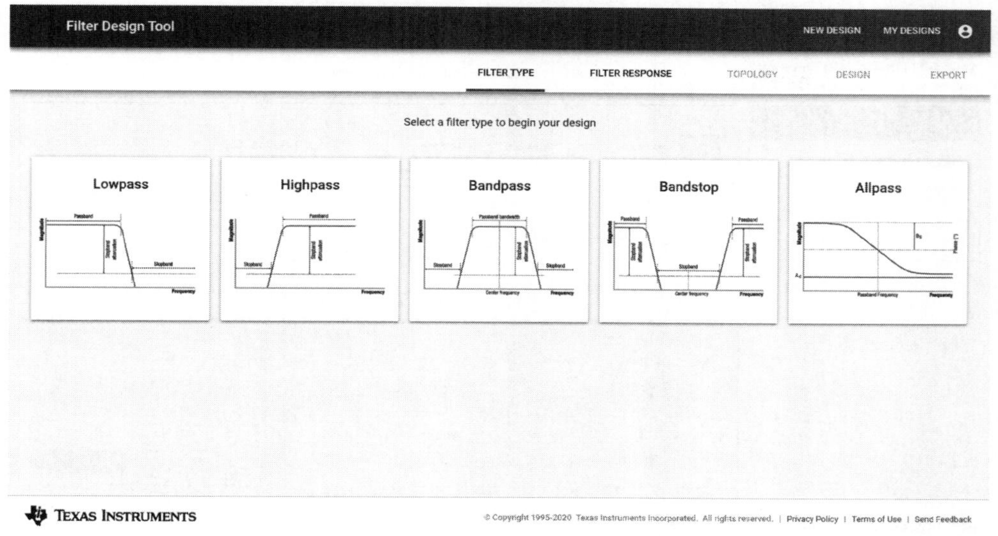

图 4-1-2　滤波器类型(FILTER TYPE)过程界面

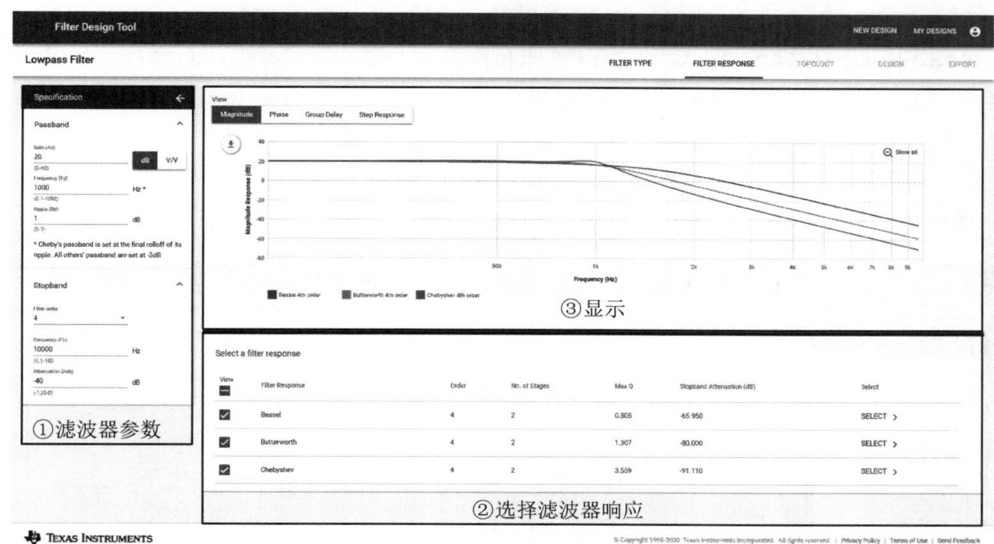

图 4-1-3　滤波器响应(FILTER RESPONSE)过程界面

3. 拓扑(TOPOLOGY)

图 4-1-4 所示的拓扑(TOPOLOGY)过程界面主要包含①拓扑，②选择各单级滤波器，③显示这 3 个部分。

本设计中，在左侧的①拓扑栏内选择 Sallen-Key。该四阶滤波器由两级二阶滤波器级联而成，若在右下侧②选择各单级滤波器栏内选中各个单级滤波器，则会在右上侧③

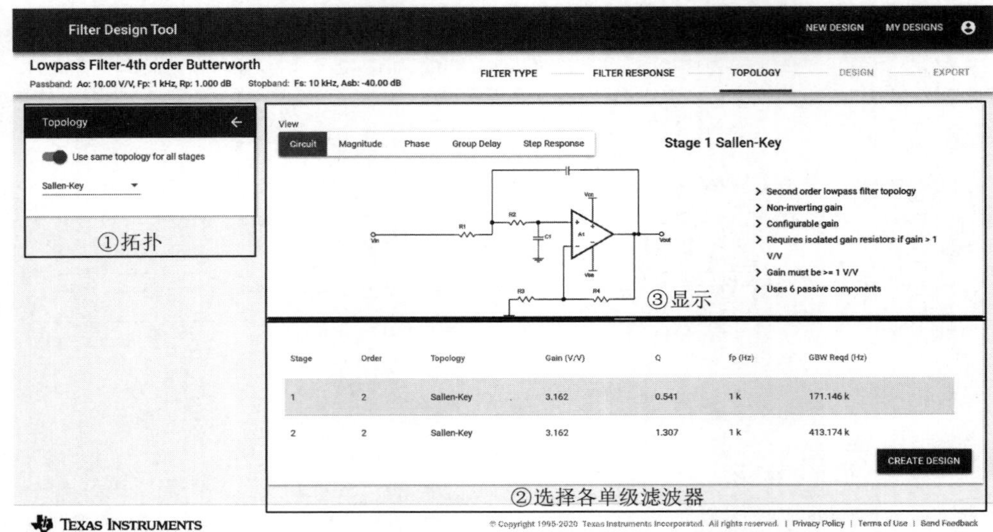

图 4-1-4　拓扑(TOPOLOGY)过程界面

显示栏内显示该级滤波器的相关信息，包括其电路(Circuit)、幅频(Magnitude)特性、相频(Phase)特性、群延时(Group Delay)特性和阶跃响应(Step Response)特性。单击界面最右下侧的 CREATE DESIGN 按钮，即进入设计(DESIGN)过程界面。

4. 设计(DESIGN)

图 4-1-5 所示的设计(DESIGN)过程界面主要包含①设计和②显示 2 个部分。

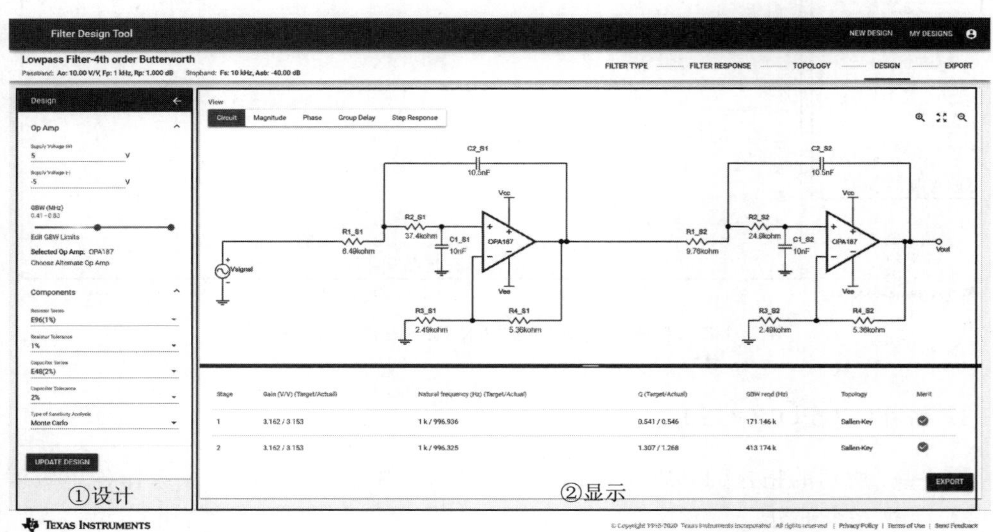

图 4-1-5　设计(DESIGN)过程界面

左侧的①设计栏主要包括运算放大器(Op Amp)和其他元件(Components)的设计,可以根据实际需求进行滤波器电路中的各元件相关参数的设计。其中运算放大器需要设计的参数包括其正电源电压[Supply Voltage(+)]、负电源电压[Supply Voltage(−)]、增益带宽积[GBW(MHz)],当然也可以通过单击Choose Alternate Op Amp选择其他型号的运算放大器。其他元件(Components)中需要设计的参数包括电阻类型(Resistor Series)、电阻允许偏差(Resistor Tolerance)、电容类型(Capacitor Series)、电容允许偏差(Capacitor Tolerance)和灵敏度分析类型(Type of Sensitivity Analysis)。

右侧的②显示栏显示整个滤波器电路(Circuit)、幅频(Magnitude)特性、相频(Phase)特性、群延时(Group Delay)特性和阶跃响应(Step Response)特性。单击界面最右下侧的EXPORT按键,即进入导出(EXPORT)过程。

5. 导出(EXPORT)

图4-1-6所示的导出(EXPORT)过程界面主要包含①仿真导出、②概述和③设计信息这3部分。

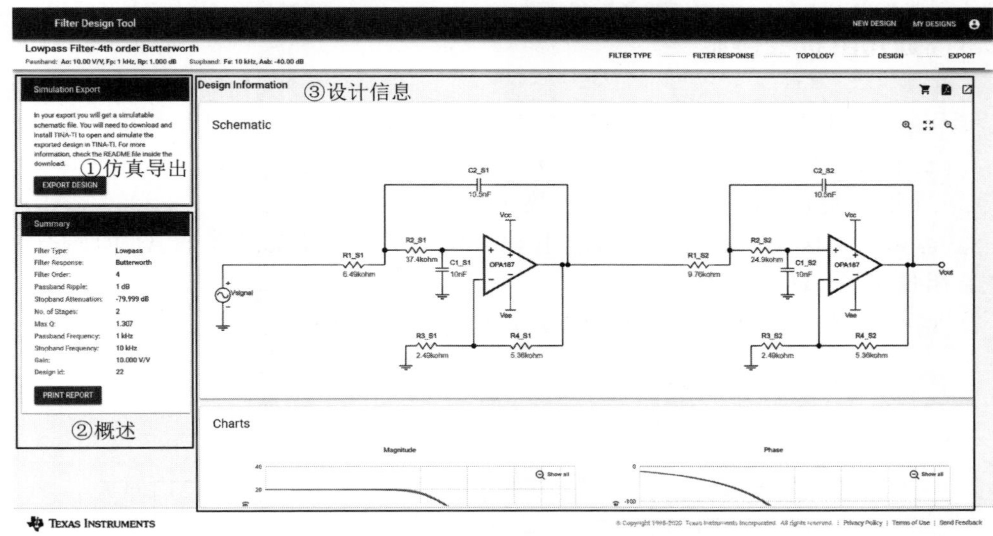

图4-1-6 导出(EXPORT)过程界面

在左上侧的①仿真导出栏单击其中的EXPORT DESIGN按键,即可导出所设计的滤波器的原理图文件,可以下载并安装TINA-TI仿真工具通过该原理图文件进行仿真。在左下侧的②概述栏内概述了所设计滤波器的基本信息,单击其中的PRINT REPORT按键,即可导出所设计滤波器的详细设计文档。右侧的③设计信息栏主要显示滤波器的主要信息,包括原理图(Schematic)、图表(Charts)和电气物料清单(Electrical BOM)等信息。

4.2 对无源 LC 梯形网络的元件模拟法

在低频场合中，滤波器很少使用电感，主要有以下原因：在低频情况下，电感不仅笨重、价格昂贵，而且损耗大，品质因数较低；电感的特性很不理想，含磁心的电感是非线性元件，导致系统中会产生高次谐波，产生信号失真；为满足一定的技术要求，电感常需特别的设计和制作，不像电阻、电容那样有批量生产的产品可供选用。

元件模拟法是高阶有源滤波器间接设计法的一种，是一种以无源 LC 梯形为原型，并且采用有源技术，在整体电路的结构变化不大的前提下，间接模拟该结构（实质上是用有源技术来模拟 LC 梯形网络中的无源元件）的设计法。由于 LC 梯形网络灵敏度较低，所以在对 LC 梯形网络的结构变化不大的前提下，基于对 LC 梯形网络模拟的方法所设计出的滤波器也具有比较低的灵敏度，因而这种设计方法在滤波器的设计中得到了广泛的应用。本节介绍既能保留 LC 梯形滤波器优点，又能去掉电感的对无源 LC 梯形网络的元件模拟法，主要包括接地仿真电感模拟法和频变负电阻模拟法。

4.2.1 通用阻抗变换器

通用阻抗变换器具有变换阻抗特性的功能，其电路如图 4-2-1(a)所示，其特点如下。

① 整个电路由五个性质未定的阻抗元件，两个运算放大器组成；

② 两个运算放大器的反相输入端连接在一起；

③ 运算放大器 A_1 的同相输入端连接输入信号 $V_i(s)$，运算放大器 A_2 的同相输入端连接阻抗 $Z_5(s)$；

④ 两个运算放大器的输出电压分别反馈到另一个运算放大器的输入端。

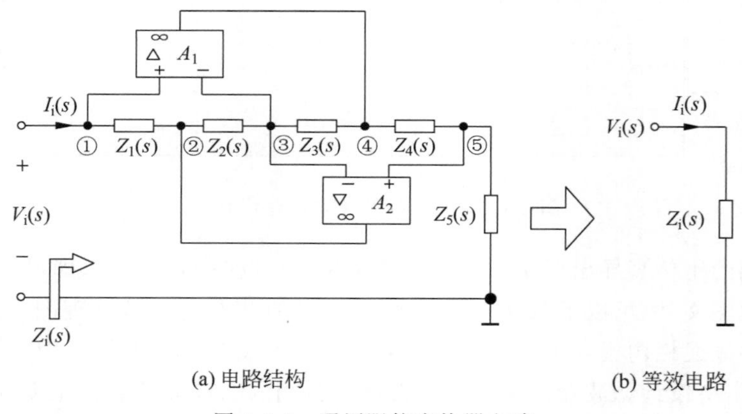

(a) 电路结构　　(b) 等效电路

图 4-2-1　通用阻抗变换器电路

设电路中的运算放大器是理想器件，根据理想运算放大器的虚短特性，在节点①、③、⑤有以下关系成立：

$$V_1(s)=V_3(s)=V_5(s)=V_i(s) \tag{4-2-1}$$

根据理想运算放大器的虚断特性，对节点①有下式成立：

$$I_i(s)=\frac{V_i(s)-V_2(s)}{Z_1(s)} \tag{4-2-2}$$

对节点③有下式成立：

$$\frac{V_2(s)-V_3(s)}{Z_2(s)}=\frac{V_3(s)-V_4(s)}{Z_3(s)} \tag{4-2-3}$$

对节点⑤有下式成立：

$$\frac{V_4(s)-V_5(s)}{Z_4(s)}=\frac{V_5(s)}{Z_5(s)} \tag{4-2-4}$$

综合式(4-2-1)～式(4-2-4)，可得该通用阻抗变换器的输入阻抗 $Z_i(s)$为

$$Z_i(s)=\frac{V_i(s)}{I_i(s)}=\frac{Z_1(s)Z_3(s)Z_5(s)}{Z_2(s)Z_4(s)} \tag{4-2-5}$$

由式(4-2-5)能够看出，电路中的五个阻抗元件 $Z_1(s)$、$Z_2(s)$、$Z_3(s)$、$Z_4(s)$和 $Z_5(s)$的属性决定了该阻抗变换器的等效输入阻抗特性，通过改变五个阻抗元件的值与属性，就能得到不同性质的输入阻抗 $Z_i(s)$，因此图 4-2-1(a)所示电路称为通用阻抗变换器(Generalized Impedance Converter，GIC)。

由图 4-2-1(b)可以看出，等效阻抗 $Z_i(s)$有一端接地，因此称为接地等效阻抗。有时需要浮地，这时可采用图 4-2-2(a)所示的电路结构。该电路实际上是由两个 GIC 电路经阻抗 $Z_5(s)$级联而成，整个电路的结构和参数在 $Z_5(s)$处对称，其对外等效电路如图 4-2-2(b)所示。

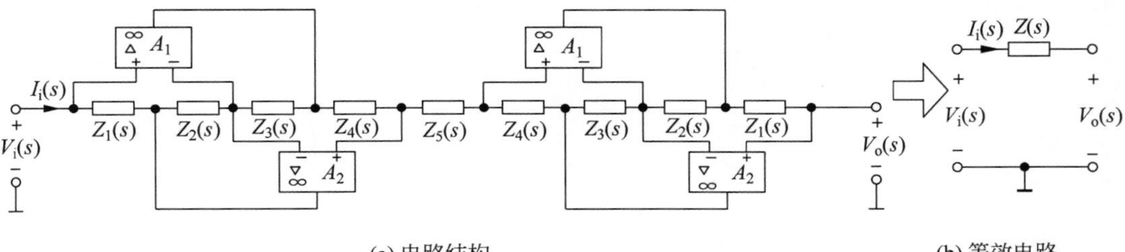

图 4-2-2 浮地通用阻抗变换器

可以证明其等效阻抗 $Z(s)$为

$$Z(s)=\frac{V_i(s)-V_o(s)}{I_i(s)}=\frac{Z_1(s)Z_3(s)Z_5(s)}{Z_2(s)Z_4(s)} \tag{4-2-6}$$

4.2.2 仿真电感模拟法

LC 梯形滤波器的主要缺点是因其电感而引起的，将其中的每个电感用相应的仿真电感模拟，就可得到对应的有源 *RC* 滤波器。

图 4-2-1(a)的五个阻抗元件中 $Z_2(s)$ 选为电容 C_2，其余选为电阻，得到如图 4-2-3(a)所示电路，其输入阻抗 $Z_i(s)$ 为

$$Z_i(s)=\frac{Z_1(s)Z_3(s)Z_5(s)}{Z_2(s)Z_4(s)}=\frac{R_1R_3R_5}{\frac{1}{sC_2}R_4}=s\frac{R_1R_3R_5C_2}{R_4}=sL_{eq} \tag{4-2-7}$$

因此图 4-2-3(a)所示电路的等效输入阻抗 $Z_i(s)$ 呈现电感特性，如图 4-2-3(b)所示，由于电路一端接地，所以得到的等效电感称为接地仿真电感，其等效电感值 L_{eq} 为

$$L_{eq}=\frac{R_1R_3R_5C_2}{R_4} \tag{4-2-8}$$

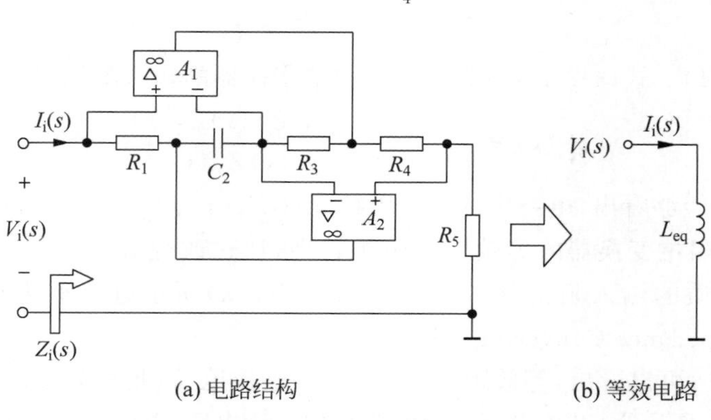

图 4-2-3　接地仿真电感 1

在图 4-2-1(a)中 $Z_4(s)$ 选为电容 C_4，其余选为电阻，得到如图 4-2-4(a)所示电路，其输入阻抗 $Z_i(s)$ 为

$$Z_i(s)=\frac{Z_1(s)Z_3(s)Z_5(s)}{Z_2(s)Z_4(s)}=\frac{R_1R_3R_5}{R_2\frac{1}{sC_4}}=s\frac{R_1R_3R_5C_4}{R_2}=sL_{eq} \tag{4-2-9}$$

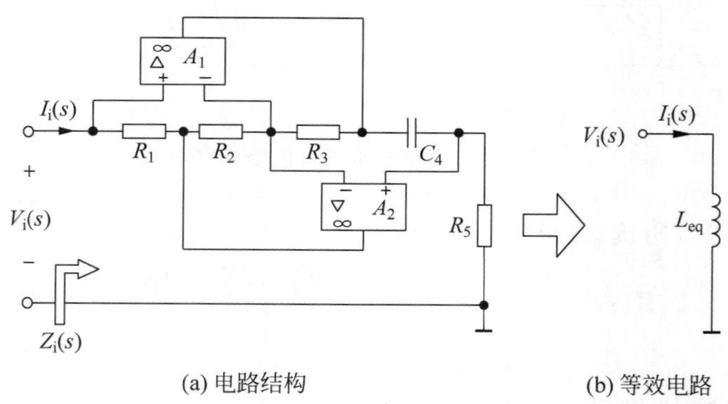

图 4-2-4　接地仿真电感 2

因此图 4-2-4(a)所示电路的等效输入阻抗 $Z_i(s)$ 亦呈现电感特性，如图 4-2-4(b)所示，其等效接地仿真电感值 L_{eq} 为

$$L_{\mathrm{eq}}=\frac{R_1R_3R_5C_4}{R_2} \tag{4-2-10}$$

在实际设计使用时，一般选用图 4-2-4(a)所示接地仿真电感电路，因为该电路能够保证实际电路的 Q 值为无穷大，而图 4-2-3(a)所示电路的 Q 值会随着电路工作条件的变化而下降。

【例 4-2-1】 归一化五阶无源 LC 椭圆低通滤波器如图 4-2-5(a)所示，试用仿真电感模拟法将其设计变换为五阶有源 RC 椭圆高通滤波器，要求其 $\omega_{\mathrm{p}}=10^5\,\mathrm{rad/s}$，端接电阻为 10kΩ。

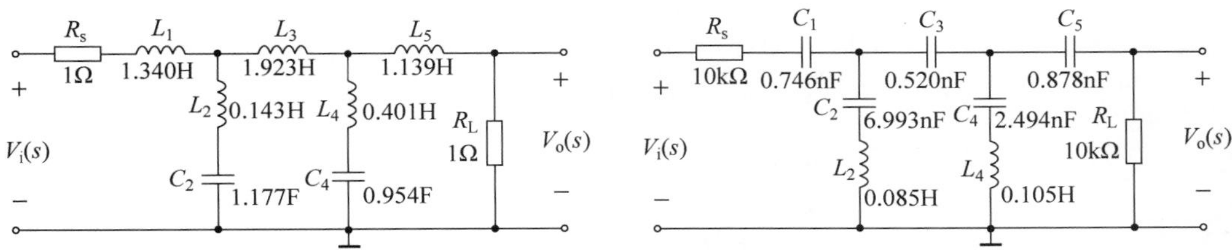

(a) 归一化五阶无源LC椭圆低通滤波器　　(b) 五阶无源LC椭圆高通滤波器

图 4-2-5　例 4-2-1 电路

解：(1) 无源 LC 椭圆高通滤波器设计

① 归一化五阶无源 LC 椭圆高通滤波器。

通过变换式 $p=1/s$ 可将图 4-2-5(a)所示的归一化五阶无源 LC 椭圆低通滤波器变换为对应的归一化五阶无源 LC 椭圆高通滤波器。

② 去归一化。

频率去归一化：由于要求高通滤波器的 $\omega_{\mathrm{p}}=10^5\,\mathrm{rad/s}$，需要对滤波器进行频率去归一化，因此变换式变为 $p=\omega_{\mathrm{p}}/s$。具体到电路中的元件，实际上需要将 L(H)的电感变换为 $1/(\omega_{\mathrm{p}}L)$(F)的电容；将 C(F)的电容变换为 $1/(\omega_{\mathrm{p}}C)$ (H)的电感。

阻抗去归一化：由于要求高通滤波器的端接电阻为 10kΩ，需要再对滤波器进行阻抗去归一化。具体到电路中的元件，实际上需要将所有的电阻和电感都乘以 10^4，将所有的电容都除以 10^4。

最终得到的去归一化之后的五阶无源 LC 椭圆高通滤波器如图 4-2-5(b)所示。

(2) 有源 RC 椭圆高通滤波器的实现

用接地仿真电感直接替代图 4-2-5(b)所示无源滤波器中的电感，就可以得到对应的五阶有源 RC 椭圆高通滤波器，如图 4-2-6 所示，其中接地仿真电感中各元件参数是基于式(4-2-10)设计的。

利用 Multisim 分别对该例的电路进行仿真，相应仿真电路及结果如图 4-2-7 所示，可以看出该设计基本满足了设计需求。

对比图 4-2-1(a)和图 4-2-2(a)会发现实现一个接地电感需用两个运算放大器，实现一个浮地电感需用 4 个运算放大器。因为 LC 梯形高通滤波器中的所有电感都是接地电感，用电感模拟法所需运算放大器不多，所以在所有类型的 LC 梯形滤波器中，适合采用仿真电感法进行设计的是高通滤波器。

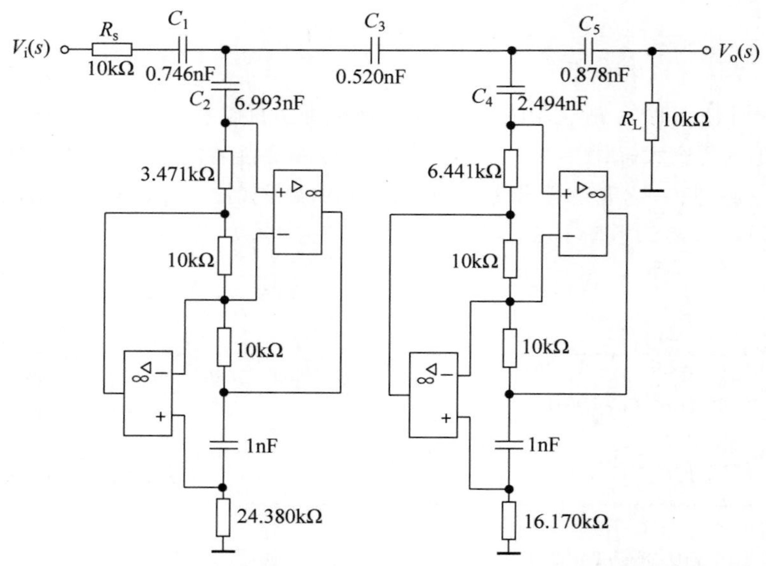

图 4-2-6　例 4-2-1 仿真电感模拟法设计的五阶有源 RC 椭圆高通滤波器

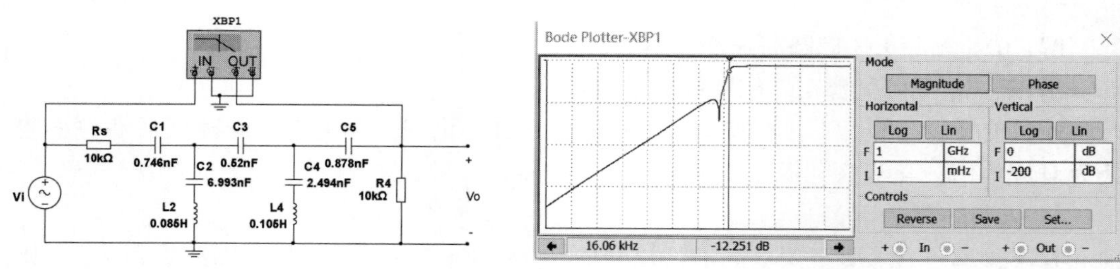

(a) 去归一化后五阶无源LC椭圆高通滤波器

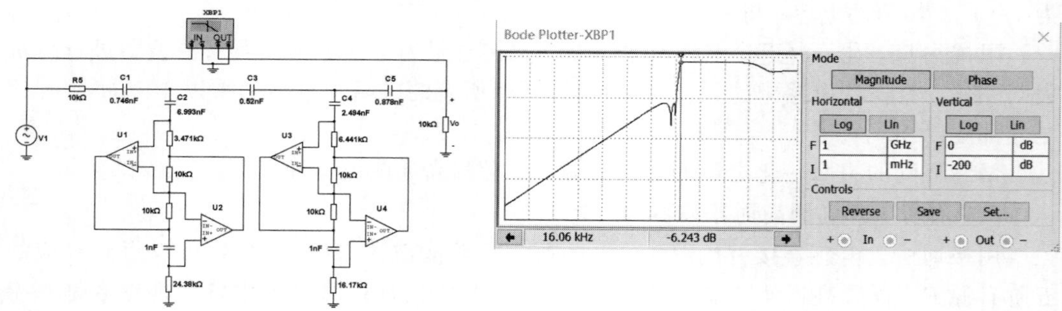

(b) 五阶有源RC椭圆高通滤波器

图 4-2-7　例 4-2-1 设计电路的仿真电路及仿真结果

4.2.3　频变负电阻模拟法

频变负电阻模拟法的基本原理是：在无源滤波电路中，若将电路中各元件的阻抗乘

以 k/s，不会影响电路的转移函数。这样变换后，会改变电路中的各元件的阻抗性质，当 $k=1$ 时所对应的关系如表 4-2-1 所示。

表 4-2-1　频变负电阻模拟法变换关系表

原网络元件	转换关系	变换后网络元件
R（电阻）	$R \Rightarrow \dfrac{R}{s}=\dfrac{1}{sC'}$	$C'=\dfrac{1}{R}$（电容）
L（电感）	$sL \Rightarrow L=R'$	$R'=L$（电阻）
C（电容）	$\dfrac{1}{sC} \Rightarrow \dfrac{1}{s^2C}=\dfrac{1}{s^2D'}$	$D'=C$（元件 D）

由表 4-2-1 可以看出，采用频变负电阻模拟法变换后，电阻变换成为电容，电感变换成为电阻，电容变换成为元件 D，该元件称为频变负电阻(Frequency Dependent Negative Resistor，FDNR)。因此，从元件变换的角度来说，频变负电阻模拟法称为 RLC-CRD 变换法。频变负电阻的有源 RC 电路实现和上述的 RLC-CRD 变换是由布鲁顿提出的，故又称为布鲁顿变换。

图 4-2-1(a)中的五个阻抗元件 $Z_1(s)$和 $Z_5(s)$选为电容 C_1 和 C_5，其余选为电阻，得到如图 4-2-8(a)所示电路，其输入阻抗 $Z_i(s)$为

$$Z_i(s)=\frac{Z_1(s)Z_3(s)Z_5(s)}{Z_2(s)Z_4(s)}=\frac{\dfrac{1}{sC_1}\times R_3\times\dfrac{1}{sC_5}}{R_2\times R_4}=\frac{R_3}{s^2C_1C_5R_2R_4}=\frac{1}{s^2D} \tag{4-2-11}$$

式中，$D=C_1C_5R_2R_4/R_3$，在正弦稳态情况下，式(4-2-11)可表示为

$$Z_i(j\omega)=-\frac{1}{\omega^2D} \tag{4-2-12}$$

可见，该输入阻抗就是一个频变负电阻，其电路符号如图 4-2-8(b)所示。

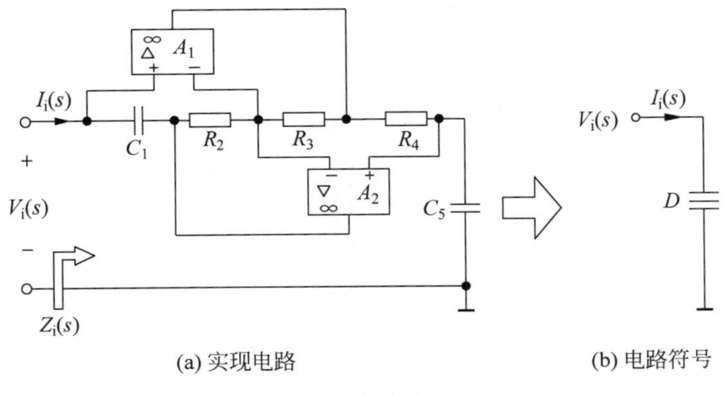

(a) 实现电路　　(b) 电路符号

图 4-2-8　频变负电阻

【例 4-2-2】 归一化五阶无源 LC 椭圆低通滤波器如图 4-2-9(a)所示，试利用 RLC-CRD 变换法设计相应的归一化五阶有源 RC 椭圆低通滤波器。

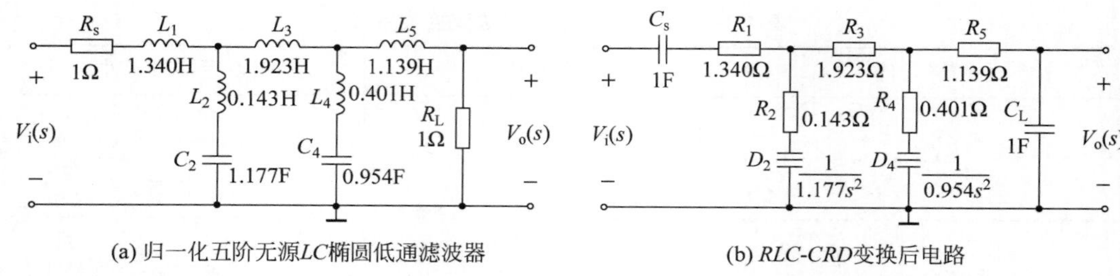

(a) 归一化五阶无源LC椭圆低通滤波器　　(b) RLC-CRD变换后电路

图 4-2-9　例 4-2-2 电路

解：① 对应 CRD 低通滤波器的实现。

对图 4-2-9(a)所示的归一化五阶无源 LC 椭圆低通滤波器进行 RLC-CRD 变换，将原来的电路变换成为不含电感的对应 CRD 低通滤波器，变换以后的电路如图 4-2-9(b)所示。参照表 4-2-1，图 4-2-9(a)中电阻值为 1Ω 的电阻 R_s 和 R_L 变换为图 4-2-9(b)中电容值为 1F 的电容 C_s 和 C_L；电感值分别为 1.340H、0.143H、1.923H、0.401H 和 1.139H 的电感 L_1、L_2、L_3、L_4 和 L_5 变换为电阻值分别为 1.340Ω、0.143Ω、1.923Ω、0.401Ω 和 1.139Ω 的电阻 R_1、R_2、R_3、R_4 和 R_5；电容值为 1.177F 和 0.954F 的电容 C_2 和 C_4 变换成阻抗分别为 $1/(1.177s^2)$ 和 $1/(0.954s^2)$ 的频变负电阻 D_2 和 D_4。

② 对应有源 RC 低通滤波器的实现。

用图 4-2-8(a)所示的频变负电阻实现电路替换图 4-2-9(b)中的 D_2 和 D_4，即得到其对应的有源 RC 低通滤波器，如图 4-2-10 所示。

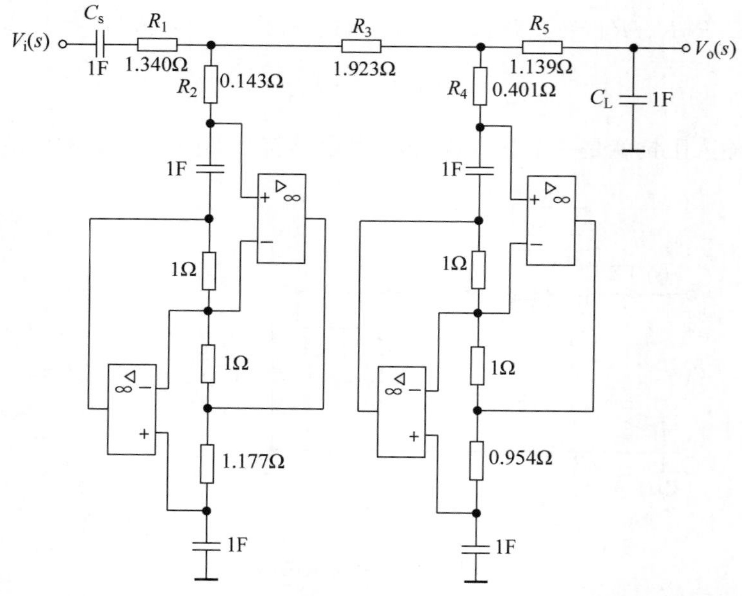

图 4-2-10　例 4-2-2 RLC-CRD 变换法设计的五阶有源 RC 椭圆低通滤波器

利用 Multisim 分别对该例的电路进行仿真，相应仿真电路及结果如图 4-2-11 所示，可以看出该设计基本满足了设计需求。

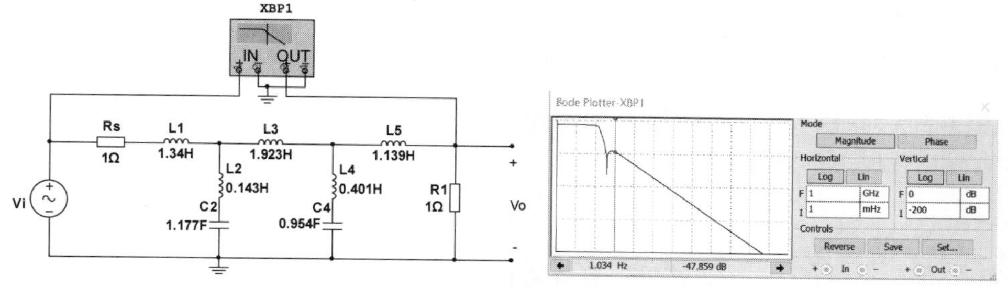

(a) 归一化五阶无源*LC*椭圆低通滤波器

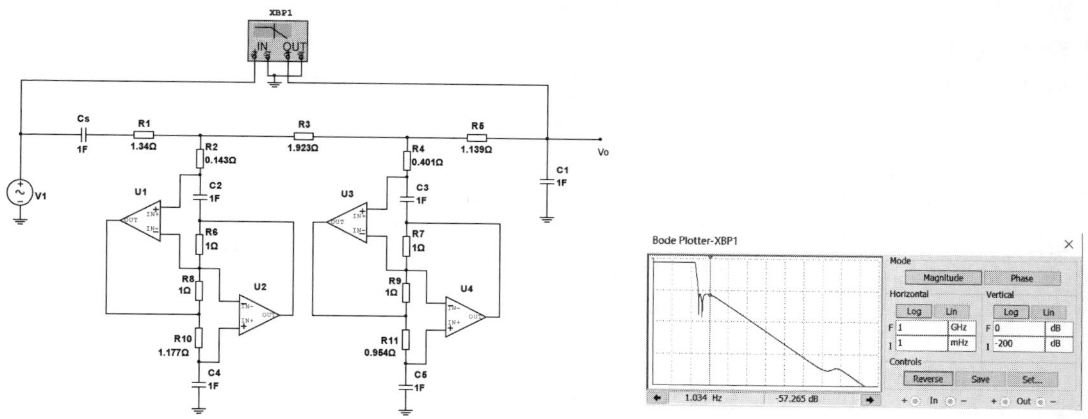

(b) *RLC-CRD*变换法设计的五阶有源*RC*椭圆低通滤波器

图 4-2-11　例 4-2-2 设计电路的仿真电路及仿真结果

4.3　对无源 *LC* 梯形网络的运算模拟法

基于模拟无源 *LC* 梯形滤波器的有源 *RC* 滤波器设计方法，除了对元件的等效替代的元件模拟法外，另一种完全不同的途径是利用有源 *RC* 网络对表征 *LC* 梯形滤波器内部行为的数学方程进行模拟的方法，即运算模拟法。对 *LC* 梯形的元件模拟和运算模拟两种方法都是模拟无源 *LC* 梯形滤波器，因而都具有灵敏度低的优点。然而，两者经由两种截然不同的途径：前者直接用含通用阻抗变换器的有源电路替换 *LC* 梯形中的部分元件；后者则是模拟 *LC* 梯形的工作方程，得到与 *LC* 梯形完全不同结构的有源电路。由于通用阻抗变换器的电路实现最大动态范围比较困难，故用元件模拟法综合的有源滤波器难以获得最大动态范围。综合考虑有源滤波器的灵敏度和动态范围两方面重要的性能，在实际应用中，较少采用元件模拟法，而常采用本节介绍的对 *LC* 梯形进行运算模拟的方法综合有源滤波器。

4.3.1 高阶有源 *RC* 低通滤波器的分析与设计

1. 全极点高阶有源 *RC* 低通滤波器的分析与设计

用巴特沃斯(Butterworth)逼近和切比雪夫(Chebyshev)逼近所得到的低通滤波器转移函数具有以下形式：

$$H(s)=\frac{\text{常数}}{s\text{ 的多次项}} \tag{4-3-1}$$

由式(4-3-1)可以看出，其转移函数在有限频率处只有极点，没有零点，实现这种转移函数的滤波器称为全极点滤波器。图 4-3-1(a)表示一个双端接电阻的五阶 *LC* 梯形全极点低通无源滤波器，本节以该滤波器为例，说明基于对无源 *LC* 梯形网络的运算模拟法的设计方法和设计步骤。为避免引起歧义，在下面的讨论中，用小写字母表示原型 *LC* 梯形网络中的电压、电流和元件值，用大写字母表示由运算模拟法得到的有源 *RC* 梯形网络中的电压、电流和元件值。

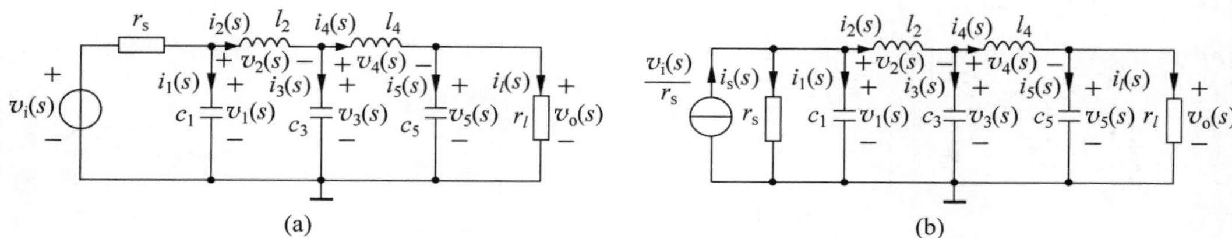

图 4-3-1 双端接电阻的五阶 *LC* 梯形全极点低通无源滤波器

1) 列写工作方程

为能够完全描述该五阶 *LC* 梯形滤波器的工作情况，对于图 4-3-1(a)中的每个电抗元件选取一个变量，通常选取其状态变量，即电容电压 $v_1(s)$、$v_3(s)$、$v_5(s)$和电感电流 $i_2(s)$、$i_4(s)$，列写每个电抗元件的工作方程。所列写的工作方程中的变量必须只含电容电压、电感电流或输入电压(电流)，若含其他变量则需要通过电压电流方程消去。

对于电容 c_1，其电压电流方程为

$$v_1(s)=\frac{i_1(s)}{sc_1} \tag{4-3-2}$$

式中，$i_1(s)$不是所选取的变量，需要通过节点电流或回路电压方程消去该变量。为便于列写方程，可将图 4-3-1(a)中 $v_\mathrm{i}(s)$和 r_s 串联构成的电压源模型转换为 $v_\mathrm{i}(s)/r_\mathrm{s}$ 和 r_s 并联构成的电流源模型，如图 4-3-1(b)所示，列写节点电流方程有下式成立：

$$i_1(s)=\frac{v_\mathrm{i}(s)}{r_\mathrm{s}}-i_\mathrm{s}(s)-i_2(s)=\frac{v_\mathrm{i}(s)}{r_\mathrm{s}}-\frac{v_1(s)}{r_\mathrm{s}}-i_2(s) \tag{4-3-3}$$

将式(4-3-3)代入式(4-3-2)，整理后得

$$v_1(s)=\frac{\dfrac{v_i(s)}{r_s}-i_2(s)}{sc_1+\dfrac{1}{r_s}} \tag{4-3-4}$$

对于电感 l_2,其电压电流方程为

$$i_2(s)=\frac{v_2(s)}{sl_2} \tag{4-3-5}$$

式中,$v_2(s)$不是所选取的变量,可以通过以下回路电压方程消去该变量

$$v_2(s)=v_1(s)-v_3(s) \tag{4-3-6}$$

将式(4-3-6)代入式(4-3-5),整理后得

$$i_2(s)=\frac{v_1(s)-v_3(s)}{sl_2} \tag{4-3-7}$$

按同样的方式可以列写 c_3、l_4 和 c_5 的工作方程为

$$v_3(s)=\frac{i_2(s)-i_4(s)}{sc_3} \tag{4-3-8}$$

$$i_4(s)=\frac{v_3(s)-v_5(s)}{sl_4} \tag{4-3-9}$$

$$v_5(s)=\frac{i_4(s)}{sc_5+\dfrac{1}{r_l}} \tag{4-3-10}$$

由式(4-3-4)、式(4-3-7)、式(4-3-8)、式(4-3-9)和式(4-3-10)组成的方程组可完全描述图4-3-1所示 *LC* 梯形网络的工作过程,这些方程都可用有源 *RC* 积分器和相加器进行模拟。

2) 画运算框图

根据式(4-3-4)、式(4-3-7)、式(4-3-8)、式(4-3-9)和式(4-3-10)组成的方程组画出如图4-3-2所示的运算框图,该框图具有以下三个特征:

- 框图主要由积分器和相加器组成。共包括五个积分器,每个积分器代表一个元件的工作方程。一般地说,*n* 阶 *LC* 梯形网络的框图有 *n* 个积分器。
- 各积分器输出端的朝向是上下交替的。其中,用来模拟电容工作的积分器输出端朝下,而用来模拟电感工作的积分器输出端朝上。
- 由于端接电阻 r_s 和 r_l 的影响,第一个和最后一个积分器为阻尼积分器,其余积分器是无阻尼积分器。

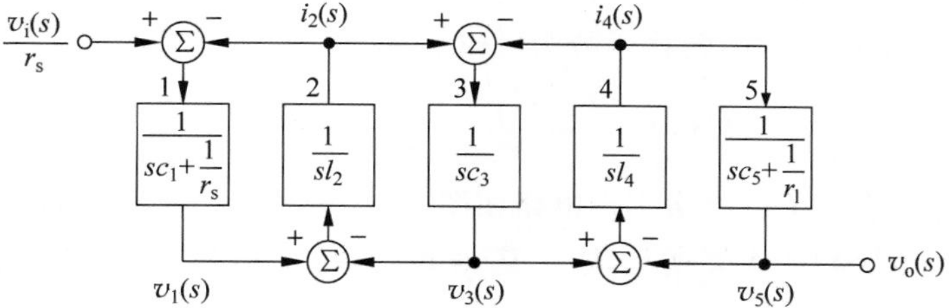

图4-3-2 双端接电阻的五阶 *LC* 梯形全极点低通无源滤波器运算框图

在用有源电路实现积分器时，反相积分器的电路比较简单，因此实际电路应尽量多使用反相积分器，但在图 4-3-2 所示的运算框图中，积分器均为同相积分器。在保证电路转移函数不变的情况下，可通过调整方程，把同相积分器变为反相积分器，调整后的方程为

$$-v_1(s)=\frac{-1}{sc_1+\frac{1}{r_s}}\left[\frac{v_i(s)}{r_s}-i_2(s)\right] \tag{4-3-11}$$

$$-i_2(s)=\frac{1}{sl_2}[-v_1(s)+v_3(s)] \tag{4-3-12}$$

$$v_3(s)=\frac{-1}{sc_3}[-i_2(s)+i_4(s)] \tag{4-3-13}$$

$$i_4(s)=\frac{1}{sl_4}[v_3(s)-v_5(s)] \tag{4-3-14}$$

$$-v_5(s)=\frac{-1}{sc_5+\frac{1}{r_1}}i_4(s) \tag{4-3-15}$$

调整后的方程组所对应的运算框图如图 4-3-3 所示。

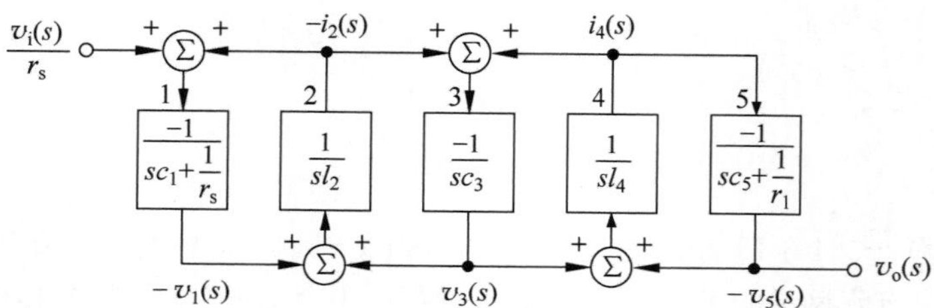

图 4-3-3　调整方程后双端接电阻的五阶 *LC* 梯形全极点低通无源滤波器运算框图

3）实现电路

要实现图 4-3-3 所示的运算框图，需要实现反相积分器、反相阻尼积分器、同相积分器和加法器。

反相积分器的有源 *RC* 网络实现电路如图 4-3-4 所示，若假设运算放大器为理想的，则该反相积分器的转移函数为

$$H(s)=\frac{v_o(s)}{v_i(s)}=-\frac{1}{sCR} \tag{4-3-16}$$

反相阻尼积分器的有源 *RC* 网络实现电路如图 4-3-5 所示，若假设运算放大器为理想的，则该反相阻尼积分器的转移函数为

$$H(s)=\frac{v_o(s)}{v_i(s)}=-\frac{1/(R_1C)}{s+1/(R_2C)} \tag{4-3-17}$$

同相积分器的有源 *RC* 网络实现电路如图 4-3-6 所示，该电路是由图 4-3-4 所示的反相积分器级联一个反相放大器所构成的，若假设运算放大器为理想的，则该同相积分器的转移函数为

$$H(s)=\frac{v_o(s)}{v_i(s)}=\frac{1}{sCR} \tag{4-3-18}$$

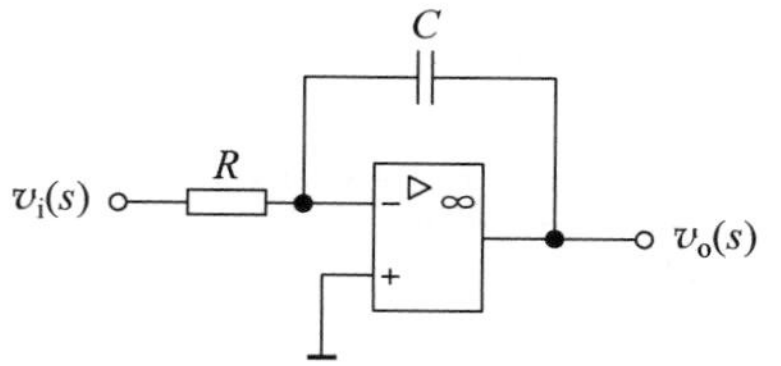

图 4-3-4　有源 RC 反相积分器实现电路

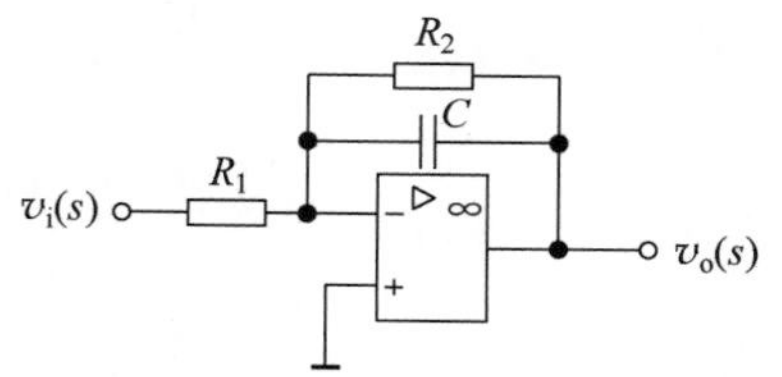

图 4-3-5　有源 RC 反相阻尼积分器实现电路

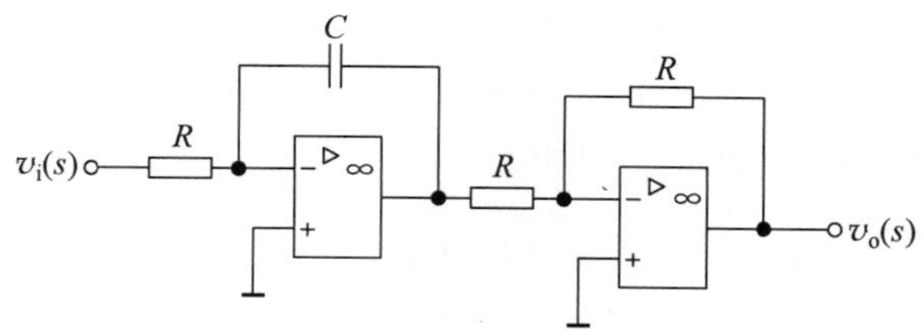

图 4-3-6　有源 RC 同相积分器实现电路

如图 4-3-4～图 4-3-6 所示反相积分器、反相阻尼积分器和同相积分器中的理想运算放大器均虚地，因此直接在积分器的运算放大器虚地处接两个输入端便可实现信号求和，这样可省去加法器。

图 4-3-1 所示的五阶 LC 梯形无源滤波器运算模拟后的有源 RC 滤波器电路如图 4-3-7 所示。

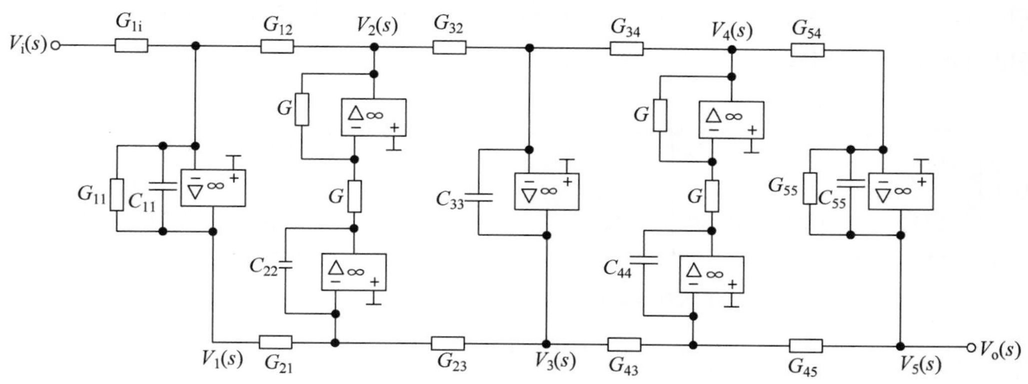

图 4-3-7　五阶 LC 梯形无源滤波器运算模拟后的有源 RC 滤波器电路

4）元件参数确定

若假设运放为理想的，则图 4-3-7 所示有源 RC 滤波器与图 4-3-1 所示无源 LC 滤波器的工作方程对应如下：

$$V_1(s)=-\frac{G_{1i}V_i(s)+G_{12}V_2(s)}{sC_{11}+G_{11}}\Leftrightarrow v_1(s)=\frac{v_i(s)/r_s-i_2(s)}{sc_1+(1/r_s)} \tag{4-3-19}$$

$$V_2(s)=\frac{G_{21}V_1(s)+G_{23}V_3(s)}{sC_{22}}\Leftrightarrow i_2(s)=\frac{v_1(s)-v_3(s)}{sl_2} \tag{4-3-20}$$

$$V_3(s)=-\frac{G_{32}V_2(s)+G_{34}V_4(s)}{sC_{33}}\Leftrightarrow v_3(s)=\frac{i_2(s)-i_4(s)}{sc_3} \tag{4-3-21}$$

$$V_4(s)=\frac{G_{43}V_3(s)+G_{45}V_5(s)}{sC_{44}}\Leftrightarrow i_4(s)=\frac{v_3(s)-v_5(s)}{sl_4} \tag{4-3-22}$$

$$V_5(s)=-\frac{G_{54}V_4(s)}{sC_{55}+G_{55}}\Leftrightarrow v_5(s)=\frac{i_4(s)}{sc_5+(1/r_1)} \tag{4-3-23}$$

由式(4-3-19)～式(4-3-23)可得到变换前后电路中各变量的对应关系如下：

$$\begin{gathered}V_{\mathrm{i}}(s)\Leftrightarrow v_{\mathrm{i}}(s),\quad V_1(s)\Leftrightarrow -v_1(s),\quad V_2(s)\Leftrightarrow -i_2(s)\\ V_3(s)\Leftrightarrow v_3(s),\quad V_4(s)\Leftrightarrow i_4(s),\quad V_5(s)\Leftrightarrow -v_5(s)\end{gathered} \tag{4-3-24}$$

图 4-3-7 中有源电路的各元件值可由下式来确定：

$$\begin{cases}G_{1\mathrm{i}}=\dfrac{1}{r_{\mathrm{s}}} \quad G_{12}=1 \quad C_{11}=c_1 \quad G_{11}=\dfrac{1}{r_{\mathrm{s}}}\\ G_{21}=1 \quad G_{23}=1 \quad C_{22}=l_2 \quad G_{32}=1\\ G_{34}=1 \quad C_{33}=c_3 \quad G_{43}=1 \quad G_{45}=1\\ C_{44}=l_4 \quad G_{54}=1 \quad C_{55}=c_5 \quad G_{55}=\dfrac{1}{r_1}\end{cases} \tag{4-3-25}$$

上述元件值并非唯一的，式(4-3-25)给出的只是一组初始元件值，其中不少参数可能是不合理、不实际的，可以根据实际设计需求对元件值进行阻抗定标。

【例 4-3-1】 归一化五阶 1dB 波纹的 Chebyshev 无源低通滤波器如图 4-3-8(a)所示，试用运算模拟法将其设计为五阶有源 *RC* 低通滤波器，要求其截止频率 $f_{\mathrm{p}}=10\mathrm{kHz}$，端接电阻 $r_{\mathrm{s}}=r_1=1\mathrm{k}\Omega$。

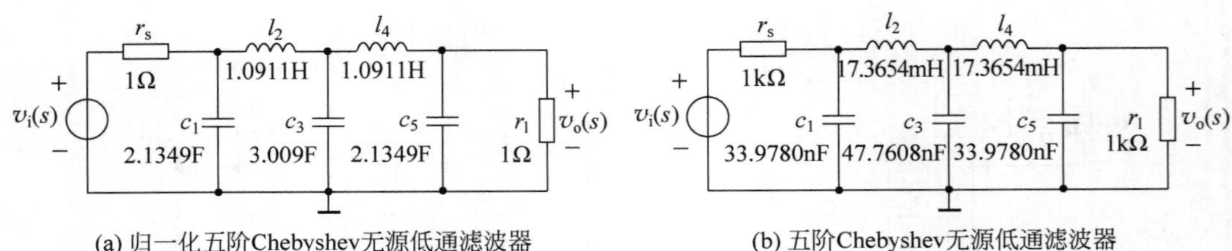

图 4-3-8　例 4-3-1 电路

解： ① 频率去归一化。

由于要求低通滤波器的 $f_{\mathrm{p}}=10\mathrm{kHz}$，即 $\omega_{\mathrm{p}}=2\pi f_{\mathrm{p}}=6.28\times10^4\,\mathrm{rad/s}$，需要对滤波器进行频率去归一化，变换式为 $p=s/\omega_{\mathrm{p}}$。具体到电路中的元件，实际上需要将 l(H)的电感变换为 l/ω_{p}(H)的电感；将 c(F)的电容变换为 c/ω_{p}(F)的电容。

② 阻抗去归一化。

由于要求低通滤波器的端接电阻为 1kΩ，需要再对滤波器进行阻抗去归一化。具体到电路中的元件，实际上需要将所有的电阻和电感都乘以 10^3，将所有的电容都除以 10^3。最终得到的去归一化之后的五阶无源 LC 椭圆低通滤波器如图 4-3-8(b)所示。

③ 对应五阶有源 RC 低通滤波器的实现。

用运算模拟法进行设计，可得到与图 4-3-7 相同的五阶有源 RC 低通滤波器，如图 4-3-9 所示，图中各元件参数是基于式(4-3-25)设计的。

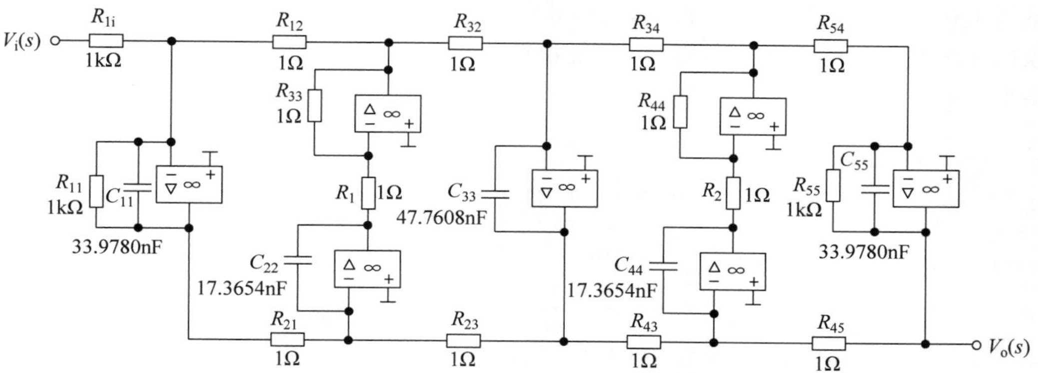

图 4-3-9 例 4-3-1 运算模拟法所设计五阶 Chebyshev 有源 RC 低通滤波器

利用 Multisim 分别对例 4-3-1 的电路进行仿真，相应仿真电路及结果如图 4-3-10 所示，可以看出该设计基本满足了设计需求。

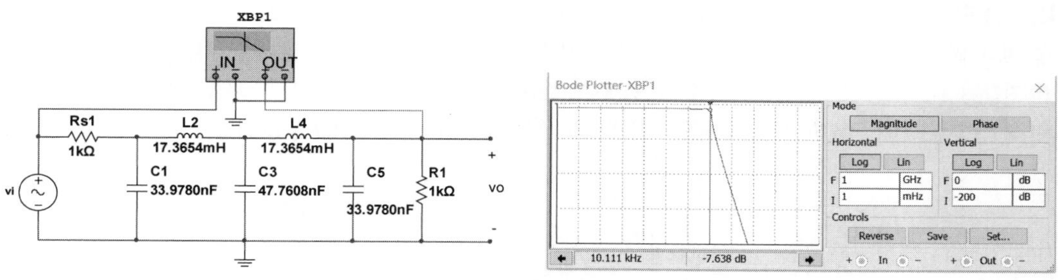

(a) 去归一化后五阶无源Chebyshev低通滤波器

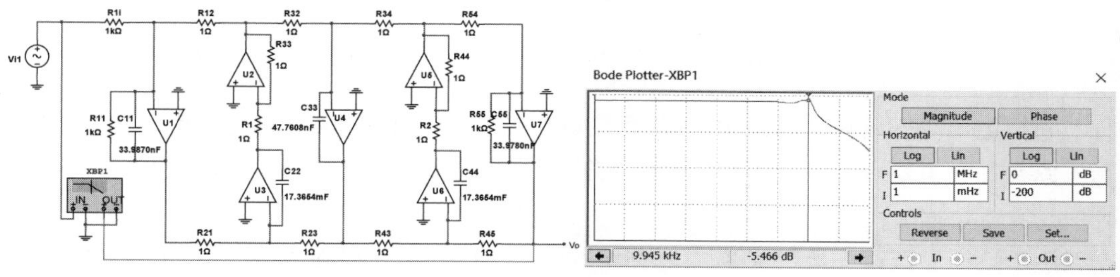

(b) 五阶有源Chebyshev低通滤波器

图 4-3-10 例 4-3-1 设计电路的仿真电路及仿真结果

2. 具有有限传输零点的高阶有源 RC 低通滤波器的分析与设计

有些无源 LC 低通滤波器的转移函数存在有限传输零点，比如用 Cauer 函数逼近所得到的椭圆低通滤波器就属于此种类型。图 4-3-11 中的 LC 梯形是具有两个有限传输零点的五阶低通滤波器，与图 4-3-1 所示的全极点五阶低通滤波器相比较，两个电路结构的区别在于两个并联电容 c_2 和 c_4，它们分别与电感 l_2 和 l_4 并联。可以通过网络等效变换的方法消去与电感并联的电容，以便把前面的全极点滤波器设计方法推广到这种情形。

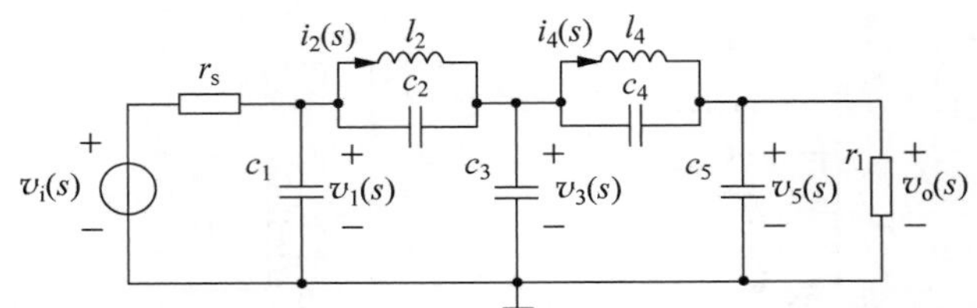

图 4-3-11　具有有限传输零点的五阶 LC 梯形低通无源滤波器

1）消去并联电容

从图 4-3-11 看，电容 c_2 的一端接电压 $v_1(s)$，另一端接电压 $v_3(s)$，可将并联电容 c_2 进行如下等效：将电容 c_2 与一个受控电压源 $v_3(s)$ 串联，然后该串联支路与电容 c_1 并联；将电容 c_2 与一个受控电压源 $v_1(s)$ 串联，然后该串联支路与电容 c_3 并联。并联电容 c_4 也可做与电容 c_2 相同的等效，所得到的等效网络如图 4-3-12 所示。可分别对图 4-3-11 和图 4-3-12 列写独立的 KCL、KVL 方程和全部元件的 VAR 方程，整理后会发现图 4-3-11 和图 4-3-12 的网络方程完全相同，由此即可证明这两个网络的等效性。

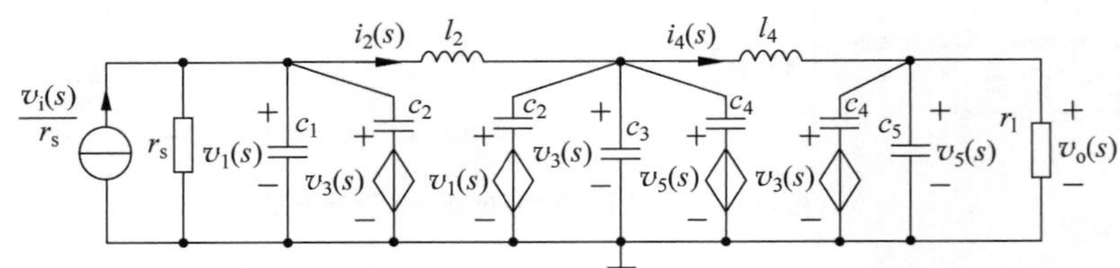

图 4-3-12　具有有限传输零点的五阶 LC 梯形低通无源滤波器等效电路 1

利用电源等效将图 4-3-12 中的各受控电压源与其串联电容一起变换为等效的受控电流源与并联电容，然后将并联的电容合并，即得到图 4-3-13 所示的等效网络，其中电容 $c_1'=c_1+c_2$，$c_3'=c_2+c_3+c_4$，$c_5'=c_4+c_5$。可以看出，图 4-3-13 与图 4-3-1(b)中的全极点五阶 LC 梯形低通无源滤波器的电路结构基本相同，区别仅在于在三个分流电容 c_1'、c_3'、c_5'上并联了受控电流源，正是这四个受控源的存在使得滤波器具有有限传输零点。

2）列写工作方程

采取全极点 LC 梯形低通无源滤波器相同的方法，对图 4-3-13 可列写如下工作方程：

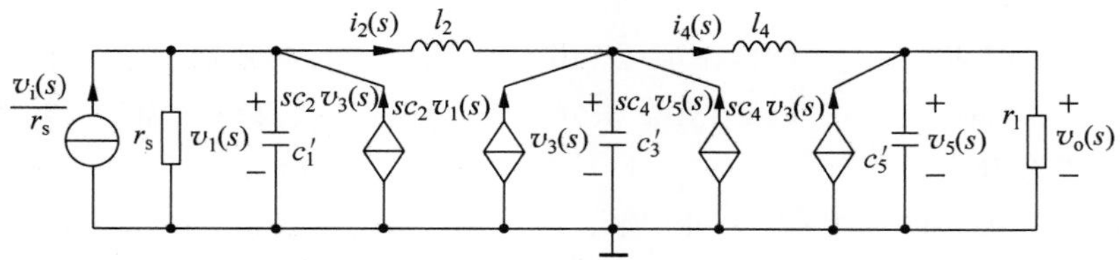

图 4-3-13 具有有限传输零点的五阶 LC 梯形低通无源滤波器等效电路 2

$$v_1(s)=\frac{v_i(s)/r_s-i_2(s)+sc_2v_3(s)}{sc'_1+(1/r_s)} \tag{4-3-26}$$

$$i_2(s)=\frac{v_1(s)-v_3(s)}{sl_2} \tag{4-3-27}$$

$$v_3(s)=\frac{i_2(s)-i_4(s)+sc_2v_1(s)+sc_4v_5(s)}{sc'_3} \tag{4-3-28}$$

$$i_4(s)=\frac{v_3(s)-v_5(s)}{sl_4} \tag{4-3-29}$$

$$v_5(s)=\frac{i_4(s)+sc_4v_3(s)}{sc'_5+(1/r_l)} \tag{4-3-30}$$

3）实现电路

将式(4-3-26)～式(4-3-30)与全极点五阶 LC 梯形低通无源滤波器的工作方程式(4-3-4)、式(4-3-7)、式(4-3-8)、式(4-3-9)、式(4-3-10)相比较，两组方程的区别是，式(4-3-26)、式(4-3-28)和式(4-3-30)三式中增添了含受控电流源的 $sc_2v_3(s)$、$sc_2v_1(s)$、$sc_4v_5(s)$、$sc_4v_3(s)$项。在相应的 RC 有源电路图 4-3-7 的基础上，这些项可以通过在适当的节点间连接馈入电容来实现，对应电路如图 4-3-14 所示。

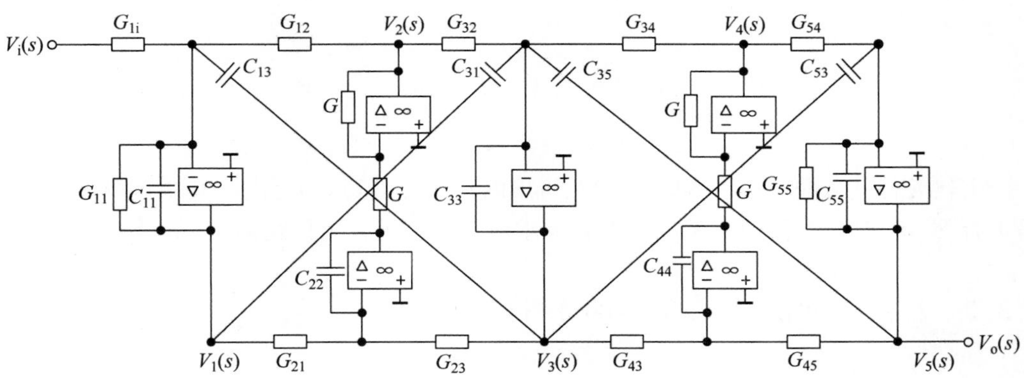

图 4-3-14 具有有限传输零点的五阶低通滤波器运算模拟电路

为实现式(4-3-26)分子中的 $sc_2v_3(s)$项，在第三个积分器输出端和第一个积分器虚地输入端之间连接一个电容 $C_{13}=c_2$；为实现式(4-3-30)分子中的 $sc_4v_3(s)$项，在第三个积分器输出端和第五个积分器虚地输入端之间连接一个电容 $C_{53}=c_4$；为实现式(4-3-28)分子中的 $sc_2v_1(s)$ 和 $sc_4v_5(s)$ 项，在第三个积分器虚地输入端分别和第一个积分器输出端之间连接一个电容 $C_{31}=c_2$，和第五个积分器输出端之间连接一个电容 $C_{35}=c_4$。

4）元件参数确定

若假设运放为理想的，则图 4-3-14 所示有源 RC 滤波器电路方程如下：

$$V_1(s)=-\frac{G_{1i}V_i(s)+G_{12}V_2(s)+sC_{13}V_3(s)}{sC_{11}+G_{11}} \tag{4-3-31}$$

$$V_2(s)=\frac{G_{21}V_1(s)+G_{23}V_3(s)}{sC_{22}} \tag{4-3-32}$$

$$V_3(s)=-\frac{G_{32}V_2(s)+G_{34}V_4(s)+sC_{31}V_1(s)+sC_{35}V_5(s)}{sC_{33}} \tag{4-3-33}$$

$$V_4(s)=\frac{G_{43}V_3(s)+G_{45}V_5(s)}{sC_{44}} \tag{4-3-34}$$

$$V_5(s)=-\frac{G_{54}V_4(s)+sC_{53}V_3(s)}{sC_{55}+G_{55}} \tag{4-3-35}$$

对比式(4-3-26)～式(4-3-30)与式(4-3-31)～式(4-3-35)，可得到变换前后电路中各变量的对应关系如下：

$$\begin{aligned}&V_i(s)\Leftrightarrow v_i(s),\quad V_1(s)\Leftrightarrow -v_1(s),\quad V_2(s)\Leftrightarrow -i_2(s)\\&V_3(s)\Leftrightarrow v_3(s),\quad V_4(s)\Leftrightarrow i_4(s),\quad V_5(s)\Leftrightarrow -v_5(s)\end{aligned} \tag{4-3-36}$$

则图 4-3-14 中有源电路的各元件值可由下式来确定：

$$\begin{cases}G_{1i}=\dfrac{1}{r_s} & G_{12}=1 & C_{11}=c'_1 & G_{11}=\dfrac{1}{r_s}\\ G_{21}=1 & G_{23}=1 & C_{22}=l_2 & G_{32}=1\\ G_{34}=1 & C_{33}=c'_3 & G_{43}=1 & G_{45}=1\\ C_{44}=l_4 & G_{54}=1 & C_{55}=c'_5 & G_{55}=\dfrac{1}{r_l}\\ C_{13}=c_2 & C_{31}=c_2 & C_{35}=c_4 & C_{53}=c_4\end{cases} \tag{4-3-37}$$

上述元件值并非唯一的，式(4-3-37)给出的只是一组初始元件值，其中不少参数可能是不合理、不实际的，可以根据实际设计需求对元件值进行阻抗定标。

4.3.2 双积分回路二阶滤波器的分析与设计

双积分回路二阶滤波器由对二阶 RLC 谐振电路进行运算模拟得来，通常情况下，这种电路由三个运算放大器组成，包括两个积分器和一个加法器。双积分回路二阶滤波器具有灵敏度低、Q 值高、灵活性大、易调整等特点。

1. TT 滤波器

图 4-3-15 为 RLC 并联谐振电路。

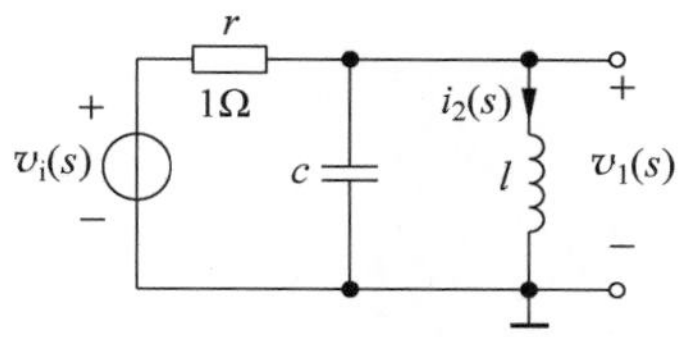

图 4-3-15　RLC 并联谐振电路

若以电感电压 $v_1(s)$作为输出，则其转移函数为

$$H_1(s)=\frac{v_1(s)}{v_i(s)}=\frac{\frac{1}{sc}\ /\!/\ sl}{r+\frac{1}{sc}\ /\!/\ sl}=\frac{\frac{1}{rc}s}{s^2+\frac{1}{rc}s+\frac{1}{lc}}=\frac{a_1 s}{s^2+\frac{\omega_0}{Q}s+\omega_0^2} \tag{4-3-38}$$

由该传递函数可看出此时具有带通特性，其中

$$\omega_0=\frac{1}{\sqrt{lc}} \tag{4-3-39}$$

$$Q=\omega_0 cr \tag{4-3-40}$$

若 $r=1\Omega$，综合式(4-3-39)和式(4-3-40)，可得到图 4-3-15 所示电路的设计方程为

$$c=\frac{Q}{\omega_0} \tag{4-3-41}$$

$$l=\frac{1}{\omega_0 Q} \tag{4-3-42}$$

若以电感电流 $i_2(s)$作为输出，则其转移函数为

$$H_2(s)=\frac{i_2(s)}{v_i(s)}=\frac{H_1(s)}{sl}=\frac{\frac{1}{rlc}}{s^2+\frac{1}{rc}s+\frac{1}{lc}}=\frac{a_0}{s^2+\frac{\omega_0}{Q}s+\omega_0^2} \tag{4-3-43}$$

由该传递函数可看出此时构成低通特性，其中的参数 ω_0、Q 与式(4-3-39)和式(4-3-40)相同，若 $r=1\Omega$，则电路的设计方程与式(4-3-41)和式(4-3-42)相同。

由前面分析可知选取不同的输出，二阶 RLC 谐振电路可实现带通或低通滤波器，所实现的滤波器是无源的，因此以该电路为基础进行有源模拟即可实现对应的有源带通或低通滤波器。接下来对该电路进行运算模拟，选取电容电压 $v_1(s)$和电感电流 $i_2(s)$为状态变量，列出该电路的工作方程如下：

$$v_1(s)=\frac{\frac{v_i(s)}{r}-i_2(s)}{sc+\frac{1}{r}}\xrightarrow{r=1}\frac{v_i(s)-i_2(s)}{sc+1} \tag{4-3-44}$$

$$i_2(s)=\frac{v_1(s)}{sl} \tag{4-3-45}$$

出于简化有源电路实现的考虑，应尽量多使用反相积分器，在保证电路转移函数不变的情况下，调整后的方程为

$$-v_1(s)=\frac{-1}{sc+1}[v_i(s)-i_2(s)] \tag{4-3-46}$$

$$-i_2(s)=\frac{1}{sl}[-v_1(s)] \tag{4-3-47}$$

对应的运算框图如图 4-3-16 所示。

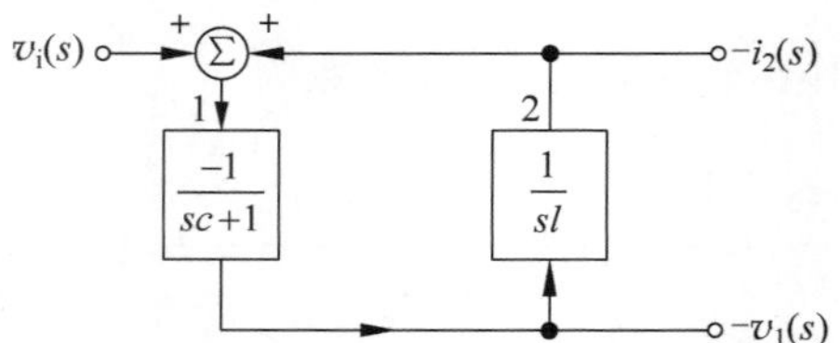

图 4-3-16　*RLC* 并联谐振电路运算框图

具体实现电路如图 4-3-17 所示，称为 Tow-Thomas 双二次型电路（又称为 TT 滤波器）。

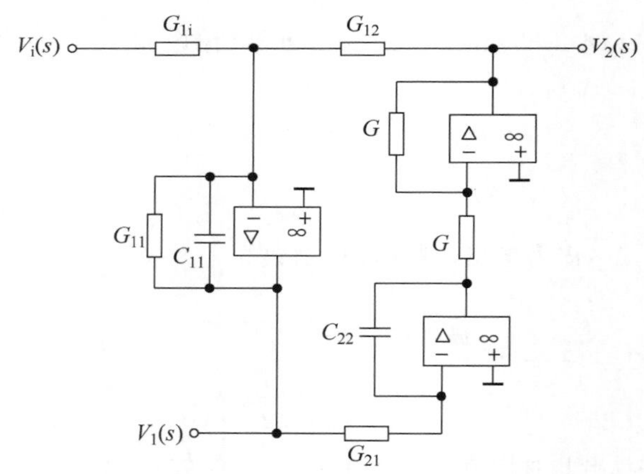

图 4-3-17　TT 滤波器

图 4-3-17 所示电路的电路方程为

$$V_1(s)=-\frac{G_{1i}V_i(s)+G_{12}V_2(s)}{sC_{11}+G_{11}} \tag{4-3-48}$$

$$V_2(s)=\frac{G_{21}V_1(s)}{sC_{22}} \tag{4-3-49}$$

对比分析式(4-3-46)和式(4-3-48)、式(4-3-47)和式(4-3-49)，得到图 4-3-17 所示 TT 滤波器与图 4-3-15 所示 *RLC* 谐振电路变量的对应关系如下：

$$V_{\mathrm{i}}(s) \Leftrightarrow v_{\mathrm{i}}(s)\text{；}V_1(s) \Leftrightarrow -v_1(s)\text{；}V_2(s) \Leftrightarrow -i_2(s) \tag{4-3-50}$$

图 4-3-17 中的导纳 G 可为任意值，一般应根据实际情况适当选取，其他各元件值可由下式来确定：

$$\begin{cases} G_{1\mathrm{i}}=1 \quad G_{11}=1 \quad G_{12}=1 \\ G_{21}=1 \quad C_{11}=c \quad C_{22}=l \end{cases} \tag{4-3-51}$$

上述元件值并非唯一的，式(4-3-51)给出的只是一组初始元件值，其中不少参数是不合理、不实际的，可以根据实际设计需求对元件值进行阻抗定标。

若图 4-3-17 所示电路中输出信号从 $V_1(s)$输出构成一个带通滤波器，其带通转移函数为

$$H_1(s)=\frac{V_1(s)}{V_{\mathrm{i}}(s)}=\frac{-s\dfrac{G_{1\mathrm{i}}}{C_{11}}}{s^2+s\dfrac{G_{11}}{C_{11}}+\dfrac{G_{12}}{C_{11}}\dfrac{G_{21}}{C_{22}}} \tag{4-3-52}$$

其中心频率 ω_0、Q 值和中心频率处的增益 H_1 分别为

$$\omega_0=\sqrt{\frac{G_{12}G_{21}}{C_{11}C_{22}}} \tag{4-3-53}$$

$$Q=\frac{\omega_0 C_{11}}{G_{11}}=\sqrt{\frac{C_{11}}{C_{22}}}\frac{\sqrt{G_{12}G_{21}}}{G_{11}} \tag{4-3-54}$$

$$H_1=-\frac{G_{1\mathrm{i}}}{G_{11}} \tag{4-3-55}$$

若输出信号从 $V_2(s)$输出则构成一个低通滤波器，其低通转移函数为

$$H_1(s)=\frac{V_2(s)}{V_{\mathrm{i}}(s)}=\frac{-\dfrac{G_{1\mathrm{i}}}{C_{11}}\dfrac{G_{21}}{C_{22}}}{s^2+s\dfrac{G_{11}}{C_{11}}+\dfrac{G_{12}}{C_{11}}\dfrac{G_{21}}{C_{22}}} \tag{4-3-56}$$

其截止频率 ω_0 和 Q 值与带通滤波器的中心频率 ω_0 和 Q 值相同，直流增益 H_0 为

$$H_0=\frac{G_{1\mathrm{i}}}{G_{12}} \tag{4-3-57}$$

【例 4-3-2】 *RLC* 谐振电路和由它产生的 TT 滤波器分别如图 4-3-15 和图 4-3-17 所示。试设计 TT 滤波器实现低通滤波器，要求 $\omega_0=10^4\,\mathrm{rad/s}$，$Q=1/\sqrt{2}$，$H_0=10$，选所有电容 $C=1\mathrm{nF}$。

解：① 设计 *RLC* 谐振电路。

根据式(4-3-41)和式(4-3-42)，可求得图 4-3-15 所示 *RLC* 谐振电路的元件值为

$$c=\frac{Q}{\omega_0}=\frac{1/\sqrt{2}}{10^4}\ \mathrm{F}=7.07\times10^{-5}\ \mathrm{F}=70.7\mu\mathrm{F}$$

$$l=\frac{1}{\omega_0 Q}=\frac{1}{10^4\times\dfrac{1}{\sqrt{2}}}\ \mathrm{H}=1.414\times10^{-4}\ \mathrm{H}=141.4\mu\mathrm{H}$$

② 设计 TT 滤波器。

根据式(4-3-51),可求得图 4-3-17 所示 TT 滤波器的元件值为

$$G_{1i}=G_{11}=G_{12}=G_{21}=1\ \mathrm{S}$$

$$C_{11}=c=70.7\mu\mathrm{F}$$

$$C_{22}=l=141.4\mu\mathrm{F}$$

但由此所设计的元件参数与要求"所有电容为 1nF"不一致,因此需要重新根据其工作方程式(4-3-53)、式(4-3-54)和式(4-3-57)进行设计

$$\omega_0=\sqrt{\frac{G_{12}G_{21}}{C_{11}C_{22}}}\xrightarrow{C_{11}=C_{22}=C}\sqrt{G_{12}G_{21}}=\omega_0 C=10^{-5}$$

$$Q=\frac{\omega_0 C_{11}}{G_{11}}=\sqrt{\frac{C_{11}}{C_{22}}}\frac{\sqrt{G_{12}G_{21}}}{G_{11}}\xrightarrow{C_{11}=C_{22}=C}\frac{\sqrt{G_{12}G_{21}}}{G_{11}}=Q=\frac{1}{\sqrt{2}}$$

$$H_0=\frac{G_{1i}}{G_{12}}\longrightarrow\frac{G_{1i}}{G_{12}}=10$$

选 $G_{11}=G_{12}$,代入上面三式即可求得图 4-3-17 所示 TT 滤波器的元件值为

$$R_{11}=R_{12}=\frac{1}{G_{11}}=70.7\mathrm{k}\Omega$$

$$R_{21}=\frac{1}{G_{21}}=141.4\mathrm{k}\Omega$$

$$R_{1i}=\frac{1}{G_{1i}}=7.07\mathrm{k}\Omega$$

图 4-3-17 中的导纳 G 可为任意值,在本设计中取 1mS,对应电阻为 1kΩ。

利用 Multisim 分别对该例的电路进行仿真,相应仿真电路及结果如图 4-3-18 所示,可以看出该设计基本满足了设计需求。

2. KHN 滤波器

图 4-3-19 为 RLC 串联谐振电路。

若以支路电流 $i_2(s)$作为输出,则其转移函数为

$$\frac{i_2(s)}{v_i(s)}=\frac{\dfrac{s}{l}}{s^2+s\dfrac{r}{l}+\dfrac{1}{lc}} \tag{4-3-58}$$

由该传递函数可看出此时具有带通特性,其相关指标为

$$\omega_0=\frac{1}{\sqrt{lc}} \tag{4-3-59}$$

$$Q=\frac{1}{\omega_0 cr} \tag{4-3-60}$$

若以电感电压 $v_1(s)$作为输出,则此时具有高通特性,其转移函数为

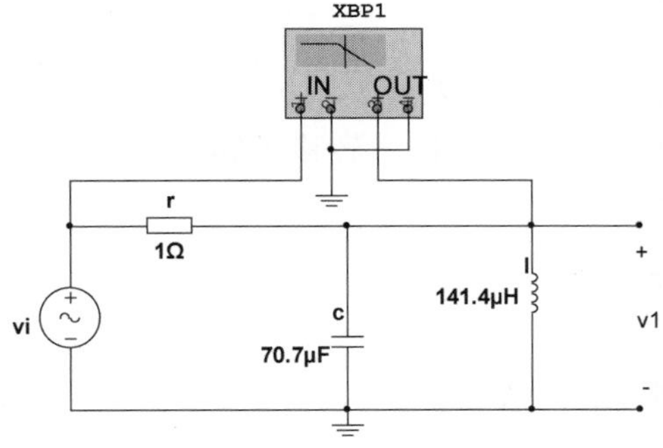

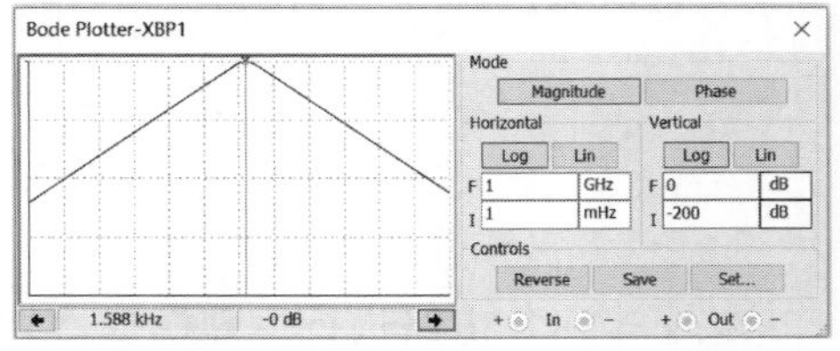

(a) RLC谐振电路

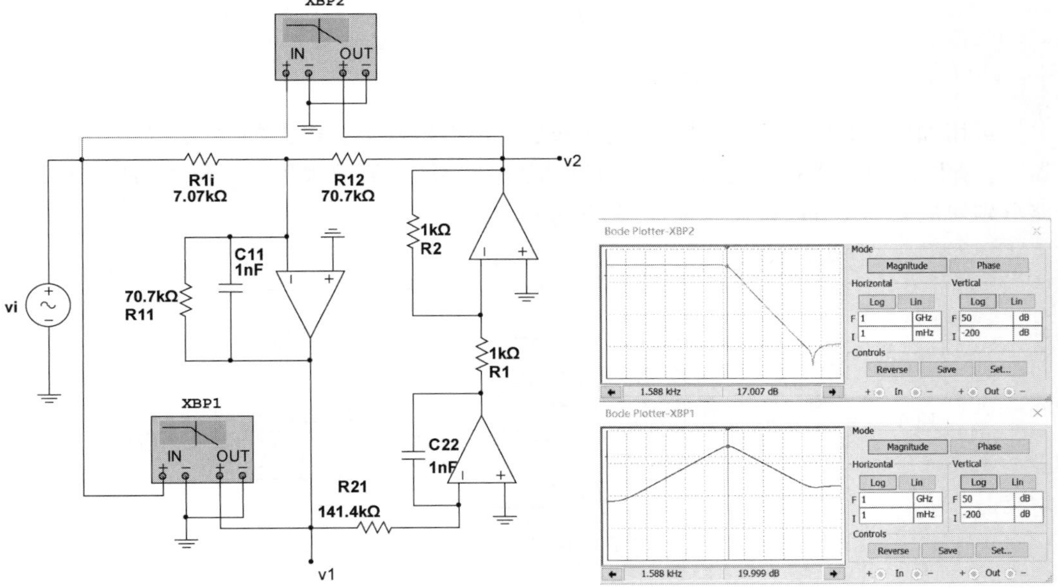

(b) TT滤波器

图 4-3-18 例 4-3-2 设计电路的仿真电路及仿真结果

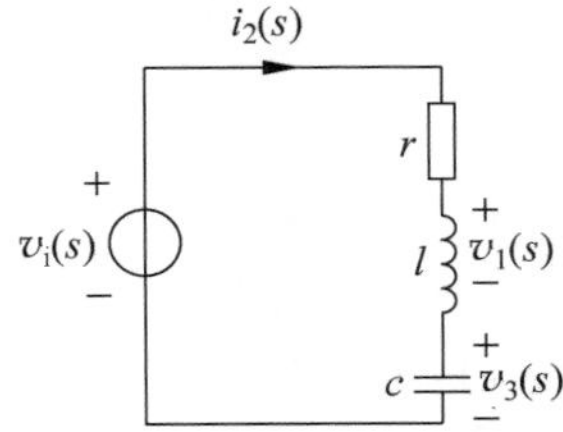

图 4-3-19 RLC 串联谐振电路

$$\frac{v_1(s)}{v_i(s)}=\frac{sl\cdot i_2(s)}{v_i(s)}=\frac{s^2}{s^2+s\dfrac{r}{l}+\dfrac{1}{lc}} \tag{4-3-61}$$

若以电容电压 $v_3(s)$ 作为输出，则此时具有低通特性，其转移函数为

$$\frac{v_3(s)}{v_i(s)}=\frac{\dfrac{1}{sc}\cdot i_2(s)}{v_i(s)}=\frac{\dfrac{1}{lc}}{s^2+s\dfrac{r}{l}+\dfrac{1}{lc}} \tag{4-3-62}$$

接下来对该电路进行运算模拟，列出其工作方程如下：

$$v_1(s)=v_i(s)-ri_2(s)-v_3(s) \tag{4-3-63}$$

$$i_2(s)=\frac{v_1(s)}{sl} \tag{4-3-64}$$

$$v_3(s)=\frac{i_2(s)}{sc} \tag{4-3-65}$$

可用如图 4-3-20 所示有源 RC 电路来运算模拟串联谐振电路的功能，其中运算放大器 A_1 所构成的电路对应式(4-3-63)的信号加减运算，运算放大器 A_2 和 A_3 所构成的电路分别对应式(4-3-64)和式(4-3-65)的积分运算。

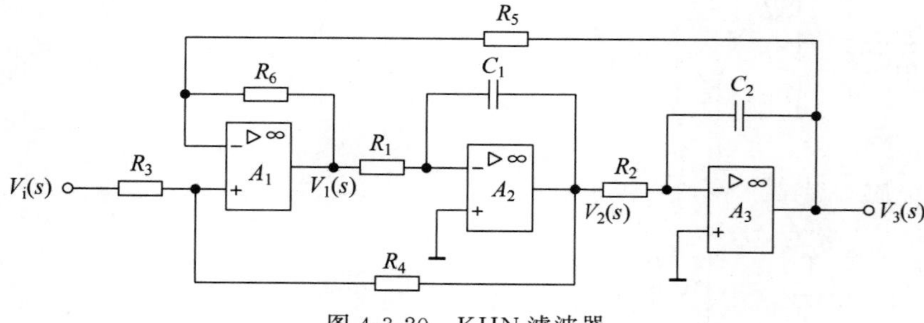

图 4-3-20　KHN 滤波器

该电路称为 Kerwin-Huelsman-Newcomb 双二次型电路(又称为 KHN 滤波器)，列出其电路方程为

$$V_1(s)=\frac{R_4\left(1+\dfrac{R_6}{R_5}\right)}{R_3+R_4}V_i(s)+\frac{R_3\left(1+\dfrac{R_6}{R_5}\right)}{R_3+R_4}V_2(s)-\frac{R_6}{R_5}V_3(s) \tag{4-3-66}$$

$$V_2(s)=-\frac{1}{sR_1C_1}V_1(s) \tag{4-3-67}$$

$$V_3(s)=-\frac{1}{sR_2C_2}V_2(s) \tag{4-3-68}$$

对比式(4-3-63)和式(4-3-66)、式(4-3-64)和式(4-3-67)、式(4-3-65)和式(4-3-68)，图 4-3-20 所示 KHN 滤波器与图 4-3-18 所示 RLC 谐振电路变量的对应关系为

$$V_i(s)\Leftrightarrow v_i(s);\ V_1(s)\Leftrightarrow v_1(s);\ V_2(s)\Leftrightarrow -i_2(s);\ V_3(s)\Leftrightarrow v_3(s) \tag{4-3-69}$$

图 4-3-20 所示的 KHN 滤波器能实现低通、高通和带通功能，从 $V_1(s)$端输出则构成一个高通滤波器，其对应转移函数为

$$H_{\mathrm{HP}}(s)=\frac{V_1(s)}{V_{\mathrm{i}}(s)}=\frac{K_{\mathrm{H}}s^2}{s^2+s\dfrac{\omega_0}{Q}+\omega_0^2}=\frac{\left(1+\dfrac{R_6}{R_5}\right)\dfrac{R_4}{R_3+R_4}s^2}{s^2+\left(1+\dfrac{R_6}{R_5}\right)\dfrac{R_4}{R_3+R_4}\dfrac{1}{R_1C_1}s+\dfrac{R_6}{R_5}\dfrac{1}{R_1C_1}\dfrac{1}{R_2C_2}} \tag{4-3-70}$$

从 $V_2(s)$端输出则构成一个带通滤波器，其对应转移函数为

$$H_{\mathrm{BP}}(s)=\frac{V_2(s)}{V_{\mathrm{i}}(s)}=\frac{K_{\mathrm{B}}\dfrac{\omega_0}{Q}s}{s^2+s\dfrac{\omega_0}{Q}+\omega_0^2}=-\frac{\left(1+\dfrac{R_6}{R_5}\right)\dfrac{R_4}{R_3+R_4}\dfrac{1}{R_1C_1}s}{s^2+\left(1+\dfrac{R_6}{R_5}\right)\dfrac{R_4}{R_3+R_4}\dfrac{1}{R_1C_1}s+\dfrac{R_6}{R_5}\dfrac{1}{R_1C_1}\dfrac{1}{R_2C_2}} \tag{4-3-71}$$

从 $V_3(s)$端输出则构成一个低通滤波器，其对应转移函数为

$$H_{\mathrm{LP}}(s)=\frac{V_3(s)}{V_{\mathrm{i}}(s)}=\frac{K_{\mathrm{L}}\omega_0^2}{s^2+s\dfrac{\omega_0}{Q}+\omega_0^2}=\frac{\left(1+\dfrac{R_6}{R_5}\right)\dfrac{R_4}{R_3+R_4}\dfrac{1}{R_1C_1}\dfrac{1}{R_2C_2}}{s^2+\left(1+\dfrac{R_6}{R_5}\right)\dfrac{R_4}{R_3+R_4}\dfrac{1}{R_1C_1}s+\dfrac{R_6}{R_5}\dfrac{1}{R_1C_1}\dfrac{1}{R_2C_2}} \tag{4-3-72}$$

其中各滤波器的品质因数 Q 和极点频率 ω_0 都相同，分别为

$$Q=\left(1+\frac{R_4}{R_3}\right)\frac{1}{\sqrt{\dfrac{R_5}{R_6}}+\sqrt{\dfrac{R_6}{R_5}}}\sqrt{\frac{R_1C_1}{R_2C_2}} \tag{4-3-73}$$

$$\omega_0=\sqrt{\frac{R_6}{R_5}\frac{1}{R_1R_2C_1C_2}} \tag{4-3-74}$$

相关增益分别为

$$K_{\mathrm{H}}=\left(1+\frac{R_6}{R_5}\right)\frac{R_4}{R_3+R_4} \tag{4-3-75}$$

$$K_{\mathrm{B}}=-\frac{R_4}{R_3} \tag{4-3-76}$$

$$K_{\mathrm{L}}=\left(1+\frac{R_5}{R_6}\right)\frac{R_4}{R_3+R_4} \tag{4-3-77}$$

图 4-3-20 所示的 KHN 滤波器中需要确定参数的元件有 8 个（电阻 $R_1\sim R_6$，电容 C_1、C_2），而能用的设计方程远远不足。为简化设计，KHN 滤波器通常采用以下设置进行设计：

① 选 $R_5=R_6$，且设一个合理数值；

② 选取两个积分器的时间常数相等，即 $R_1C_1=R_2C_2$，为简化设计，常选 $R_1=R_2=R$，并选 $C_1=C_2=C$，且设一个合理数值。

【例 4-3-3】 KHN 滤波器如图 4-3-20 所示，试设计该滤波器，使其能够实现高通滤波功能，要求 $f_0=10^4\text{Hz}$，$Q=1$，选所有电容都等于 1nF。

解：根据题意有 $C_1=C_2=C=1\text{nF}$，选 $R_1=R_2=R$，$R_5=R_6$，代入式(4-3-74)，有

$$\omega_0=\sqrt{\frac{R_6}{R_5}\frac{1}{R_1R_2C_1C_2}}=\frac{1}{RC}\Rightarrow R_1=R_2=R=\frac{1}{\omega_0 C}=\frac{1}{2\pi\times10^4\times10^{-9}}=15.915(\text{k}\Omega)$$

将 $R_1=R_2$，$R_5=R_6$，$C_1=C_2$ 代入式(4-3-73)，有

$$Q=\left(1+\frac{R_4}{R_3}\right)\frac{1}{\sqrt{\frac{R_5}{R_6}}+\sqrt{\frac{R_6}{R_5}}}\sqrt{\frac{R_1C_1}{R_2C_2}}=\frac{1}{2}+\frac{R_4}{2R_3}\Rightarrow\frac{R_4}{R_3}=2Q-1=1$$

即 $R_3=R_4$，将其分别代入式(4-3-75)、式(4-3-76)和式(4-3-77)，可计算得到其相关增益为 $K_H=K_L=1$，$K_B=-1$。

为减少元件分散性，本设计中选电阻 $R_3=R_4=R_5=R_6=15.915\text{k}\Omega$。

利用 Multisim 分别对该例的电路进行仿真，相应仿真电路及结果如图 4-3-21 所示，可以看出该设计基本满足了设计需求。

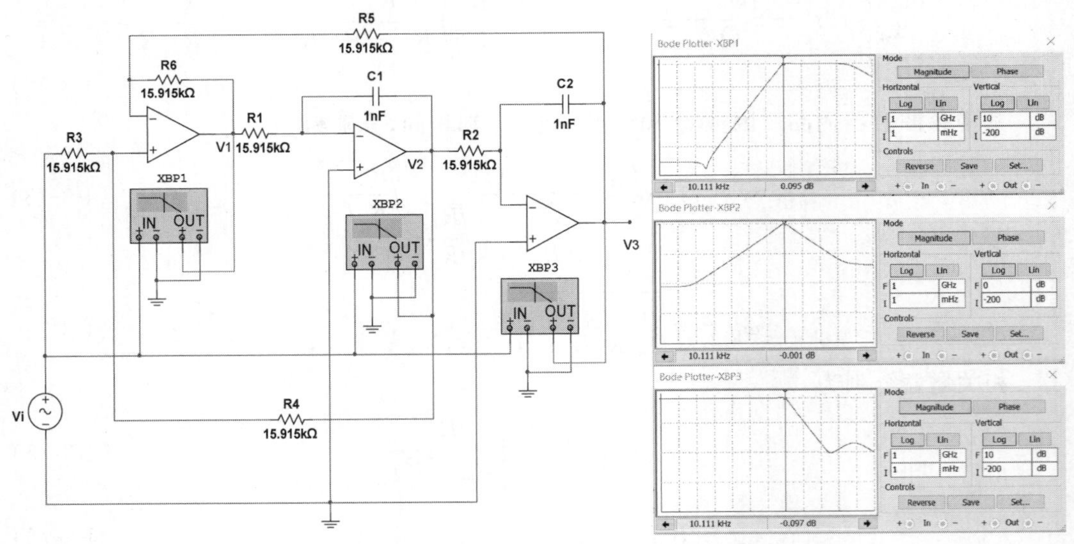

图 4-3-21　例 4-3-3 设计电路的仿真电路及仿真结果

3. 具有有限传输零点的二阶滤波器的分析与设计

具有有限传输零点的二阶滤波器可以基于 TT 滤波器或 KHN 滤波器通过以下两种方案来实现：第一种方案是 KHN 滤波器＋加法器，第二种方案是 TT 滤波器＋负反馈。

1）KHN滤波器＋加法器方案

如图4-3-22所示，在KHN滤波器电路的后面加入加法器以实现对高通、带通和低通滤波函数的加权和，因此其输出$V_o(s)$为

$$V_o(s)=-\left[\frac{R_F}{R_L}V_{LP}(s)+\frac{R_F}{R_B}V_{BP}(s)+\frac{R_F}{R_H}V_{HP}(s)\right] \tag{4-3-78}$$

首先由式(4-3-70)、式(4-3-71)和式(4-3-72)可分别求出相应的输出$V_{HP}(s)$、$V_{BP}(s)$和$V_{LP}(s)$，然后将$V_{HP}(s)$、$V_{BP}(s)$和$V_{LP}(s)$代入式(4-3-78)，得图4-3-22所示滤波器的转移函数$H(s)$为

$$H(s)=\frac{V_o(s)}{V_i(s)}=-K\frac{\dfrac{R_F}{R_H}s^2-\dfrac{R_F}{R_B}\omega_0 s+\dfrac{R_F}{R_L}\omega_0^2}{s^2+\dfrac{\omega_0}{Q}s+\omega_0^2} \tag{4-3-79}$$

由式(4-3-79)可看出，该电路可以实现所有的滤波功能。

若令$R_B=R_H=\infty$，即断开R_B和R_H，则可实现低通滤波器；

若令$R_B=R_L=\infty$，即断开R_B和R_L，则可实现高通滤波器；

若令$R_H=R_L=\infty$，即断开R_H和R_L，则可实现带通滤波器；

若令$R_B=\infty$，即断开R_B，则可实现带阻滤波器；

若令$R_H=R_L$，$R_B=QR_H$，则可实现全通滤波器。

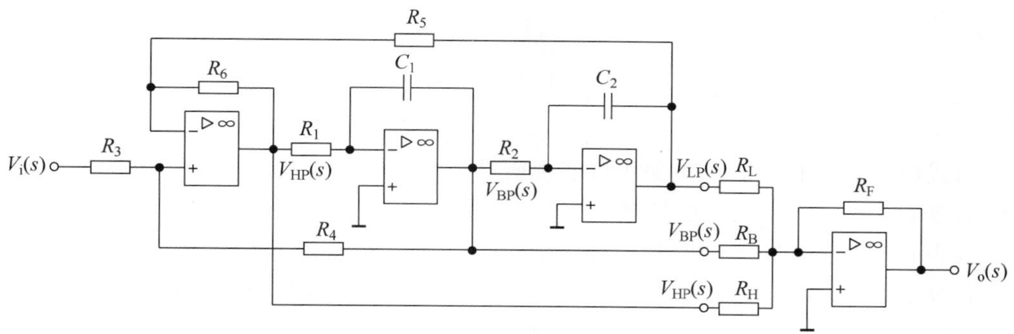

图4-3-22 KHN滤波器＋加法器方案实现具有有限传输零点的二阶滤波器电路

低通、高通和带通滤波器的转移函数及相关指标可参考式(4-3-70)～式(4-3-77)，接下来分析带阻和全通滤波器的转移函数及相关指标。令$R_B=\infty$，则式(4-3-79)变为

$$H(s)=\frac{V_o(s)}{V_i(s)}=-K\frac{R_F}{R_H}\frac{s^2+\dfrac{R_H}{R_L}\omega_0^2}{s^2+\dfrac{\omega_0}{Q}s+\omega_0^2} \tag{4-3-80}$$

由式(4-3-80)可看出此时实现带阻滤波器，其中的品质因数Q和极点频率ω_0与式(4-3-73)和式(4-3-74)相同，则高频增益A_{HP}为

$$A_{HP}=-K\frac{R_F}{R_H} \tag{4-3-81}$$

零点频率 ω_z 为

$$\omega_z=\sqrt{\frac{R_H}{R_L}}\omega_0 \tag{4-3-82}$$

令 $R_H=R_L$，$R_B=QR_H$，则式(4-3-79)变为

$$H(s)=\frac{V_o(s)}{V_i(s)}=-K\frac{R_F}{R_H}\frac{s^2-\frac{\omega_0}{Q}s+\omega_0^2}{s^2+\frac{\omega_0}{Q}s+\omega_0^2} \tag{4-3-83}$$

由式(4-3-83)可看出此时实现全通滤波器，其中的品质因数 Q 和极点频率 ω_0 与式(4-3-73)和式(4-3-74)相同，其增益 A_{AP} 为

$$A_{AP}=-K\frac{R_F}{R_H} \tag{4-3-84}$$

2) TT 滤波器＋负反馈方案

以 TT 滤波器为基础电路，再添加相应负反馈亦可实现具有有限传输零点的滤波器，其电路如图 4-3-23 所示，输出信号 $V_o(s)$ 由运放 A_1 构成的阻尼积分器输出端取出，若取 $G_{12}=G_{21}=g$，$G_{11}=G/Q$，$C_{11}=C_{22}=C$，则所构成的滤波器转移函数为

$$H(s)=\frac{V_o(s)}{V_i(s)}=-\frac{\frac{C_1}{C}s^2+\frac{1}{C}\left(G_{1i}-\frac{gG_3}{G}\right)s+\frac{gG_2}{C^2}}{s^2+\frac{g}{QC}s+\frac{g^2}{C^2}} \tag{4-3-85}$$

由式(4-3-83)可看出，该电路可以实现所有的滤波功能。

若令 $C_1=0$，$G_{1i}=G_3=0$，即断开 C_1、G_{1i} 和 G_3 则可实现低通滤波器；

若令 $G_{1i}=G_2=G_3=0$，即断开 G_{1i}、G_2 和 G_3 则可实现高通滤波器；

若令 $C_1=0$，$G_{1i}=G_2=0$，即断开 C_1、G_{1i} 和 G_2 则可实现带通滤波器；

若令 $G_{1i}=G_3=0$，即断开 G_{1i} 和 G_3 则可实现带阻滤波器；

若令 $G_{1i}=0$，即断开 G_{1i} 则可实现全通滤波器。

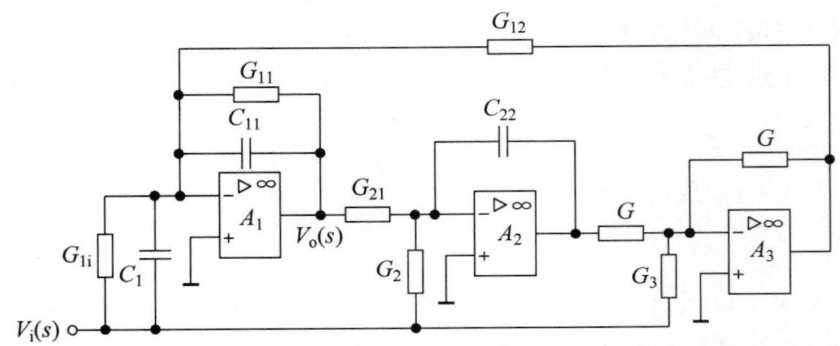

图 4-3-23　TT 滤波器＋负反馈方案实现具有有限传输零点的二阶滤波器电路

4.3.3 高阶有源 RC 带通滤波器的分析与设计

借助 1.4.4 节的滤波函数的转换方法，我们可以将用于实现低通有源滤波器的运算模拟法推广应用于实现带通有源滤波器。值得注意的是，LC 低通滤波器转换为带通滤波器后，滤波函数的阶次会增大一倍。

假定所研究的带通滤波器的滤波函数对称于中心频率 ω_0，则根据 1.4.4 节的方法可以求得其低通原型转移函数，进而综合出 LC 梯形低通滤波器。若要设计一个六阶全极点带通滤波器，则所选用的原型低通滤波器应该是一个三阶全极点低通滤波器，设满足要求的 LC 梯形低通滤波器如图 4-3-24(a)所示。接下来以该低通滤波器为基础，介绍全极点高阶有源 RC 带通滤波器的设计方法和步骤。

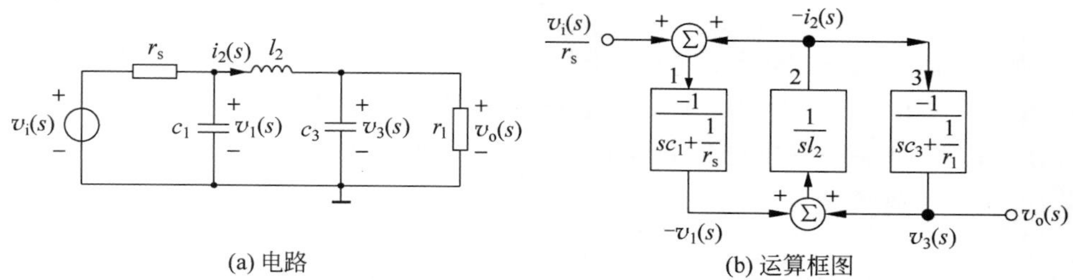

图 4-3-24 三阶全极点 LC 低通滤波器电路及运算框图

1. 无源低通滤波器工作方程及运算框图

选取 $v_1(s)$、$i_2(s)$、$v_3(s)$为变量，可得到图 4-3-24(a)所示滤波器的工作方程为

$$v_1(s)=\frac{[v_i(s)/r_s]-i_2(s)}{sc_1+(1/r_s)} \tag{4-3-86}$$

$$i_2(s)=\frac{v_1(s)-v_3(s)}{sl_2} \tag{4-3-87}$$

$$v_3(s)=\frac{i_2(s)}{sc_3+(1/r_1)} \tag{4-3-88}$$

对应运算框图如图 4-3-24(b)所示。

2. 频率转换

依据 1.4.4 节的相关内容，低通到带通的转换条件为

$$p=\frac{s^2+\omega_0^2}{s\omega_{BW}} \tag{4-3-89}$$

式中，p 表示原低通电路的复频率变量，s 表示转换以后的带通电路的复频率变量，ω_0 为带通滤波函数的中心频率，ω_{BW} 为带通滤波函数的 3dB 带宽。

因此首先将图 4-3-24(b)所示运算框图中的每个积分器中复频率变量 s 换为 p，再将式(4-3-89)代入得到每个积分器的转移函数分别为

$$H_1(s)=\left.\frac{-1}{pc_1+\dfrac{1}{r_s}}\right|_{p=\frac{s^2+\omega_0^2}{s\omega_{BW}}}=\frac{-s\dfrac{\omega_{BW}}{c_1}}{s^2+\dfrac{\omega_{BW}}{c_1 r_s}s+\omega_0^2} \tag{4-3-90}$$

$$H_2(s)=\left.\frac{1}{pl_2}\right|_{p=\frac{s^2+\omega_0^2}{s\omega_{BW}}}=\frac{s\dfrac{\omega_{BW}}{l_2}}{s^2+\omega_0^2} \tag{4-3-91}$$

$$H_3(s)=\left.\frac{-1}{pc_3+\dfrac{1}{r_1}}\right|_{p=\frac{s^2+\omega_0^2}{s\omega_{BW}}}=\frac{-s\dfrac{\omega_{BW}}{c_3}}{s^2+\dfrac{\omega_{BW}}{c_3 r_1}s+\omega_0^2} \tag{4-3-92}$$

所得的六阶带通滤波器运算框图如图 4-3-25 所示。可以看出，三阶低通滤波器运算框图中的三个积分器均变换为六阶带通滤波器运算框图中的二阶带通滤波器。其中左右两侧的阻尼积分器变换为 Q 值有限的二阶带通滤波器，中间的非阻尼积分器变换为 Q 值无限的二阶带通滤波器。

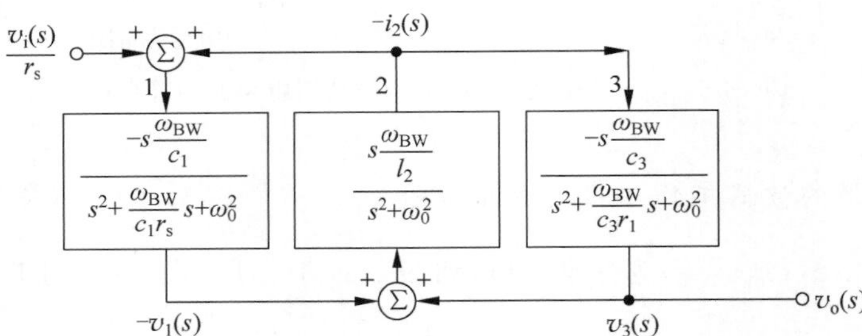

图 4-3-25　六阶带通滤波器运算框图

3. 带通滤波器有源实现

图 4-3-25 所示运算框图中的三个二阶带通函数均可用前面介绍的双积分回路二阶滤波器来实现，选用 TT 滤波器实现的六阶有源 RC 带通滤波器如图 4-3-26 所示。式(4-3-90)和式(4-3-92)与式(4-3-52)具有相同的形式，因此图 4-3-25 中左右两侧的带通函数可直接用图 4-3-17 所示的 TT 滤波器来实现。式(4-3-91)与式(4-3-52)则有所不同，若令式(4-3-52)中的 $G_{11}=0$，并将负号改为正号，则该式与式(4-3-91)形式相同。即将图 4-3-17 中 G_{11} 断开，以其中的同相积分器输入端、输出端作为二阶带通函数的输入端、输出端。

图 4-3-26 与图 4-3-24(a)中各变量的对应关系为

$$V_i(s)\Leftrightarrow v_i(s);\ V_1(s)\Leftrightarrow -v_1(s);\ V_2(s)\Leftrightarrow -i_2(s);\ V_3(s)\Leftrightarrow v_3(s) \tag{4-3-93}$$

各元件之间的对应关系为

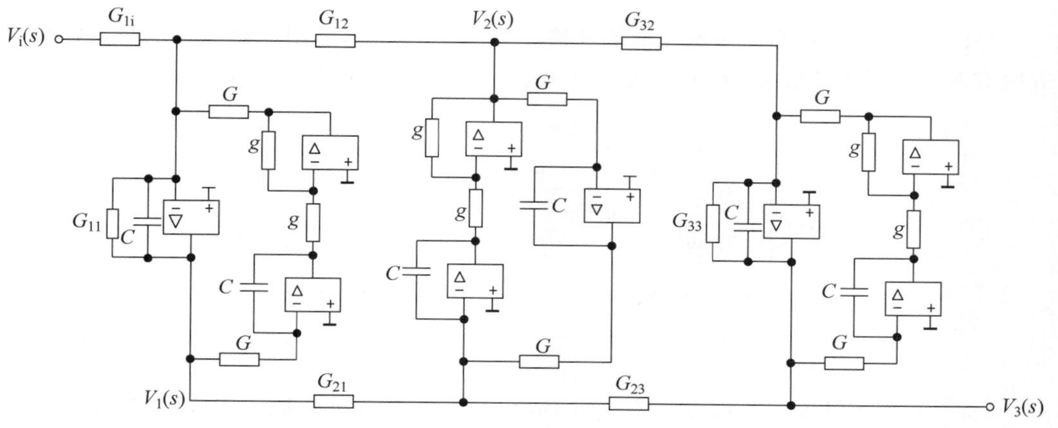

图 4-3-26　六阶有源 RC 带通滤波器电路

$$\begin{cases} G_{1i} = G_{11} = \dfrac{\omega_{BW} C}{c_1 r_s} & G_{12} = \dfrac{\omega_{BW} C}{c_1} & G = \omega_0 C \\ G_{21} = G_{23} = \dfrac{\omega_{BW} C}{l_2} & G_{32} = \dfrac{\omega_{BW} C}{c_3} & G_{33} = \dfrac{\omega_{BW} C}{c_3 r_1} \end{cases} \tag{4-3-94}$$

图 4-3-26 中的 g 可根据实际情况选任意值。

习题四

4-1　基于 Filter Design Tool 设计一个六阶 Sallen-Key 低通滤波器以满足如下要求：通带增益为 40dB，通带截止频率为 500Hz，通带纹波为 1dB。

4-2　某归一化三阶无源 LC 低通滤波器如题图 4-1 所示。

(1) 用 RLC-CRD 变换法设计题图 4-1 所示电路对应的有源滤波器。

(2) 利用转换的方法，基于题图 4-1 所示低通滤波器设计其对应无源高通滤波器，要求高通滤波器的截止角频率为 10^5 rad/s，端接电阻 $r_s = r_1 = 10\text{k}\Omega$，画出电路图并计算各元件值。

(3) 用通用阻抗变换器组成的仿真电感实现(2)得到的无源高通滤波器所对应的有源滤波器，画出电路图并计算各元件值。

4-3　归一化五阶 Butterworth 无源低通滤波器如题图 4-2 所示，试用运算模拟法将其设计为五阶有源 RC 低通滤波器，要求其截止角频率 $\omega_c = 100\text{rad/s}$，端接电阻 $r_s = r_1 = 1\text{k}\Omega$。

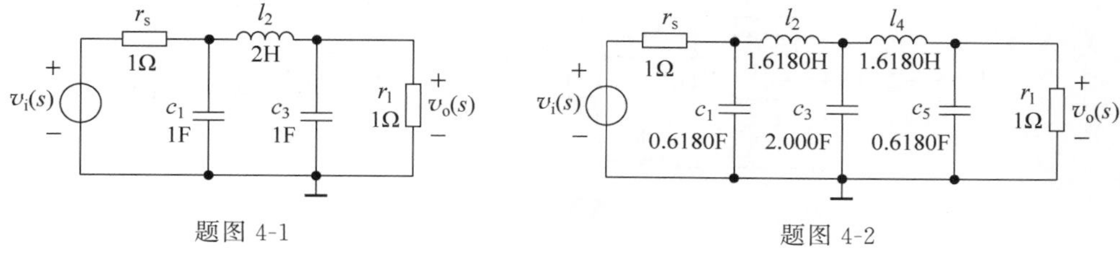

题图 4-1　　　　题图 4-2

4-4　归一化五阶椭圆无源低通滤波器如题图 4-3 所示，试用运算模拟法将其设计为五阶有源 RC 低通滤波器，要求其截止角频率 $\omega_c = 10^4$ rad/s，端接电阻 $r_s = r_1 = 1\text{k}\Omega$。

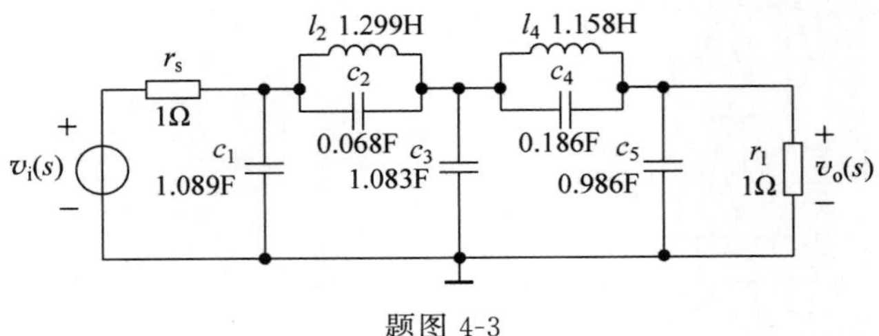

题图 4-3

4-5　基于运算模拟法设计一个三阶 Butterworth 有源 RC 低通滤波器，要求其截止频率 $f_c = 10^4$ Hz，端接电阻 $r_s = r_1 = 10\text{k}\Omega$。

4-6　基于运算模拟法设计一个三阶 1dB 波纹的 Chebyshev 有源 RC 低通滤波器，要求其截止频率 $f_c = 10^4$ Hz，端接电阻 $r_s = r_1 = 10\text{k}\Omega$。

4-7　Two-Thomas 电路如题图 4-4 所示，设计该电路使其能够实现带通滤波功能，其中心频率 $f_c = 10^3$ Hz，中心频率处的 $Q = 10$，增益等于 1，所有电容选为 10nF。

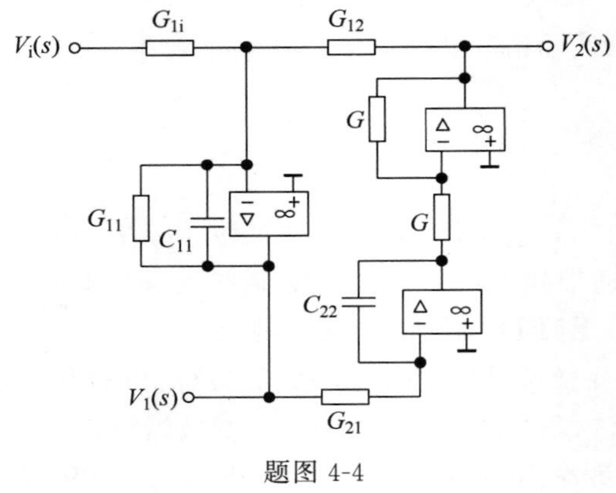

题图 4-4

4-8　KHN 电路如题图 4-5 所示，试设计该电路使其能够实现低通滤波功能，其 3dB 频率 $f_c = 10^3$ Hz，$Q = 1$，直流增益等于 1，所有电容选为 10nF，输入电阻 $R_3 = 10\text{k}\Omega$。

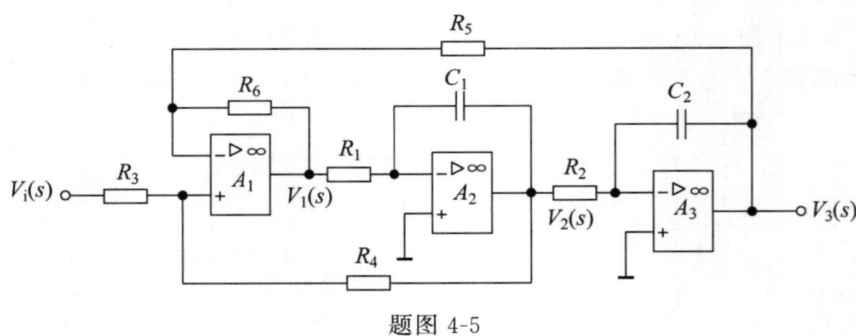

题图 4-5

第5章 开关网络的分析与设计

开关网络主要应用于信号处理电路和电力电子电路，在信号处理电路中，典型应用包括开关电容电路、开关电流电路；在电力电子电路中，半导体开关普遍存在于开关电源和各种控制电路中。

开关电容电路是由受时钟信号控制的开关和电容器组成的电路，它利用电荷的存储和转移来实现对信号的各种处理功能。开关电容电路在现代电子系统中的应用非常广泛，在MP3播放器、移动电话、数码相机、便携硬盘以及单片功率变换器等许多设备的设计中，开关电容电路技术都发挥了至关重要的作用。

目前，开关电源以其小型、轻量和高效率的特点被广泛应用于几乎所有的电子设备中，是当今电子信息产业飞速发展不可缺少的一种电源方式。开关电源产品广泛应用于工业自动化控制、军工设备、通信设备、电力设备、仪器仪表等领域。

本章内容主要包括开关电容电路以及开关电源两部分。

5.1 开关电容滤波器分析与设计

有源 RC 滤波器在体积、质量和增益等方面具有优势，但在集成实现时遇到诸多问题，主要包括：①工艺问题。有源 RC 滤波器可以用混合集成技术集成，但这种技术与目前的主流集成技术不兼容。②芯片面积问题。在MOS工艺中，实现大电阻所需的芯片面积较大。③元件的精度问题。用MOS工艺集成电阻和电容时，会有5%～10%的误差，电阻和电容的误差通常是不相关的，这样就会造成整个滤波器的时间常数有高达20%的误差，而且这种误差还会随着电路工作状态的变化而变化。

为克服有源 RC 滤波器不便直接集成的缺点，可以在MOS电路中用开关和电容取代电阻，这就产生了开关电容电路。这种取代的意义正如20世纪60年代用有源器件取代电感一样重要，它是电路设计和制造中的又一次革命。用开关和电容取代电阻后，电路的组成只有MOS开关、MOS电容和MOS运算放大器，电路的性能取决于电容的比值。经过多年的发展，开关电容技术已经成为一种很成熟的技术，它在滤波器中的应用已经十分广泛。开关电容滤波器具有较为精确的频率响应、好的线性和大的动态范围。

5.1.1 开关电容等效电阻原理

开关电容网络是由受时钟控制的开关、电容以及运算放大器组成的网络，其核心是用开关和电容组成的等效电阻去替代实际的电阻，用开关和电容组成的与实际电阻等效的电路称为开关电容等效电阻电路。

1. 开关电容并联等效电阻电路

开关电容并联等效电阻电路的原理电路如图5-1-1(a)所示，在该电路中，由于电容 C 和电路的输出端是并联的，所以称其为开关电容并联等效电阻电路。该电路对外等效为图5-1-1(b)所示的一个电阻，其实际实现电路如图5-1-1(c)所示，开关 K_1 和 K_2 在实际电路中是由两个工作在开关状态的 MOS 管 T_1 和 T_2 实现的。

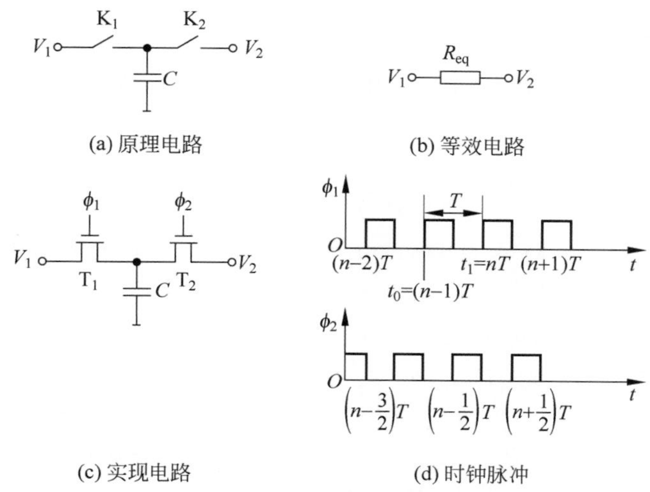

图 5-1-1　开关电容并联等效电阻电路

T_1 和 T_2 的通断是由驱动时钟脉冲 ϕ_1 和 ϕ_2 控制的，对 ϕ_1 和 ϕ_2 的要求通常如下：①两时钟脉冲的频率相同，同时为了保证在任何情况下都不会使 T_1 和 T_2 同时导通，要求两脉冲不能有重叠。因此脉冲的占空比一般小于或等于 50%，为简化分析，在以后对开关电容电路的分析中选择占空比等于 50% 的时钟脉冲进行分析，满足要求的占空比等于 50% 的时钟脉冲 ϕ_1 和 ϕ_2 的波形图如图 5-1-1(d)所示。②时钟脉冲的频率主要由开关电容电路的精度要求决定，但其受电路中运算放大器的建立时间和其他因素的限制。因此，时钟频率不宜选得太高，只要能使电路的性能指标达到要求就可以了。③时钟脉冲的大小要达到 MOS 开关管 T_1 和 T_2 所需驱动电压的要求，以确保 MOS 管能有效开通。

接下来分析图 5-1-1(c)所示电路的等效电阻 R_{eq}。

1）分析电容的电荷变化量

通过电容的充放电回路，分析一个时钟周期内电容的电荷变化量。设初始时刻 $t_0=(n-1)T$，此时 ϕ_1 为高电平，ϕ_2 为低电平，MOS 管 T_1 导通，T_2 截止，电压 V_1 通过 T_1 给电容 C 充电，C 中的电荷 Q_0 为

$$Q_0=CV_1 \tag{5-1-1}$$

在一个时钟周期后，即 $t_1=nT$ 时刻，此时 ϕ_1 为低电平，ϕ_2 为高电平，MOS 管 T_2 导通，T_1 截止，电容 C 通过 T_2 放电，C 中的电荷 Q_1 为

$$Q_1=CV_2 \tag{5-1-2}$$

因此在一个时钟周期 $T(t_0\rightarrow t_1)$ 内，电容的电荷变化量 ΔQ 为

$$\Delta Q=Q_0-Q_1=C(V_1-V_2) \tag{5-1-3}$$

2）分析通过电容的平均电流

定义平均电流 $\bar{I}$ 为单位时间内通过的电荷，则有

$$\bar{I}=\frac{\Delta Q}{T}=\frac{C}{T}(V_1-V_2) \tag{5-1-4}$$

3）分析等效电阻 R_{eq}

从式(5-1-4)可以看出，V_1 和 V_2 之间的伏安关系可以等效为图 5-1-1(b)所示的电阻 R_{eq}，其阻值为

$$R_{eq}=\frac{V_1-V_2}{\bar{I}}=\frac{T}{C}=\frac{1}{fC} \tag{5-1-5}$$

式中，$f=1/T$ 是用来控制 MOS 管通断的时钟脉冲 ϕ_1 和 ϕ_2 的频率。从式(5-1-5)可以看出，开关电容等效电阻 R_{eq} 的大小与电容值 C 和时钟频率 f 成反比。例如若图 5-1-1(c)所示电路中的电容 $C=10\text{pF}$，时钟频率 $f=100\text{kHz}$，则其等效电阻能达到 $R_{eq}=1/(fC)=1\text{M}\Omega$。

前面的分析假设前提是电压 V_1 和 V_2 在开关导通期间是不变的，实际上只要时钟频率远大于信号频率，这一假设就可以基本满足。只有满足该假设条件，开关电容电路中的电荷传输过程就好像是连续的，电荷传输的过程才能由 V_1 和 V_2 之间流过的连续电流来模拟。从等效原理上来讲，这个电流也可以通过在 V_1 和 V_2 之间接入一个实际的电阻来产生。因此，图 5-1-1(c)所示的开关电容电路在 V_1 和 V_2 之间传输电荷的效果与在 V_1 和 V_2 之间接入一个实际的电阻是等效的。

在模拟信号处理电路中，时间精度往往由电路的时间常数决定，RC 电路的时间常数可表示为

$$\tau=R_1C_1 \tag{5-1-6}$$

由式(5-1-6)可以看出，若采用标准 CMOS 工艺，由于电阻和电容的绝对误差较大，会导致系统的时间常数误差较大，这也是有源 RC 滤波器存在的问题。若将电阻 R_1 用图 5-1-1(c)所示的开关电容电路代替，则此时时间常数的表达式可表示为

$$\tau=\frac{C_1}{C}\cdot\frac{1}{f} \tag{5-1-7}$$

由式(5-1-7)可以看出，此时时间常数取决于控制时钟的频率和电容比 C_1/C 的大小，精确度更高，这也是开关电容电路能够广泛应用于标准 CMOS 工艺的主要原因。

2. 开关电容串联等效电阻电路

开关电容串联等效电阻电路如图 5-1-2 所示，在该电路中，由于电容和电路的输出端是串联的，所以称为开关电容串联等效电路。

其等效电阻 R_{eq} 的求取方法与前面一样。

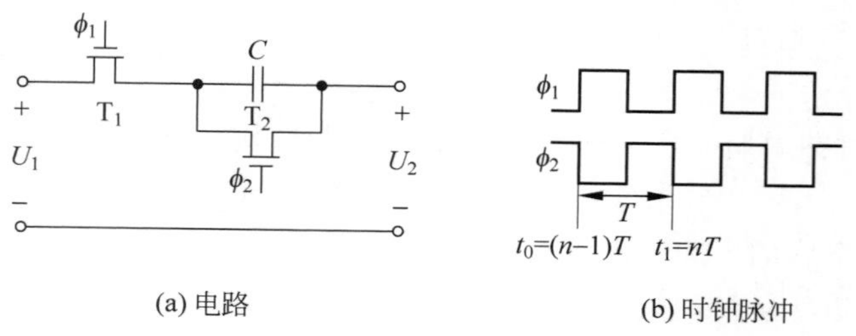

图 5-1-2　开关电容串联等效电阻电路

1）分析电容的电荷变化量

设初始时刻 $t_0=(n-1)T$，此时 ϕ_1 为高电平，ϕ_2 为低电平，MOS 管 T_1 导通，T_2 截止，电压 V_1 通过 T_1 给电容 C 充电，C 中的电荷 Q_0 为

$$Q_0=C(U_1-U_2) \tag{5-1-8}$$

在一个时钟周期后，即 $t_1=nT$ 时刻，此时 ϕ_1 为低电平，ϕ_2 为高电平，MOS 管 T_2 导通，T_1 截止，电容 C 通过 T_2 放电，C 中的电荷 Q_1 为

$$Q_1=0 \tag{5-1-9}$$

因此在一个时钟周期 $T(t_0\rightarrow t_1)$ 内，电容的电荷变化量 ΔQ 为

$$\Delta Q=Q_0-Q_1=C(U_1-U_2) \tag{5-1-10}$$

2）分析通过电容的平均电流

定义平均电流 $\bar{I}$ 为单位时间内通过的电荷，则有

$$\bar{I}=\frac{\Delta Q}{T}=\frac{C}{T}(U_1-U_2) \tag{5-1-11}$$

3）分析等效电阻 R_{eq}

从式(5-1-11)可以看出，U_1 和 U_2 之间的等效电阻 R_{eq} 为

$$R_{eq}=\frac{U_1-U_2}{\bar{I}}=\frac{T}{C}=\frac{1}{fC} \tag{5-1-12}$$

3. 开关电容双线性等效电阻电路

开关电容双线性等效电阻电路如图 5-1-3 所示，该电路是由四个开关和一个电容组成的。

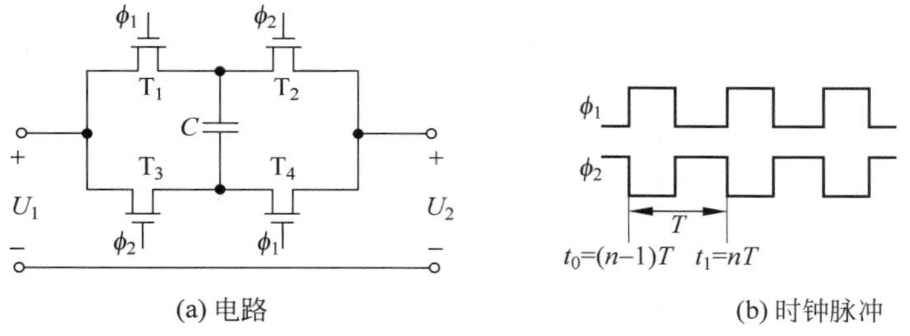

图 5-1-3　开关电容双线性等效电阻电路和时钟脉冲

接下来对其等效电阻 R_{eq} 进行分析。

1）分析电容的电荷变化量

设初始时刻 $t_0=(n-1)T$，此时 ϕ_1 为高电平，ϕ_2 为低电平，MOS 管 T_1 和 T_4 导通，T_2 和 T_3 截止，电容 C 充电，C 中的电荷 Q_0 为

$$Q_0=C(U_1-U_2) \tag{5-1-13}$$

在一个时钟周期后，即 $t_1=nT$ 时刻，此时 ϕ_1 为低电平，ϕ_2 为高电平，MOS 管 T_2 和 T_3 导通，T_1 和 T_4 截止，电容 C 先放电后反向充电，C 中的电荷 Q_1 为

$$Q_1=C(U_2-U_1) \tag{5-1-14}$$

因此在一个时钟周期 $T(t_0 \rightarrow t_1)$ 内，电容的电荷变化量 ΔQ 为

$$\Delta Q = Q_0 - Q_1 = 2C(U_1 - U_2) \tag{5-1-15}$$

2）分析通过电容的平均电流

定义平均电流 $\bar{I}$ 为单位时间内通过的电荷，则有

$$\bar{I} = \frac{\Delta Q}{T} = \frac{2C}{T}(U_1 - U_2) \tag{5-1-16}$$

3）分析等效电阻 R_{eq}

从式(5-1-16)可以看出，U_1 和 U_2 之间的等效电阻 R_{eq} 为

$$R_{eq} = \frac{U_1 - U_2}{\bar{I}} = \frac{T}{2C} = \frac{1}{2fC} \tag{5-1-17}$$

5.1.2 开关电容积分器

1. 开关电容积分器分析与设计

有源 RC 积分器是实现有源滤波器最基本的功能块，同样，开关电容积分器是实现开关电容滤波器最基本的功能块。将有源 RC 积分器中的电阻 R 用开关电容等效电阻取代，即可得到开关电容积分器。图 5-1-4(a)是一个有源 RC 反相积分器，其对应的用开关电容并联等效电阻实现的开关电容反相积分器如图 5-1-4(b)所示。图 5-1-4(b)所示电路的输出端画了一个 ϕ_1 相开关 T_3，表明这个积分器后面所接的电路在 ϕ_1 相脉冲时对积分器的输出电压取样，或称电路在 ϕ_1 相脉冲时输出。如果这个开关的驱动脉冲为 ϕ_2，则表示该积分器在 ϕ_2 相脉冲时输出。

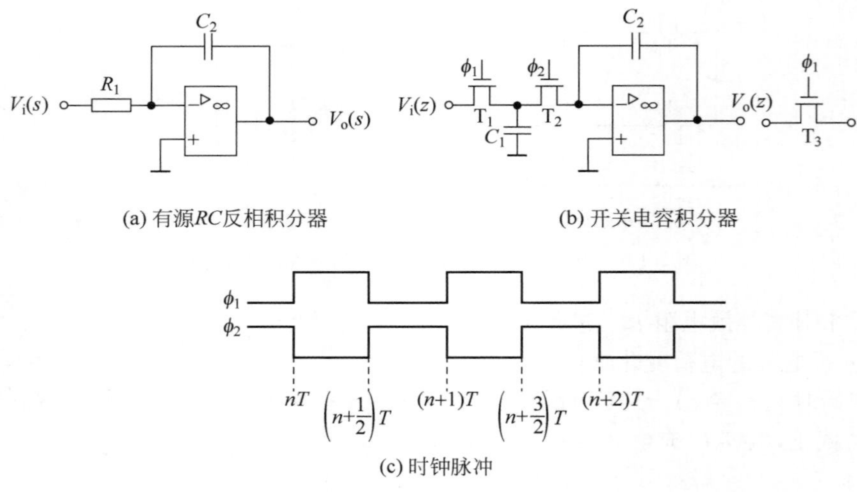

图 5-1-4　开关电容积分器电路

图 5-1-4(a)所示的有源 RC 反相积分器的转移函数为

$$H(s) = -\frac{1}{sR_1C_2} \tag{5-1-18}$$

将图 5-1-4(a)所示的有源 RC 反相积分器中的电阻 R_1 用图 5-1-1(c)所示的开关电容等效电阻替换，所得到的电路如图 5-1-4(b)所示。将式(5-1-5)的开关电容等效电阻值代入式(5-1-18)，可得图 5-1-4(b)所示电路的转移函数为

$$H(s) = -\frac{1}{sC_2 \cdot \dfrac{1}{fC_1}} = -\frac{1}{s} \cdot f \cdot \frac{C_1}{C_2} \tag{5-1-19}$$

从式(5-1-19)可以看出，所得到的电路是一个开关电容反相积分器。

2. 开关电容积分器的 z 域转移函数

由于开关电容等效电阻仅是一个近似的关系，所以式(5-1-19)所示的开关电容积分器 s 域的转移函数只是一个近似转移函数。要得到该积分器精确的转移函数，需要研究电路中所发生的物理过程，根据电路中的电荷守恒关系进行分析。

在下面的讨论中，假设电路中的运放和 MOS 管都是理想的，即 MOS 管开通时的导通电阻为 0，因此电容的充放电过程都是在开关导通的瞬间完成的。时钟脉冲的周期为 T，时钟脉冲的波形如图 5-1-4(c)所示。

当 $t=nT$ 时，ϕ_1 为高电平，ϕ_2 为低电平，T_1 导通，T_2 截止。输入电压 $V_{\mathrm{i}}(nT)$ 通过 T_1 对电容 C_1 充电，运算放大器被隔离，此时对应的等效电路如图 5-1-5(a)所示。

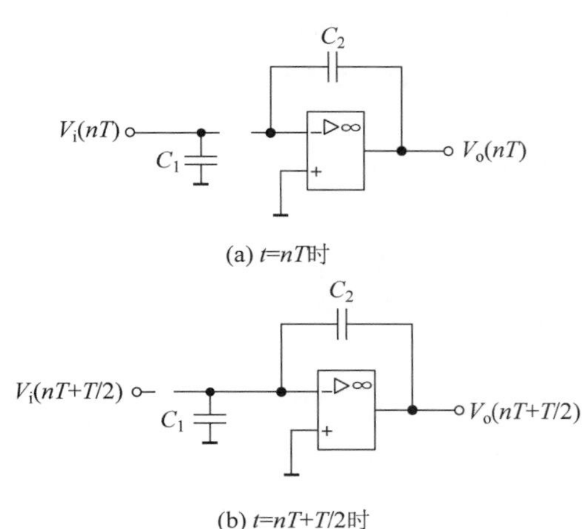

图 5-1-5 开关电容积分器等效电路

电容 C_1 上的输入电荷为

$$Q_{C_1}(nT) = C_1V_{\mathrm{i}}(nT) \tag{5-1-20}$$

电容 C_2 上的电荷为

$$Q_{C_2}(nT) = C_2V_{\mathrm{o}}(nT) \tag{5-1-21}$$

经过半个时钟脉冲周期之后，在 $t=\left(n+\frac{1}{2}\right)T$ 时刻，ϕ_1 为低电平，ϕ_2 为高电平，T_1 截止，T_2 导通，此时对应的等效电路如图 5-1-5(b)所示。电容 C_1 与运放的反相输入端相连通，由于运放的反相输入端虚地，因此 C_1 经运算放大器的虚地端放电。由于理想运算放大器的净输入电流为 0，所以 C_1 的放电电流就流过 C_2。理想情况下，电路中的电阻为 0，于是电容 C_1 的电荷瞬间传给电容 C_2，C_2 的净电荷等于 C_2 原来的电荷减去 C_1 转移到 C_2 的电荷，该电荷一直保持到 $t=(n+1)T$ 时刻，即

$$Q_{C_2}[(n+1)T]=Q_{C_2}(nT)-Q_{C_1}(nT) \tag{5-1-22}$$

将式(5-1-20)和式(5-1-21)代入式(5-1-22)得

$$Q_{C_2}[(n+1)T]=C_2V_o[(n+1)T]=C_2V_o(nT)-C_1V_i(nT) \tag{5-1-23}$$

令 $V_i(n)=V_i(nT)$，$V_o(n)=V_o(nT)$，$V_o(n+1)=V_o[(n+1)T]$，将其代入式(5-1-23)并整理后可得到图 5-1-4(b)所示开关电容积分器的输入-输出电压关系为

$$V_o(n+1)=V_o(n)-\frac{C_1}{C_2}V_i(n) \tag{5-1-24}$$

对式(5-1-24)两边取 z 变换得

$$V_o(z)=z^{-1}V_o(z)-\frac{C_1}{C_2}z^{-1}V_i(z) \tag{5-1-25}$$

因此得到图 5-1-4(b)所示开关电容积分器的 z 域转换函数为

$$H^{11}(z)=\frac{V_o(z)}{V_i(z)}=-\frac{C_1}{C_2}\frac{z^{-1}}{1-z^{-1}} \tag{5-1-26}$$

式中，转移函数的上标 11 表示电路的输入在 ϕ_1 为高电平时取样，在 ϕ_1 为高电平时输出。

由式(5-1-26)可以看出，图 5-1-4(b)所示电路是一个反相积分器，积分器的增益为 $-C_1/C_2$。

若图 5-1-4(b)所示电路在 ϕ_2 为高电平时输出，则输入电压经过半个时钟周期后传到输出端，此时开关电容积分器的 z 域转换函数为

$$H^{21}(z)=-\frac{C_1}{C_2}\frac{z^{-\frac{1}{2}}}{1-z^{-1}} \tag{5-1-27}$$

式中，转移函数的上标 21 表示电路的输入在 ϕ_1 为高电平时取样，在 ϕ_2 为高电平时输出。

3. 对寄生电容不敏感的反相开关电容积分器

图 5-1-4(b)所示反相开关电容积分器中的寄生电容如图 5-1-6 中虚线部分所示。其中 C_{p1} 代表由电容器 C_1 顶板产生的寄生电容以及两个开关管 T_1 和 T_2 产生的非线性寄生电容。C_{p2} 代表电容器 C_1 底板的寄生电容，C_{p3} 代表电容器 C_2 的顶板产生的寄生电容、运算放大器的输入电容和开关管 T_2 的电容。C_{p4} 代表电容器 C_2 的底板产生的寄生电容以及运算放大器输出端接的负载电容。

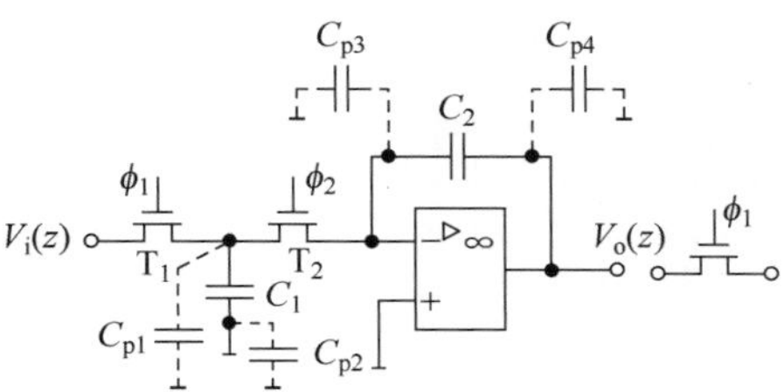

图 5-1-6　开关电容积分器中的寄生电容

电容 C_{p2} 的两端总是接地的；C_{p3} 总是接在虚地和地之间，所以它们的充放电过程对电路的工作没有影响；C_{p4} 接在运放的输出端，对运算放大器的工作速度有影响，但不影响运算放大器的输出。寄生电容 C_{p1} 和开关电容 C_1 并联，可对外等效为一个电容 $C_{p1}+C_1$，因而式(5-1-26)中的 C_1 应该替换为 $C_{p1}+C_1$，考虑寄生电容 C_{p1} 影响后图 5-1-6 所示电路的转移函数为

$$H^{11}(z)=\frac{V_o(z)}{V_i(z)}=-\frac{C_1+C_{p1}}{C_2}\frac{z^{-1}}{1-z^{-1}} \tag{5-1-28}$$

由前面的分析可以看出，寄生电容对开关电容积分器电路特性的影响较大，也就是说这种电路对寄生电容是敏感的，在实际应用中，总是希望采用对寄生电容不敏感的开关电容积分器，图 5-1-7 为对寄生电容不敏感的开关电容反相积分器，其中虚线部分表示寄生电容。

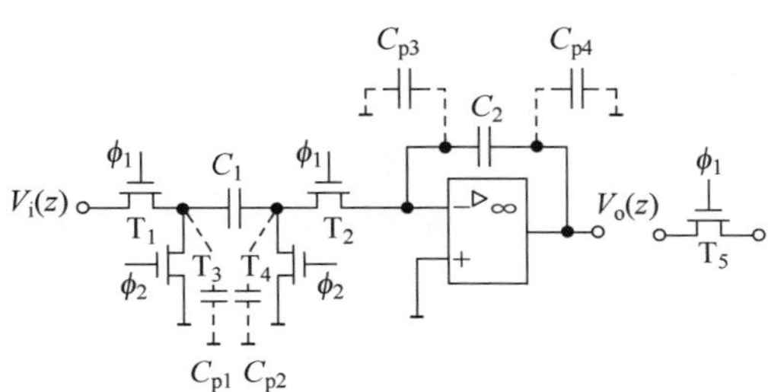

图 5-1-7　对寄生电容不敏感的开关电容反相积分器中的寄生电容

图 5-1-7 中的寄生电容 C_{p3} 总是接在虚地和地之间，所以它们对电路的工作没有影响。C_{p4} 接在运算放大器的输出端和地之间，它对运算放大器的工作速度有影响，但不影响运算放大器的输出。C_{p2} 要么是通过开关管 T_4 接地(当 ϕ_2 为高电平时)，要么是通过 T_2 接运放的虚地端(当 ϕ_1 为高电平时)，所以它也不影响积分器的工作。接下来分析寄生电容 C_{p1}，当 ϕ_1 为高电平时，T_1 和 T_2 导通，T_3 和 T_4 截止，此时电容 C_1 通过 T_2 接运放的虚地端，C_1 和 C_{p1} 同时被充电到 V_i，因此不会影响 C_1 中的电荷；当 ϕ_2 为高电平时，T_1 和 T_2 截止，T_3 和 T_4 导通，寄生电容 C_{p1} 被开关管 T_3 短路放电，其放电电流不会通过电容 C_1 从而影响 C_2 中的电荷积累，所以寄生电容 C_{p1} 也不会影响积分器的工作。

所以图 5-1-7 所示开关电容积分器对寄生电容不敏感，除去其中的所有寄生电容，得到图 5-1-8(a)，接下来对该积分器的传递函数进行分析。

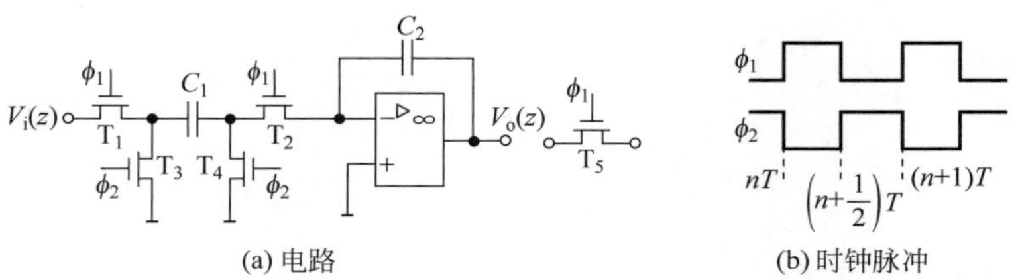

(a) 电路　　(b) 时钟脉冲

图 5-1-8　对寄生电容不敏感的开关电容反相积分器电路及时钟脉冲

在 $t=\left(n+\dfrac{1}{2}\right)T$ 时刻，ϕ_1 为低电平，ϕ_2 为高电平，T_1 和 T_2 截止，T_3 和 T_4 导通，对应电路如图 5-1-9(a)所示，此时电容 C_1 中的电荷通过 T_3 和 T_4 放电至零，电容 C_2 中的电荷保持不变，即

$$C_2V_o\left[\left(n+\frac{1}{2}\right)T\right]=C_2V_o(nT) \tag{5-1-29}$$

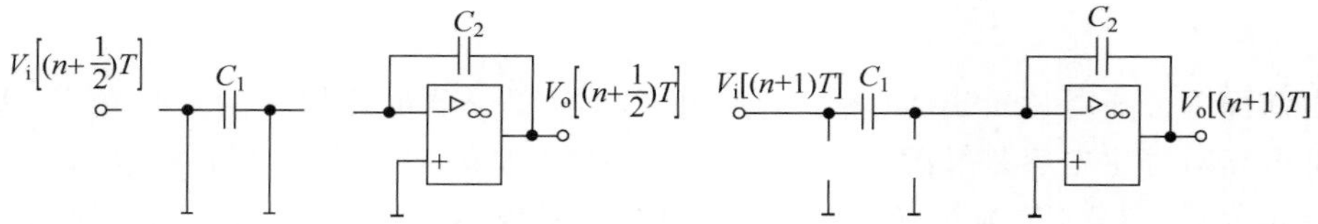

(a) $t=nT+T/2$ 时　　(b) $t=(n+1)T$ 时

图 5-1-9　对寄生电容不敏感的开关电容反相积分器等效电路

当 $t=(n+1)T$ 时，ϕ_1 为高电平，ϕ_2 为低电平，T_1 和 T_2 导通，T_3 和 T_4 截止，对应电路如图 5-1-9(b)所示，此时电容 C_1 被充电到 V_i，同时 C_1 的充电电流也流过 C_2，从而影响 C_2 中的电荷，C_2 的净电荷等于 C_2 原来的电荷减去 C_1 转移到 C_2 的电荷，即

$$C_2V_o[(n+1)T]=C_2V_o\left[\left(n+\frac{1}{2}\right)T\right]-C_1V_i[(n+1)T] \tag{5-1-30}$$

将式(5-1-29)代入式(5-1-30)，采用离散时间变量并整理后有

$$V_o(n+1)=V_o(n)-\frac{C_1}{C_2}V_i(n+1) \tag{5-1-31}$$

因此得到图 5-1-8(a)所示对寄生电容不敏感的开关电容反相积分器的 z 域转移函数为

$$H^{11}(z)=\frac{V_o(z)}{V_i(z)}=-\frac{C_1}{C_2}\frac{1}{1-z^{-1}} \tag{5-1-32}$$

用同样的分析方法可以得到输出电压 V_o 在 ϕ_2 为高电平时的 z 域转移函数为

$$H^{21}(z)=\frac{V_o(z)}{V_i(z)}=-\frac{C_1}{C_2}\frac{z^{-\frac{1}{2}}}{1-z^{-1}} \tag{5-1-33}$$

4. 对寄生电容不敏感的同相开关电容积分器

为获得开关电容同相积分器，可采取相同方式将图 4-2-6 所示有源 RC 同相积分器

中的电阻R用开关电容等效电阻取代。但更好的方法是对图5-1-8(a)所示电路的开关控制信号进行适当的变化，就可以得到对寄生电容不敏感的开关电容同相积分器，如图5-1-10(a)所示。就电路结构而言，这两个积分器是完全一样的，只是时钟的配置不同，在开关电容网络设计中经常用改换时钟配置的方法来实现不同功能的电路。

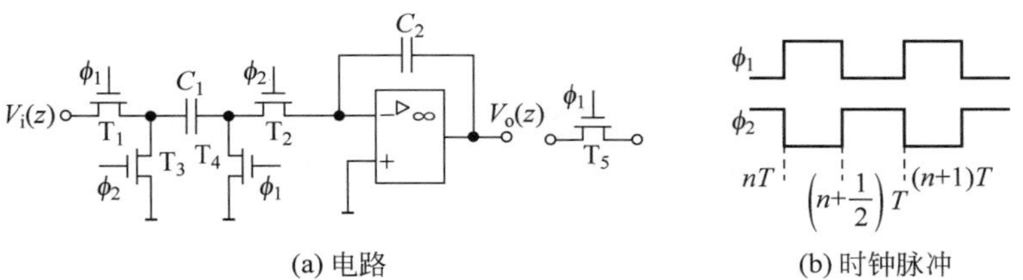

图5-1-10　对寄生电容不敏感的开关电容同相积分器电路及时钟脉冲

在$t=nT$时刻，ϕ_1为高电平，ϕ_2为低电平，T_1和T_4导通，T_2和T_3截止，对应电路如图5-1-11(a)所示，此时电容C_1电荷被充至$C_1V_i(nT)$，C_2电荷为$C_2V_o(nT)$。

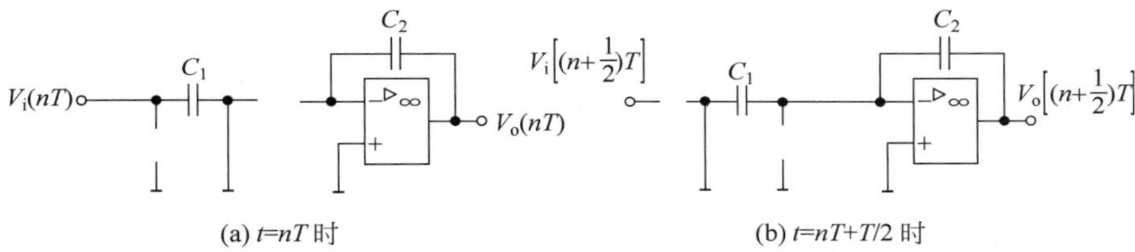

图5-1-11　对寄生电容不敏感的开关电容同相积分器等效电路

在$t=\left(n+\frac{1}{2}\right)T$时刻，$\phi_1$为低电平，$\phi_2$为高电平，$T_1$和$T_4$截止，$T_2$和$T_3$导通，对应电路如图5-1-11(b)所示，此时电容C_1向电容C_2反向充电，由于电容C_1接在地和运放虚地端之间，导致其电荷为零，C_2电荷为$C_2V_o\left[\left(n+\frac{1}{2}\right)T\right]$，电荷守恒方程为

$$C_2V_o\left[\left(n+\frac{1}{2}\right)T\right]=C_2V_o(nT)+C_1V_i(nT) \tag{5-1-34}$$

在$t=(n+1)T$时刻，ϕ_1为高电平，ϕ_2为低电平，T_1和T_4导通，T_2和T_3截止，对应电路与图5-1-11(a)相同，由该电路可以看出，电容C_2电压将继续维持为$V_o\left[\left(n+\frac{1}{2}\right)T\right]$，即

$$V_o[(n+1)T]=V_o\left[\left(n+\frac{1}{2}\right)T\right] \tag{5-1-35}$$

将式(5-1-35)代入式(5-1-34)，有

$$C_2V_o[(n+1)T]=C_2V_o(nT)+C_1V_i(nT) \tag{5-1-36}$$

采用离散时间变量并整理后有

$$V_o(n+1)=V_o(n)+\frac{C_1}{C_2}V_i(n) \tag{5-1-37}$$

因此得到图 5-1-10(a)所示电路的 z 域转移函数为

$$H^{11}(z)=\frac{V_{\mathrm{o}}(z)}{V_{\mathrm{i}}(z)}=\frac{C_1}{C_2}\frac{z^{-1}}{1-z^{-1}} \tag{5-1-38}$$

由式(5-1-38)可以看出，该电路是一个同相积分器。

5. 开关电容网络的信号流图分析

将图 5-1-12(a)所示的有源 RC 反相阻尼积分器中的电阻用对寄生电容不敏感的开关电容等效电阻取代就可以得到对应的对寄生电容不敏感的反相开关电容阻尼积分器，对应电路如图 5-1-12(b)所示，对该电路的分析可以采用前面的方法，但其过程较为烦琐，也可采用接下来介绍的信号流图法来进行讨论分析。

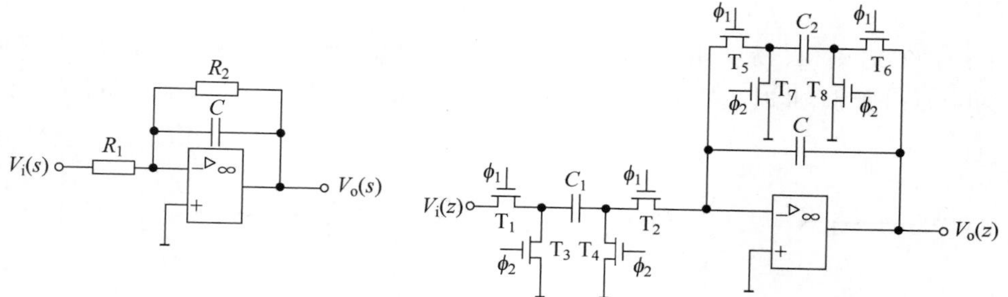

(a) 有源RC反相阻尼积分器　　(b) 对寄生电容不敏感的反相开关电容阻尼积分器

图 5-1-12　反相开关电容阻尼积分器

前面利用开关电容电路电荷平衡关系来研究开关电容网络的方法，其优点是概念清楚，但其缺点是分析过程比较麻烦，特别是对于比较复杂的电路更是如此。在实际应用中可用信号流图的方法来分析和研究开关电容网络，接下来以图 5-1-13 所示的有三个输入端的对寄生电容不敏感的开关电容网络为例进行分析。

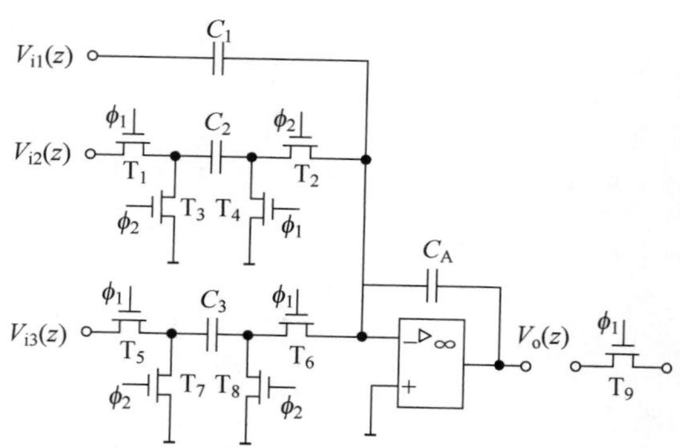

图 5-1-13　有三个输入端的对寄生电容不敏感的开关电容网络

当输入 $V_{\mathrm{i2}}(z)$和 $V_{\mathrm{i3}}(z)$为 0，仅由输入 $V_{\mathrm{i1}}(z)$单独作用时，图 5-1-13 所示开关电容

网络的输入-输出关系为简单的反相比例关系，其输出 $V_o'(z)$ 为

$$V'_o(z) = -\frac{C_1}{C_A}V_{i1}(z) \tag{5-1-39}$$

当输入 $V_{i1}(z)$ 和 $V_{i3}(z)$ 为 0，仅由输入 $V_{i2}(z)$ 单独作用时，图 5-1-13 所示开关电容网络的输入-输出关系与图 5-1-10(a)相同，为同相积分关系，其输出 $V_o''(z)$ 为

$$V''_o(z) = \frac{C_2}{C_A}\frac{z^{-1}}{1-z^{-1}}V_{i2}(z) \tag{5-1-40}$$

当输入 $V_{i1}(z)$ 和 $V_{i2}(z)$ 为 0，仅由输入 $V_{i3}(z)$ 单独作用时，图 5-1-13 所示开关电容网络的输入-输出关系与图 5-1-8(a)相同，为反相积分关系，其输出 $V'''_o(z)$ 为

$$V'''_o(z) = -\frac{C_3}{C_A}\frac{1}{1-z^{-1}}V_{i3}(z) \tag{5-1-41}$$

根据叠加原理可知，可得图 5-1-13 电路的输出电压为

$$\begin{aligned}V_o(z) &= V'_o(z) + V''_o(z) + V'''_o(z)\\ &= -\frac{C_1}{C_A}V_{i1}(z) + \frac{C_2}{C_A}\frac{z^{-1}}{1-z^{-1}}V_{i2}(z) - \frac{C_3}{C_A}\frac{1}{1-z^{-1}}V_{i3}(z)\\ &= \frac{1}{C_A}\frac{1}{1-z^{-1}}[-C_1(1-z^{-1})V_{i1}(z) + C_2z^{-1}V_{i2}(z) - C_3V_{i3}(z)]\end{aligned} \tag{5-1-42}$$

式(5-1-42)的电压关系可用图 5-1-14 所示的信号流图表示，电路中与运算放大器有关的部分在信号流图中用方框图表示。电路的三个不同输入支路在信号流图中用三个不同的因子表示，对于包含电容 C_1 的输入支路，其增益因子为 $-C_1(1-z^{-1})$；对于包含电容 C_2 的开关电容输入支路，其增益因子为 C_2z^{-1}；对于包含电容 C_3 的开关电容输入支路，其增益因子为 $-C_3$。

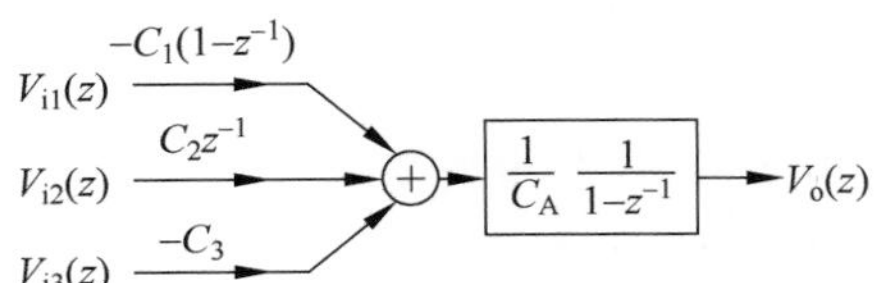

图 5-1-14　图 5-1-13 所示开关电容网络的信号流图

因此对于如图 5-1-13 所示的这类较为复杂的开关电容网络，可以先画出其信号流图，然后直接写出相应电路的转移函数，从而简化分析。

接下来用信号流图法对图 5-1-12(b)所示对寄生电容不敏感的开关电容反相阻尼积分器进行分析，可以把该电路看成是一个具有两个输入的积分器，第一个输入是 $V_i(z)$，它通过包含电容 C_1 的开关电容加到运算放大器的反相输入端；第二个输入是 $V_o(z)$，它通过包含电容 C_2 的开关电容加到运算放大器的反相输入端，因此可用图 5-1-15 所示的信号流图来表示其输入-输出关系。

根据该信号流图可直接写出该电路的输出为

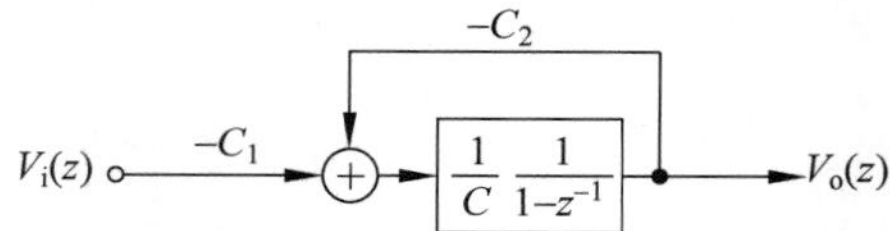

图 5-1-15　图 5-1-12(b)所示电路的信号流图

$$V_o(z)=\frac{1}{C}\frac{1}{1-z^{-1}}[-C_1V_i(z)-C_2V_o(z)] \tag{5-1-43}$$

整理后可求得该电路的转移函数为

$$H(z)=\frac{V_o(z)}{V_i(z)}=-\frac{\frac{C_1}{C}z}{\left(1+\frac{C_2}{C}\right)z-1} \tag{5-1-44}$$

由式(5-1-44)可以看出,图 5-1-15(a)所示电路是反相阻尼积分器电路,其中的 C_2/C 是阻尼项。

5.1.3　开关电容滤波器分析与设计

开关电容滤波器的设计方法主要包括直接设计法和变换设计法两种。

所谓直接设计法,就是首先设计出符合要求的 s 域滤波器的转移函数 $H(s)$,再直接将 s 域的转移函数 $H(s)$ 变换为 z 域的转移函数 $H(z)$,然后利用基本开关电容模块通过级联法、信号流图法等方法对 $H(z)$ 直接进行综合,最终实现开关电容滤波器。

所谓变换设计法,就是首先根据满足滤波要求的 s 域转移函数 $H(s)$ 设计出 s 域滤波器的电路,再根据 s 域到 z 域的变换关系,将 s 域滤波器变换为 z 域的滤波器,从而完成开关电容滤波器的设计。

s 域与 z 域的变换关系有多种,最基本的变换方法就是开关电容等效电阻的方法,另外还有更严格的变换方法,如双线性变换法、LDI 变换法等。

1) 开关电容等效电阻法

这种设计方法在前面的开关电容积分器已做介绍,该方法直接将有源或无源 RC 网络中的电阻 R 用开关电容等效电阻替代,从而得到对应的开关电容滤波器。这种设计方法最方便、最直观,但其主要用于对精度要求不高的滤波器设计。对于精度要求较高的滤波器设计,通常采用更严格的变换方法如双线性变换法、LDI 变换法等方法进行设计。

2) 双线性变换法

双线性变换的正变换是将 $H(s)$ 中的 s 用式(5-1-45)进行替换,即可将 $H(s)$ 变换为对应的 z 域转移函数 $H(z)$。

$$s=\frac{z-1}{z+1} \tag{5-1-45}$$

由式(5-1-45)可求得双线性变换的反变换式为

$$z = \frac{1+s}{1-s} \tag{5-1-46}$$

双线性变换中连续时间滤波器的角频率(变换前的角频率)Ω 和离散域的角频率(变换后的角频率)ω 的关系为

$$\Omega = \tan\left(\frac{\omega}{2}\right) \tag{5-1-47}$$

可见,在双线性变换中,模拟频率与离散频率之间不是线性关系,使得频率轴发生畸变。因此,在高精度开关电容滤波器的设计中,需要根据式(5-1-47)对连续时间滤波器的频率特性进行预畸变。

3) LDI 变换法

采用双线性变换法设计的开关电容滤波器在具体集成实现时会遇到一些实际问题。如当时钟频率较高时,电容值太小、电容的比值偏大。另外,用双线性变换法设计出的开关电容滤波器的寄生电容比较大,影响滤波器的性能。采用 LDI 变换法设计的开关电容滤波器能保持原连续时间滤波器的特性,具有较低的灵敏度和较合适的电容比值。

LDI 变换的正变换是将 $H(s)$中的 s 用式(5-1-48)进行替换,即可将 $H(s)$变换为对应的 z 域转移函数 $H(z)$

$$s = z^{\frac{1}{2}} - z^{-\frac{1}{2}} \tag{5-1-48}$$

LDI 变换中连续时间滤波器角频率 Ω 和离散域角频率 ω 的关系为

$$\Omega = \sin\left(\frac{\omega}{2}\right) \tag{5-1-49}$$

可见,在 LDI 变换中,模拟频率与离散频率之间也不是线性关系,使得频率轴发生畸变,因此,在高精度开关电容滤波器的设计中,也需要根据式(5-1-49)对连续时间滤波器的频率特性进行预畸变。

1. 一阶开关电容滤波器分析与设计

将有源 RC 滤波器中的每个电阻用开关电容等效电路替代,即可得到其对应的开关电容滤波器,在信号频率远低于开关的时钟频率时,这样所得到的开关电容滤波器的滤波特性与对应的有源 RC 滤波器的特性相近。

如图 5-1-16 所示为一阶有源 RC 滤波器,将其中的电阻 R_2 和 R_3 用与之等效的开关电容电路替换,所得到的一阶开关电容滤波器如图 5-1-17(a)所示。

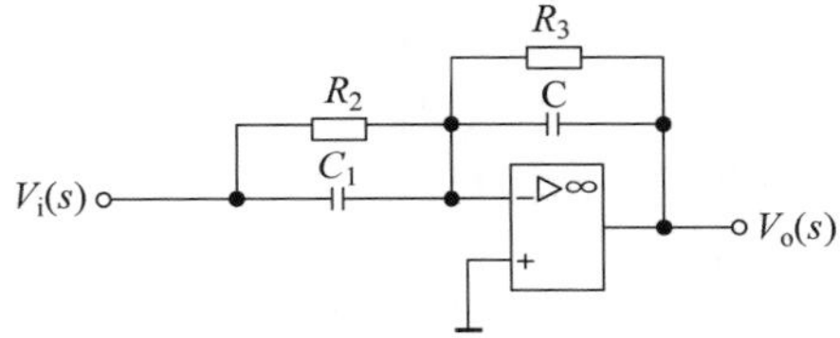

图 5-1-16 一阶有源 RC 滤波器电路

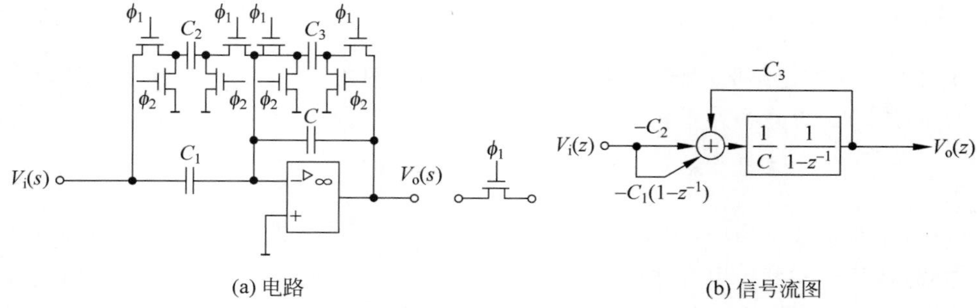

(a) 电路　　　　(b) 信号流图

图 5-1-17　一阶开关电容滤波器

图 5-1-17(a)所示电路的信号流图如图 5-1-17(b)所示，根据该信号流图可直接写出图 5-1-17(a)所示电路的输入-输出关系为

$$V_o(z)=\frac{1}{C}\frac{1}{1-z^{-1}}[-C_3V_o(z)-C_2V_i(z)-C_1(1-z^{-1})V_i(z)] \tag{5-1-50}$$

整理后可求得该电路的转移函数为

$$H(z)=\frac{V_o(z)}{V_i(z)}=-\frac{\frac{C_1+C_2}{C}z-\frac{C_1}{C}}{\left(1+\frac{C_3}{C}\right)z-1} \tag{5-1-51}$$

2. 双二次型开关电容滤波器分析与设计

双二次型开关电容滤波器的基本电路结构有两种：一种适合于低 Q 电路的设计，称为低 Q 双二次型开关电容滤波电路结构；另一种适合于高 Q 电路的设计，称为高 Q 双二次型开关电容滤波电路结构。

1) 低 Q 双二次型开关电容滤波器的分析与设计

设双二次型滤波器的 s 域转移函数的形式为

$$H(s)=\frac{V_o(s)}{V_i(s)}=-\frac{m_2s^2+m_1s+m_0}{s^2+\frac{\omega_0}{Q}s+\omega_0^2} \tag{5-1-52}$$

式中，ω_0 和 Q 分别表示 $H(s)$的极点频率和品质因数。

式(5-1-52)可变形为

$$V_o(s)=\left(-m_2-\frac{m_1}{s}\right)V_i(s)-\frac{\omega_0}{Qs}V_o(s)-\frac{m_0}{s^2}V_i(s)-\frac{\omega_0^2}{s^2}V_o(s) \tag{5-1-53}$$

式(5-1-53)可以由以下两个积分器构成

$$V_{c1}(s)=-\frac{1}{s}\left[\frac{m_0}{\omega_0}V_i(s)+\omega_0V_o(s)\right] \tag{5-1-54}$$

$$V_o(s)=-\frac{1}{s}\left[(m_1+m_2s)V_i(s)+\frac{\omega_0}{Q}V_o(s)-\omega_0V_{c1}(s)\right] \tag{5-1-55}$$

式(5-1-54)和式(5-1-55)所对应的信号流图如图 5-1-18 所示。

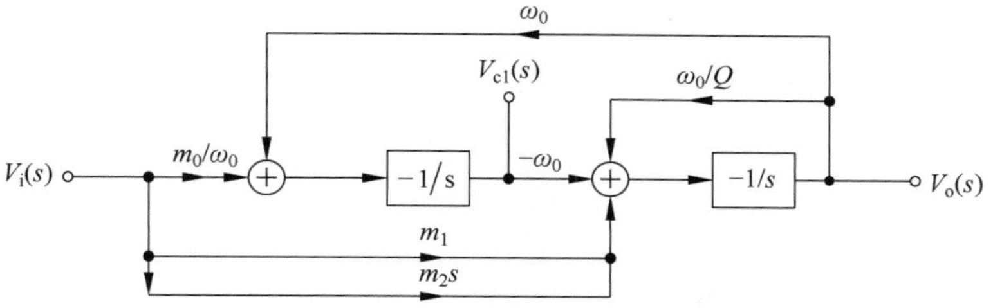

图 5-1-18 连续时间双二次型滤波器的信号流图

对应的有源 RC 电路如图 5-1-19 所示，为了便于设计，电容 C_A 和 C_B 均设为单位 1。

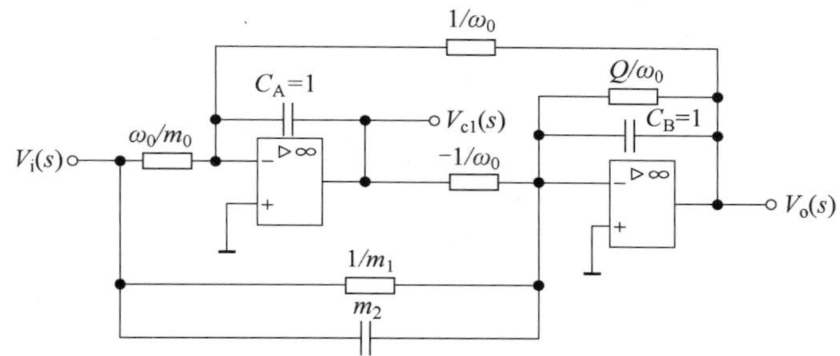

图 5-1-19 连续时间双二次型滤波器的有源 RC 电路

将图 5-1-19 中的 5 个电阻用开关电容电路替代即可得到对应的开关电容双二次型滤波器电路如图 5-1-20 所示。其中，正电阻用无延迟的开关电容电路实现，负电阻 $-1/\omega_0$ 用有延迟的开关电容电路实现。

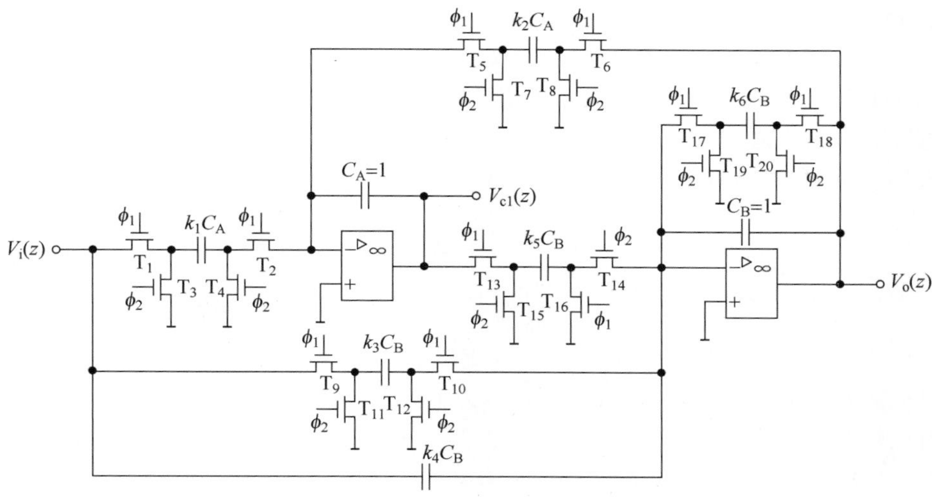

图 5-1-20 开关电容双二次型滤波器电路

图 5-1-20 所示开关电容双二次型滤波器对应的信号流图如图 5-1-21 所示。

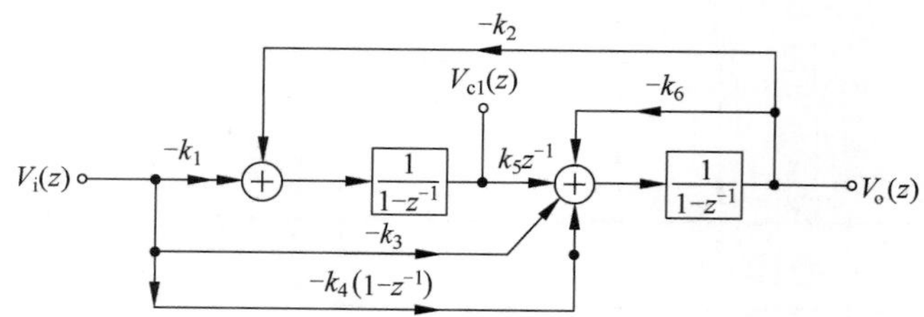

图 5-1-21　图 5-1-20 所示开关电容双二次型滤波器对应的信号流图

由图 5-1-21 所示的信号流图可以得到图 5-1-20 所示滤波器的转移函数为

$$H(z)=\frac{V_o(z)}{V_i(z)}=-\frac{(k_3+k_4)z^2+(k_1k_5-k_3-2k_4)z+k_4}{(1+k_6)z^2+(k_2k_5-k_6-2)z+1} \tag{5-1-56}$$

若需要设计开关电容双二次型滤波器的转移函数为

$$H(z)=-\frac{a_2z^2+a_1z+a_0}{b_2z^2+b_1z+1} \tag{5-1-57}$$

对比式(5-1-56)和式(5-1-57)，即可得到其设计方程如下：

$$k_4=a_0 \tag{5-1-58}$$

$$k_3=a_2-a_0 \tag{5-1-59}$$

$$k_1k_5=a_0+a_1+a_2 \tag{5-1-60}$$

$$k_6=b_2-1 \tag{5-1-61}$$

$$k_2k_5=b_1+b_2+1 \tag{5-1-62}$$

通常情况下，为优化动态范围，尽量使两积分器的时间常数相等，即需要满足

$$k_2=k_5=\sqrt{b_1+b_2+1} \tag{5-1-63}$$

2) 高 Q 双二次型开关电容滤波器的分析与设计

图 5-1-20 所示电路主要适合于低 Q 双二次型开关电容滤波电路的设计，因此称为低 Q 双二次型开关电容滤波电路结构。若用该电路对高 Q 电路进行设计，则所设计出的电路中电容元件的比值较大，可以采用以下方法设计高 Q 双二次型开关电容滤波器。

式(5-1-52)也可由以下两个积分器构成

$$V_o(s)=-\frac{1}{s}[m_2sV_i(s)-\omega_0V_{c1}(s)] \tag{5-1-64}$$

$$V_{c1}(s)=-\frac{1}{s}\left[\left(\frac{m_0}{\omega_0}+\frac{m_1}{\omega_0}s\right)V_i(s)+\omega_0V_o(s)+\frac{1}{Q}sV_o(s)\right] \tag{5-1-65}$$

式(5-1-64)和式(5-1-65)所对应的信号流图如图 5-1-22 所示。

对应的有源 RC 电路如图 5-1-23 所示，为了方便，电容 C_1 和 C_2 均设为单位 1。

对应的开关电容双二次型电路如图 5-1-24 所示，该电路适合于高 Q 双二次型开关电容滤波电路的设计，称为高 Q 双二次型开关电容滤波电路结构。

采用前面相同的分析，利用信号流图可以得到图 5-1-24 所示开关电容双二次型滤波器的转移函数为

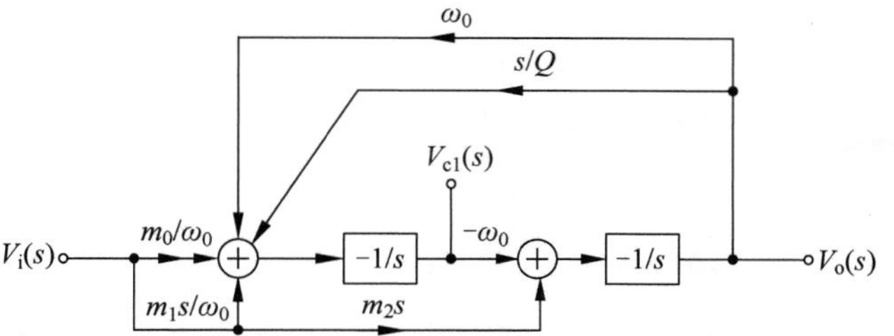

图 5-1-22　连续时间双二次型滤波器的信号流图

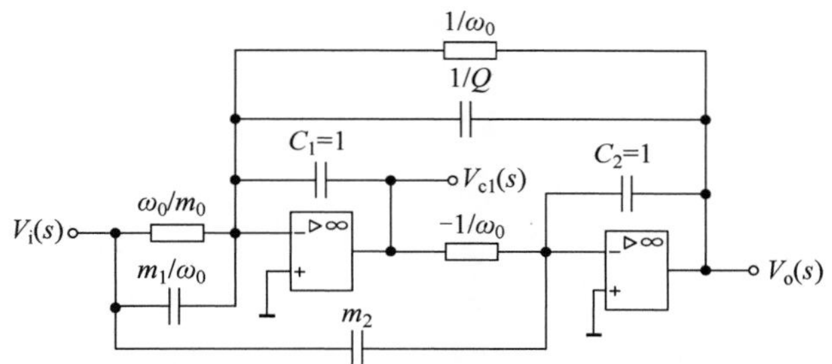

图 5-1-23　连续时间双二次滤波器的有源 RC 实现

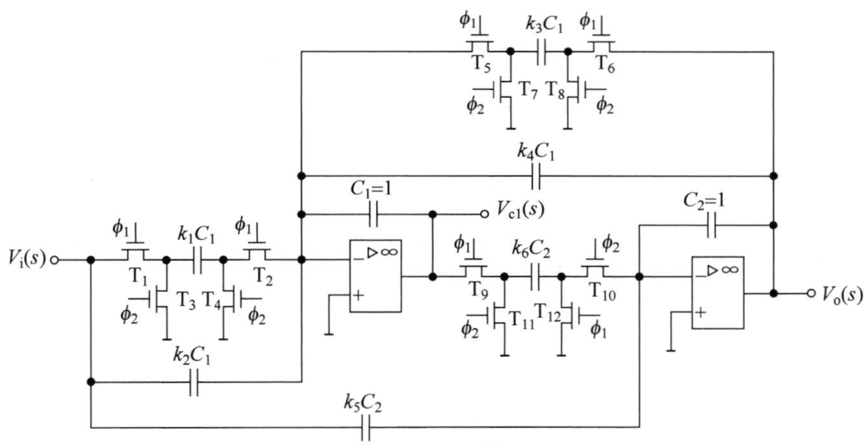

图 5-1-24　高 Q 开关电容双二次型滤波器

$$H(z)=\frac{V_o(z)}{V_i(z)}=-\frac{k_5z^2+(k_1k_6+k_2k_6-2k_5)z+(k_5-k_2k_6)}{z^2+(k_3k_6+k_4k_6-2)z+(1-k_4k_6)} \tag{5-1-66}$$

若需要设计开关电容双二次型滤波器的转移函数为

$$H(z)=-\frac{a_2z^2+a_1z+a_0}{z^2+b_1z+b_0} \tag{5-1-67}$$

对比式(5-1-58)和式(5-1-59)，即可得到其设计方程如下：

$$k_5=a_2 \tag{5-1-68}$$

$$k_1k_6=a_0+a_1+a_2 \tag{5-1-69}$$

$$k_2k_6=a_2-a_0 \tag{5-1-70}$$

$$k_3k_6=b_0+b_1+1 \tag{5-1-71}$$

$$k_4 k_6 = 1 - b_0 \tag{5-1-72}$$

通常情况下,为优化动态范围,尽量使两积分器的时间常数相等,即需要满足

$$k_3 = k_6 = \sqrt{b_0 + b_1 + 1} \tag{5-1-73}$$

3. 高阶开关电容滤波器分析与设计

高阶开关电容滤波器可以通过一阶和二阶开关电容滤波器级联的方法实现,也可以基于对无源 LC 梯形网络运算模拟的方法来实现。接下来以图 5-1-25 所示的双端接电阻的归一化五阶 LC 梯形全极点低通无源滤波器为例,介绍基于网络运算模拟法实现开关电容滤波器的设计方法。

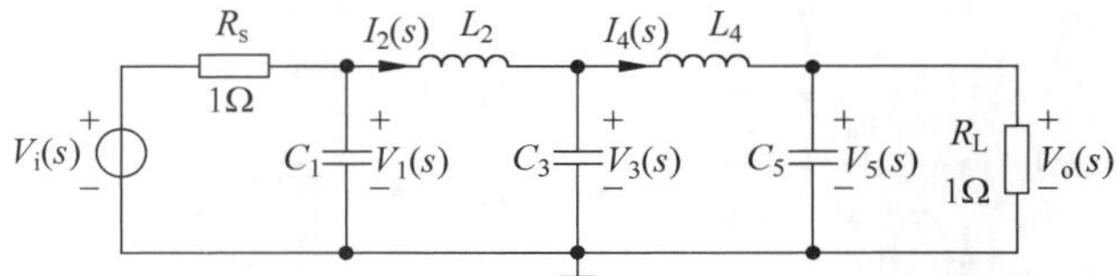

图 5-1-25 双端接电阻的五阶 LC 梯形全极点低通无源滤波器

以电感电流和电容电压为变量,列出图 5-1-25 所示电路的状态方程如下:

$$\begin{cases} V_1(s) = \dfrac{1}{1 + sC_1R_S}[V_i(s) - R_S I_2(s)] \\ I_2(s) = \dfrac{1}{sL_2}[V_1(s) - V_3(s)] \\ V_3(s) = \dfrac{1}{sC_3}[I_2(s) - I_4(s)] \\ I_4(s) = \dfrac{1}{sL_4}[V_3(s) - V_5(s)] \\ V_5(s) = \dfrac{1}{sC_5}\left[I_4(s) - \dfrac{V_5(s)}{R_L}\right] \end{cases} \tag{5-1-74}$$

由于开关电容电路为压控电路,所以需要将式(5-1-74)变形为

$$\begin{cases} V_1(s) = \dfrac{1}{1 + sC_1R_S}[V_i(s) - R_S I_2(s)] \\ R_S I_2(s) = \dfrac{1}{s\dfrac{L_2}{R_S}}[V_1(s) - V_3(s)] \\ V_3(s) = \dfrac{1}{sC_3R_S}[R_S I_2(s) - R_S I_4(s)] \\ R_S I_4(s) = \dfrac{1}{s\dfrac{L_4}{R_S}}[V_3(s) - V_5(s)] \\ V_5(s) = V_o(s) = \dfrac{1}{sC_5R_S}\left[R_S I_4(s) - \dfrac{R_S}{R_L}V_o(s)\right] \end{cases} \tag{5-1-75}$$

由式(5-1-75)可得图 5-1-25 所示滤波器电路所对应的运算框图如图 5-1-26 所示(其中 $R_S=R_L=1\Omega$),可以看出该运算框图由图 5-1-27(a)所示的基本节组成,该基本节可以用图 5-1-27(b)所示积分器来实现,该积分器的输出电压与两个输入电压之差相关,所以称为开关电容差分积分器,其简化画法如图 5-1-27(c)所示。

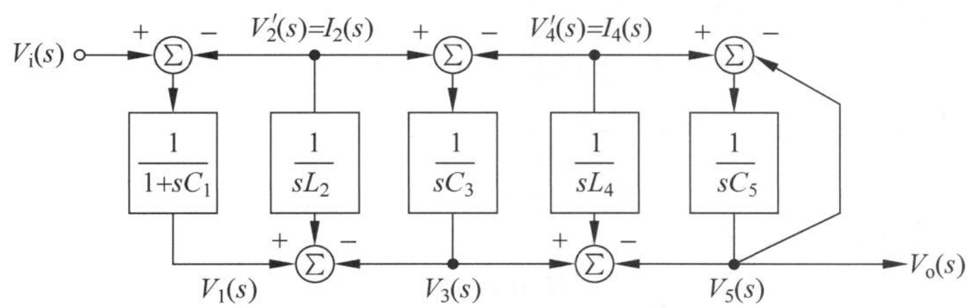

图 5-1-26　双端接电阻的五阶 LC 梯形全极点低通无源滤波器运算框图

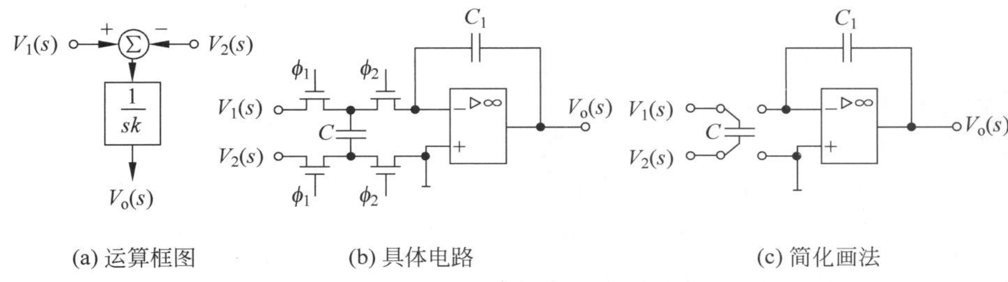

图 5-1-27　开关电容差分积分器

用开关电容差分积分器实现图 5-1-26 所示运算框图的具体电路如图 5-1-28 所示。

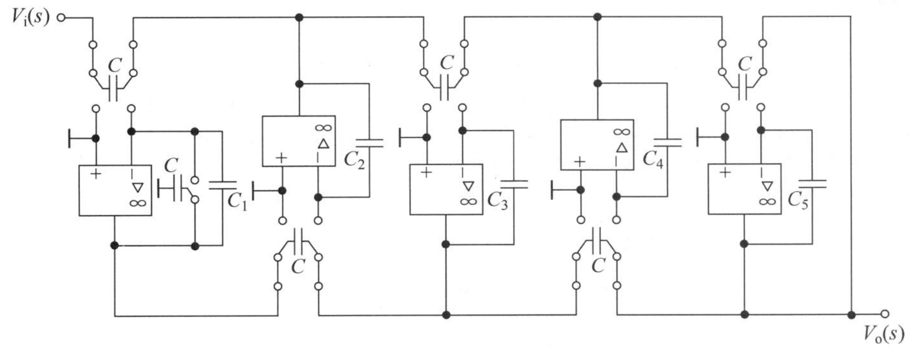

图 5-1-28　五阶开关电容低通滤波器

5.2　开关变换电路分析与设计

假设输入直流电压 $U_g=100\text{V}$,需要设计一个电路将其转换为 50V 的直流电压,输出电流为 10A,在这里为了简化设计,将负载等效为 5Ω 的电阻。

设计方案 1：串联电阻

利用串联电阻进行分压，电路如图 5-2-1 所示，可以计算得知输入 U_g 提供的功率 $P_{in}=1000\text{W}$，输出功率 $P_{out}=500\text{W}$，其功率损耗 $P_{loss}=500\text{W}$，效率仅为 50%。

设计方案 2：串联线性稳压器

电路如图 5-2-2 所示，工作在线性工作模式的功率晶体管取代了图 5-2-1 中的电阻，其基极电流由反馈系统控制从而获得所期望的输出电压。该电路中线性工作模式晶体管的功率损耗，大致与图 5-2-1 中的电阻相同，导致效率约为 50%。

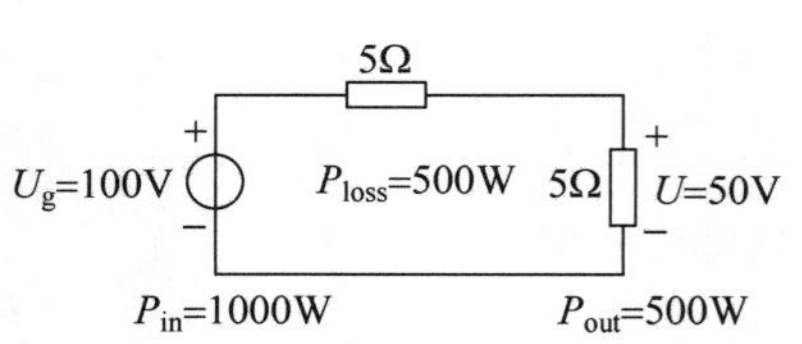

图 5-2-1　用串联电阻实现电压变换

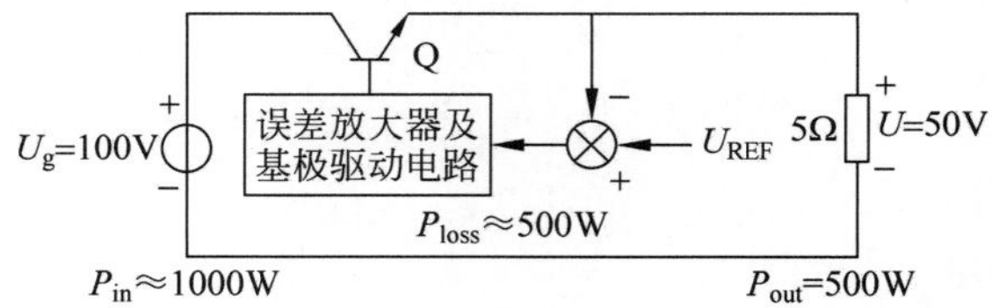

图 5-2-2　用线性稳压实现电压变换

设计方案 3：开关变换器

方案 1 和 2 的效率都不高，究其原因是因为变换器本身消耗了较大的功率，可以采用开关变换器来解决这一问题，电路如图 5-2-3(a)所示。当单刀双掷开关置于位置 1 时，电压 $u_s(t)$等于输入电压 U_g，开关置于位置 2 时，电压 $u_s(t)$为 0。假设该开关的位置按周期 T_s 切换，则电压 $u_s(t)$是周期为 T_s(或频率 $f_s=1/T_s$)的矩形波，如图 5-2-3(b)所示。在此将开关位于位置 1 的时间与整个周期之比定义为占空比 D，因此其值应该为 $0\leqslant D\leqslant 1$。在实际电路中，单刀双掷开关是通过控制电路，采用开关工作模式的半导体器件来实现的。

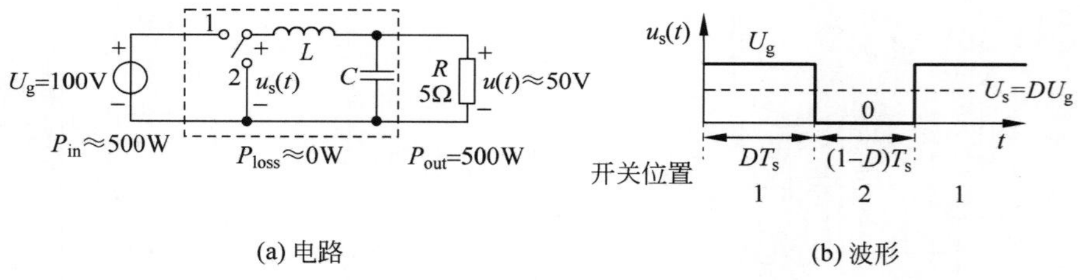

图 5-2-3　用开关变换器实现电压变换

基于傅里叶分析可知：周期电压 $u_s(t)$的直流分量 U_s 等于它的平均值。因此，$u_s(t)$的直流分量 U_s 可以表示为

$$U_s=\frac{1}{T}\int_0^{T_s}u_s(t)\mathrm{d}t=DU_g \tag{5-2-1}$$

除了所需的直流分量，电压 $u_s(t)$还包含交流分量。因此这些交流分量必须被消除，这样才能使输出电压基本上等同于直流分量 U_s，在图 5-2-3(a)所示电路中采用了 LC 低通滤波器来滤除交流分量。通常情况下 LC 低通滤波器的截止频率远小于开关频率，保证通过滤波器滤波后所得到的输出电压 $u(t)$基本上只有直流分量 U_s。

因此可以通过单刀双掷开关对占空比 D 的控制来改变直流分量 U_s 的数值，本设计中需要将 100V 输入电压转换为 50V 输出电压，只需使其占空比 $D=0.5$。

图 5-2-3(a)中的开关变换器称为 Buck 变换器，在理想情况下，当处于闭合状态时，开关两端电压为零；当处于断开状态时，流过开关的电流为零，因此理想开关的功耗为零。若电感 L 及电容 C 也是理想的，则整个开关变换器几乎不消耗功率，效率理论上可达 100%。

接下来介绍一种一般的分析方法，用于分析由电感、电容、开关构成的开关变换网络。

5.2.1 开关变换电路的稳态分析

1. 小纹波近似

由于 5-2-3(a)中的 LC 低通滤波器不可能完美地完全消除交流分量，导致在实际电路中输出电压 $u(t)$ 由所期望的直流分量 U 叠加一个小的交流分量 $u_{\text{ripple}}(t)$ 所组成，该交流分量由低通滤波器对谐波的不完整衰减所产生，$u(t)$ 的波形如图 5-2-4 所示。

因此输出电压 $u(t)$ 可表示为

$$u(t)=U+u_{\text{ripple}}(t) \tag{5-2-2}$$

对于一个性能良好的开关变换器来说，输出电压的纹波应该非常小，即 $|u_{\text{ripple}}(t)|\ll U$，图 5-2-4 中 $u_{\text{ripple}}(t)$ 的大小有所夸大。因此在稳态分析和建模中电压纹波 $u_{\text{ripple}}(t)$ 可以忽略。

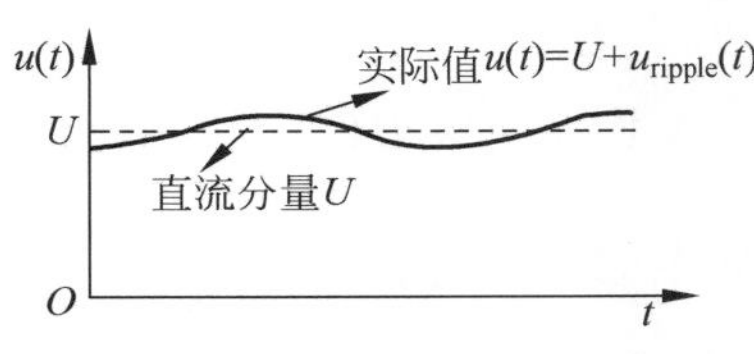

图 5-2-4 实际输出电压波形

$$u(t)\approx U \tag{5-2-3}$$

这种近似称为小纹波近似，基于小纹波近似可大大简化稳态分析过程。

2. 电感伏秒平衡

接下来分析图 5-2-3(a)所示电路稳态时的电感电流波形，第一阶段(开关在位置 1)所对应电路如图 5-2-5(a)所示，此时电感 L 的电压 $u_L(t)$ 可表示为

$$u_L(t)=U_g-u(t) \tag{5-2-4}$$

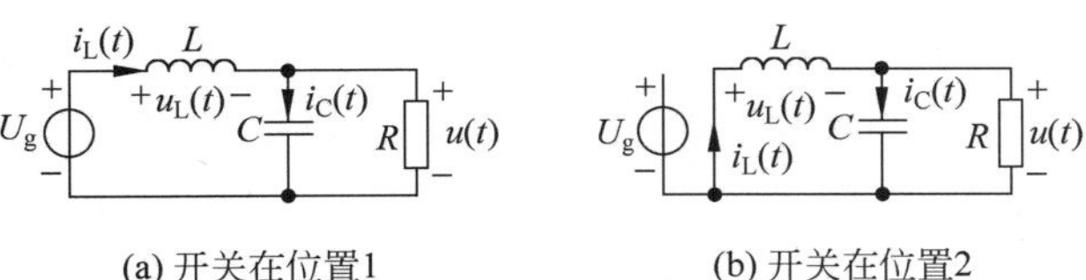

图 5-2-5 Buck 变换器电路

运用式(5-2-3)所示小纹波近似，以 $u(t)$ 的直流分量 U 代替 $u(t)$，则

$$u_L(t)\approx U_g-U \tag{5-2-5}$$

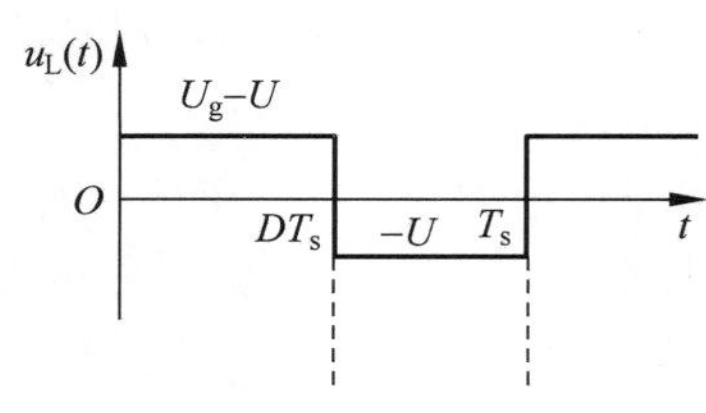

(a) 电感电压波形

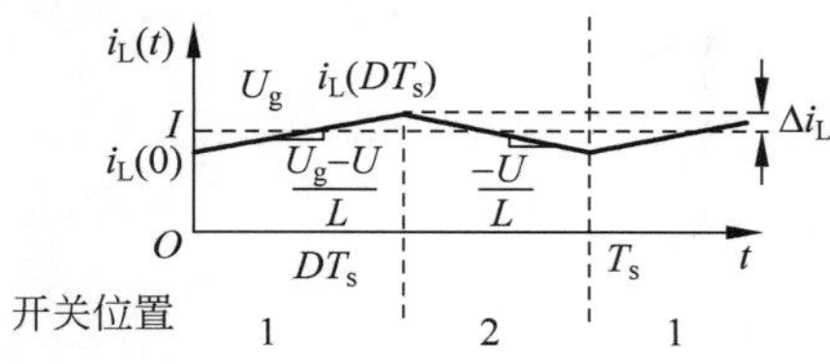

(b) 电感电流波形

图 5-2-6 Buck 变换器稳态波形图

所以第一阶段的电感电压 $u_L(t)$ 基本不变，等于 U_g-U，如图 5-2-6(a)所示。

线性电感 L 的电压 $u_L(t)$ 和电流 $i_L(t)$ 满足以下微分关系：

$$u_L(t)=L\frac{di_L(t)}{dt} \tag{5-2-6}$$

因此，电感电流 $i_L(t)$ 的斜率为

$$\frac{di_L(t)}{dt}=\frac{u_L(t)}{L}\approx\frac{U_g-U}{L} \tag{5-2-7}$$

所以当开关在位置 1 时，电感电压 $u_L(t)$ 基本不变，电感电流 $i_L(t)$ 斜率也基本不变，电感电流呈线性增加，如图 5-2-6(b)所示。

第二阶段（开关在位置 2）对应的电路如图 5-2-5(b)所示，需要特别注意的是，在开关的整个周期中，电感电压和电流的参考方向应保持不变。

此时的电感电压 $u_L(t)$ 可表示为

$$u_L(t)=-u(t) \tag{5-2-8}$$

使用小纹波近似，电感电压 $u_L(t)$ 可表示为

$$u_L(t)\approx-U \tag{5-2-9}$$

因此，第二阶段的电感电压 $u_L(t)$ 也基本不变，如图 5-2-6(a)所示。将式(5-2-9)代入式(5-2-6)，可得出电感电流 $i_L(t)$ 的斜率为

$$\frac{di_L(t)}{dt}\approx\frac{-U}{L} \tag{5-2-10}$$

因此，当开关在位置 2 时，电感电流 $i_L(t)$ 的斜率为负且基本不变化，电感电流呈线性减小，如图 5-2-6(b)所示。

观察图 5-2-6(b)所示波形，发现电感电流 $i_L(t)$ 开始于初始值 $i_L(0)$。开关在位置 1 时，电感电流 $i_L(t)$ 以式(5-2-7)的斜率增长，当 $t=DT_s$ 时，开关位置变到 2，电感电流 $i_L(t)$ 以式(5-2-10)的斜率减小。当 $t=T_s$ 时，开关的位置变化又回到 1，然后不断重复这个过程。

图 5-2-6(b)所示是开关变换器工作在稳态时的电感电流 $i_L(t)$ 波形，接下来分析当开关变换器刚开始工作时，电感电流会发生什么变化，其波形如图 5-2-7 所示。假设电感电流和输出电压初始值均为零，即 $i_L(0)=0$ 和 $u(0)=0$。先分析第一个开关周期，由于 $u(0)=0$，第一阶段（开关在位置 1）的电感电流将以斜率 U_g/L 增加；接着开关处于位置 2，电感电流斜率基本为零，因此在第一个开关期间内电感电流有所增加，$i_L(T_s)>i_L(0)$。在第一个开关期间内输出电容被充电，使得输出电压 $u(t)$ 略有增加。这一过程将在接下去的每个开关周期内重复，电感电流在开关位于位置 1 时增加，在开关位于位置 2 时减小。

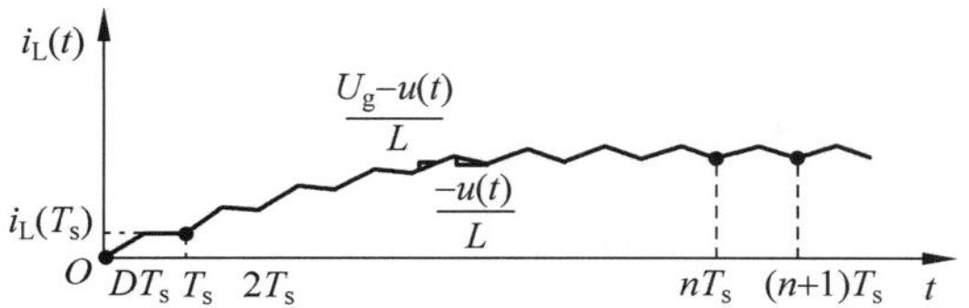

图 5-2-7 变换器开启后的瞬态电感电流波形

随着输出电容继续充电,输出电压 $u(t)$ 继续增加,因此在每个开关周期中,第一阶段(开关在位置 1)的电感电流尽管还在增加,但其斜率$[U_g-u(t)]/L$ 将会减小,增速减缓;同理,在第二阶段(开关在位置 2)的电感电流减小,但其斜率 $u(t)/L$ 将会负得更多,减速增大。最终会达到以下稳定状态:电感电流在第一阶段增加的量等于在第二阶段减少的量。此时,在一个完整的开关周期内,不会有任何净变动的电感电流,可以表示为 $i_L(nT_s)=i_L[(n+1)T_s]$,开关变换器进入稳态工作,稳态时的电感电流波形如图 5-2-6(b)所示。

根据线性电感的电压电流微分关系式(5-2-6)可求出,在一个开关周期内电感电流 $i_L(t)$ 的增量为

$$i_L(T_s)-i_L(0)=\frac{1}{L}\int_0^{T_s}u_L(t)\mathrm{d}t \tag{5-2-11}$$

在稳态时,电感电流的初值 $i_L(0)$ 和终值 $i_L(T_s)$ 是相等的,因此关系式(5-2-11)的左式为零,所以稳态时电感电压 $u_L(t)$ 在整周期内的积分必为零。

$$0=\int_0^{T_s}u_L(t)\mathrm{d}t \tag{5-2-12}$$

从几何意义上来说,式(5-2-12)表明在整开关周期内电感电压 $u_L(t)$ 与坐标轴围成的面积代数和为零,该面积的单位为伏秒(V・s),因此称为电感伏秒平衡,电感伏秒平衡适用于任何开关变换器的稳态分析。

将式(5-2-12)两侧除以开关周期 T_s 得到下式

$$0=\frac{1}{T_s}\int_0^{T_s}u_L(t)\mathrm{d}t=\langle u_L\rangle \tag{5-2-13}$$

式(5-2-13)的右式是 $u_L(t)$ 的平均值,或直流分量。因此在稳态时,开关变换器的电感电压 $u_L(t)$ 平均直流分量为 0。

重绘图 5-2-6(a)所示电感电压 $u_L(t)$ 波形如图 5-2-8 所示,在整开关周期内 $u_L(t)$ 与坐标轴围成两个矩形,因此其面积代数和 λ 可表示为

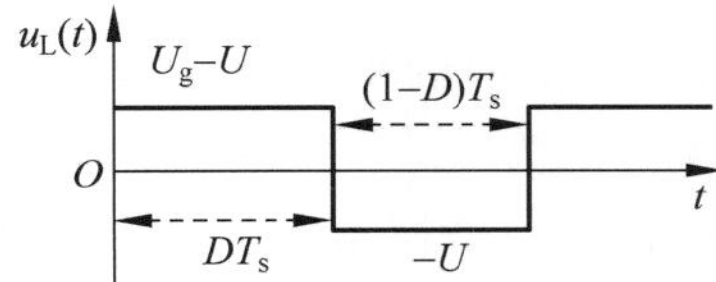

图 5-2-8 Buck 变换器稳态电感电压波形

$$\lambda=\int_0^{T_s} u_L(t)\mathrm{d}t=(U_g-U)(DT_s)+(-U)(1-D)T_s \tag{5-2-14}$$

因此电感电压 $u_L(t)$ 的平均值为

$$\langle u_L\rangle=\frac{\lambda}{T_s}=(U_g-U)D+(-U)(1-D) \tag{5-2-15}$$

稳态时，$\langle u_L\rangle$ 等于零，得到

$$0=(U_g-U)D+(-U)(1-D)=DU_g-U \tag{5-2-16}$$

因此解得

$$U=DU_g \tag{5-2-17}$$

由于 $0\leqslant D\leqslant 1$，因此 Buck 变换器的输出电压不会大于输入电压，称 Buck 变换器为降压变换器。在此引入电压变比 $M(D)$ 这一概念，定义为输出电压与输入电压之比，由式(5-2-17)可得 Buck 变换器的电压变比为

$$M(D)=\frac{U}{U_g}=D \tag{5-2-18}$$

3．电容安秒平衡

稳态时，开关变换器除了满足电感伏秒平衡，还满足电容安秒平衡。

线性电容的电压电流满足以下关系：

$$i_C(t)=C\,\frac{\mathrm{d}u_C(t)}{\mathrm{d}t} \tag{5-2-19}$$

因此在一个开关周期内电容电压 $u_C(t)$ 的增量可表示为

$$u_C(T_s)-u_C(0)=\frac{1}{C}\int_0^{T_s} i_C(t)\mathrm{d}t \tag{5-2-20}$$

在稳态时，电容电压的初值 $u_C(0)$ 和终值 $u_C(T_s)$ 是相等的，因此关系式(5-2-20)的左式为零，所以稳态时电容电流 $i_C(t)$ 在整周期内的积分必为零。

$$0=\int_0^{T_s} i_C(t)\mathrm{d}t \tag{5-2-21}$$

从几何意义上来说，式(5-2-21)表明在整开关周期内电容电流 $i_C(t)$ 与坐标轴围成的面积代数和为零，该面积的单位为安秒(A·s)，因此称为电容安秒平衡，电容安秒平衡适用于任何开关变换器的稳态分析。

将式(5-2-21)两侧除以开关周期 T_s 得到下式

$$0=\frac{1}{T_s}\int_0^{T_s} i_C(t)\mathrm{d}t=\langle i_C\rangle \tag{5-2-22}$$

可以认为式(5-2-22)的右式是 $i_C(t)$ 的平均值，或直流分量。因此在稳态时，开关变换器的电容电流 $i_C(t)$ 平均直流分量为 0。

【例 5-2-1】 Boost 变换器如图 5-2-9 所示，其中图(a)为理想开关描述电路，图(b)为实际电路，试分析电路处于稳态时的输出电压以及电感电流。

解：当开关位于位置 1 时(晶体管 Q 导通，二极管 D 截止)，其等效电路如图 5-2-10(a)

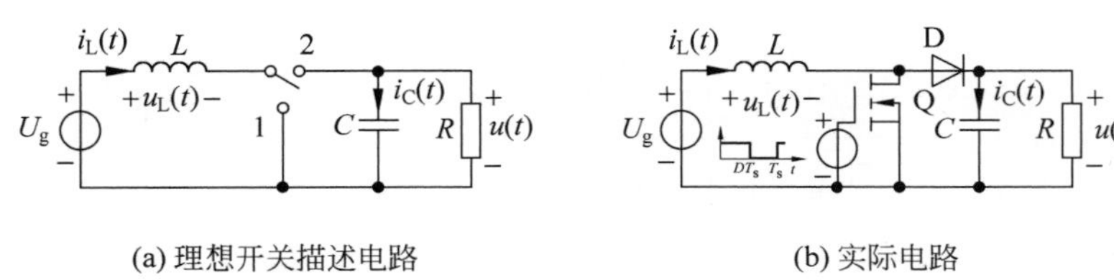

图 5-2-9　Boost 变换器

所示，电感电压 $u_L(t)$ 和电容电流 $i_C(t)$ 可分别表示为

$$u_L(t)=U_g \tag{5-2-23a}$$

$$i_C(t)=-\frac{u(t)}{R} \tag{5-2-23b}$$

利用小纹波近似，可得

$$u_L(t)=U_g \tag{5-2-24a}$$

$$i_C(t)=-\frac{U}{R} \tag{5-2-24b}$$

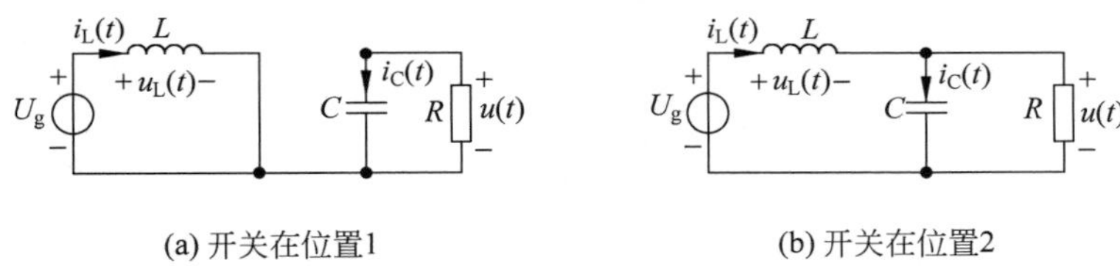

图 5-2-10　Boost 变换器电路

开关位于位置 2 对应电路如图 5-2-10(b)所示，在此期间晶体管 Q 截止，二极管 D 导通，电感电压 $u_L(t)$ 和电容电流 $i_C(t)$ 可分别表示为

$$u_L(t)=U_g-u(t) \tag{5-2-25a}$$

$$i_C(t)=i_L(t)-\frac{u(t)}{R} \tag{5-2-25b}$$

利用小纹波近似，可得

$$u_L(t)=U_g-U \tag{5-2-26a}$$

$$i_C(t)=I_L-\frac{U}{R} \tag{5-2-26b}$$

由式(5-2-24)和式(5-2-26)可得到电感电压 $u_L(t)$ 和电容电流 $i_C(t)$ 的波形，如图 5-2-11 所示。

由电感伏秒平衡可得

$$\int_0^{T_s} u_L(t)\mathrm{d}t=U_g DT_s+(U_g-U)(1-D)T_s=0 \tag{5-2-27}$$

因此

$$U=\frac{U_g}{1-D} \tag{5-2-28}$$

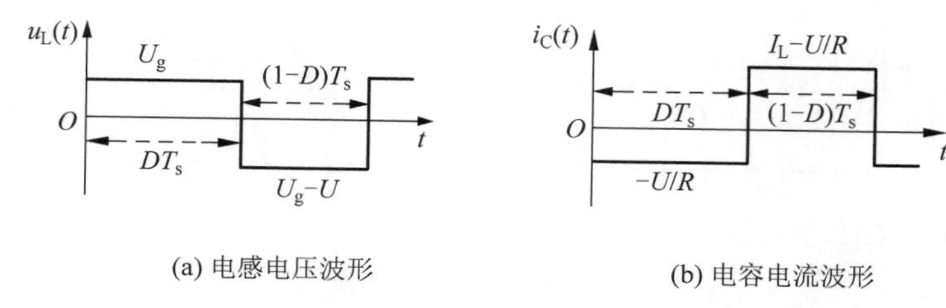

(a) 电感电压波形　　(b) 电容电流波形

图 5-2-11　Boost 变换器稳态波形图

由于 $1-D<1$，因此输出电压比输入电压高。这一点从图 5-2-11(a)中可以看出，在开关位于位置 1 时，$u_L(t)$的电压为 U_g，伏秒值为正，要满足电感伏秒平衡使得总的伏秒值为零，开关位于位置 2 时所对应的伏秒值必须为负，因而 U_g-U 必小于零，所以 $U>U_g$，即输出电压大于输入电压，因此称 Boost 变换器为升压变换器，其电压变比为

$$M(D)=\frac{U}{U_g}=\frac{1}{1-D} \tag{5-2-29}$$

由电容安秒平衡可得

$$\int_0^{T_s} i_C(t)\mathrm{d}t=\left(-\frac{U}{R}\right)DT_s+\left(I_L-\frac{U}{R}\right)(1-D)T_s=0 \tag{5-2-30}$$

因此

$$I_L=\frac{U}{(1-D)R} \tag{5-2-31}$$

将式(5-2-28)代入式(5-2-31)，则电感电流 I_L 可用输入电压 U_g 表示为

$$I_L=\frac{U_g}{(1-D)^2R} \tag{5-2-32}$$

5.2.2　开关变换电路的稳态等效电路模型

任何开关变换器应该包括 3 个端口：电源输入端、电源输出端和控制输入端，如图 5-2-12 所示。理想情况下，效率为 100%，有

$$P_{in}=P_{out} \tag{5-2-33}$$

也可以表示为

$$U_gI_g=UI \tag{5-2-34}$$

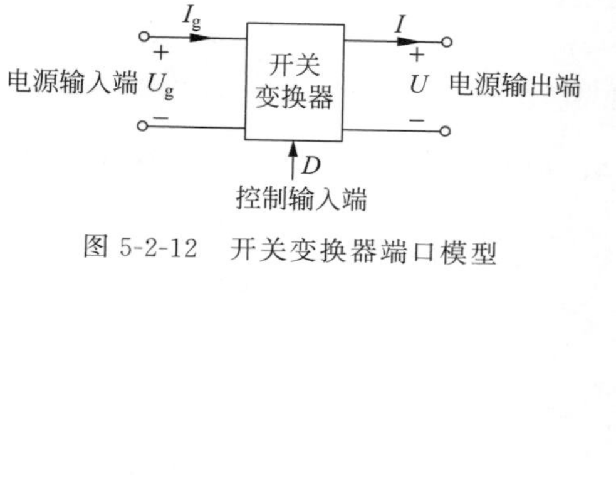

I_g　+　电源输入端 U_g　−　开关变换器　I　+　U　电源输出端　−　D　控制输入端

图 5-2-12　开关变换器端口模型

需要注意的是，这些关系在直流稳态下才有效。在瞬态时，开关变换器内的电感和电容在开关周期内储能可能会发生变化，导致式(5-2-33)和式(5-2-34)不成立。

可以用如下形式来表示开关变换器输出电压

$$U = M(D)U_g \tag{5-2-35}$$

式中，$M(D)$是开关变换器稳态时的电压变比，例如，由式(5-2-18)可知 Buck 变换器的变比为 $M(D)=D$，由式(5-2-29)可知 Boost 变换器的变比为 $M(D)=1/(1-D)$。

将式(5-2-35)代入式(5-2-34)得

$$I_g = M(D)I \tag{5-2-36}$$

综合式(5-2-35)和式(5-2-36)，理想开关变换器可以用受控源模型来表示，如图 5-2-13(a)所示。开关变换器也可用理想的直流变压器模型来描述其输入与输出关系，如图 5-2-13(b)所示，其中的 $M(D)$表示直流变压器的变比，其端口电压、电流及功率关系满足式(5-2-33)、式(5-2-34)、式(5-2-35)和式(5-2-36)。

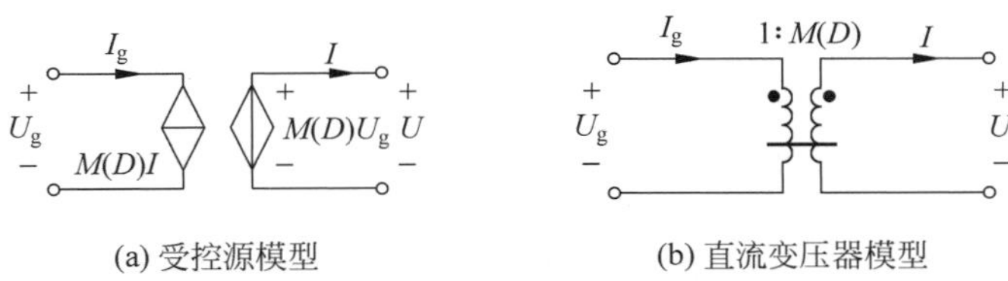

(a) 受控源模型　　(b) 直流变压器模型

图 5-2-13　变换器模型

直流变压器上的水平实线表示该变压器可以通过直流电压和电流。应当指出的是，尽管经典的磁芯变压器不能变直流(通过直流时磁芯会饱和)，在此引入直流变压器模型是为了模拟 DC/DC 开关变换器的功能。事实上，在物理上直流变压器的缺失是构建 DC/DC 开关变换器的原因之一。

在实际的开关变换器中，需要考虑一些非理想因素，如电感的铜损耗、开关器件的导通电阻等，接下来以图 5-2-14 所示实际 Boost 变换器为例，基于电感伏秒平衡、电容安秒平衡和小纹波近似建立其直流变压器模型。

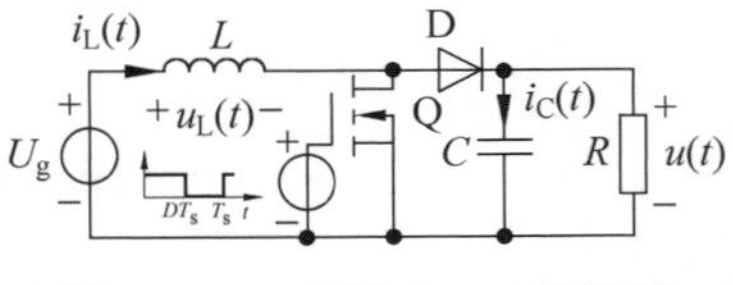

图 5-2-14　实际 Boost 变换器

当 $0<t<DT_s$ 时，晶体管 Q 导通，二极管 D 截止，其等效电路如图 5-2-15(a)所示，其中 R_L 表示实际电感考虑铜损耗的等效电阻，R_{on} 表示晶体管 Q 的导通电阻。电感电压 $u_L(t)$和电容电流 $i_C(t)$可分别表示为

$$u_L(t) = U_g - i_L(t)(R_L + R_{on}) \tag{5-2-37a}$$

$$i_C(t) = -\frac{u(t)}{R} \tag{5-2-37b}$$

利用小纹波近似，可得

$$u_L(t) = U_g - I_L(R_L + R_{on}) \tag{5-2-38a}$$

$$i_C(t) = -\frac{U}{R} \tag{5-2-38b}$$

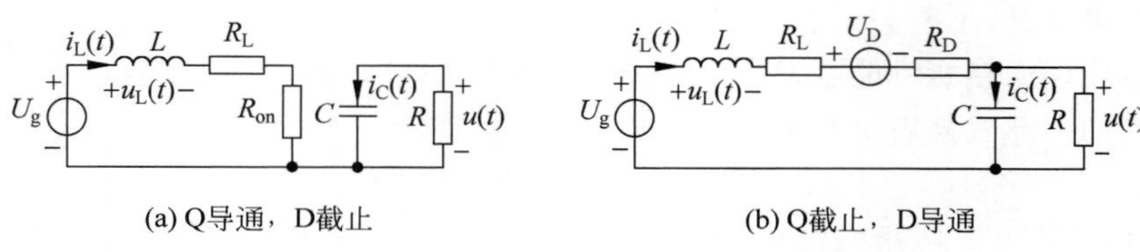

(a) Q导通，D截止　　(b) Q截止，D导通

图 5-2-15　实际 Boost 变换器电路

当 $DT_s < t < T_s$ 时，晶体管 Q 截止，二极管 D 导通，其等效电路如图 5-2-15(b)所示，其中 R_L 表示实际电感考虑铜损耗的等效电阻，U_D 表示二极管 D 的导通电压，R_D 表示二极管 D 的导通电阻。电感电压 $u_L(t)$和电容电流 $i_C(t)$可分别表示为

$$u_L(t) = U_g - i_L(t)(R_L + R_D) - U_D - u(t) \tag{5-2-39a}$$

$$i_C(t) = i_L(t) - \frac{u(t)}{R} \tag{5-2-39b}$$

利用小纹波近似，可得

$$u_L(t) = U_g - I_L(R_L + R_D) - U_D - U \tag{5-2-40a}$$

$$i_C(t) = I_L - \frac{U}{R} \tag{5-2-40b}$$

基于式(5-2-38)和式(5-2-40)构建电感电压和电容电流波形如图 5-2-16(a)所示，其中 $D' = 1 - D$，由电感伏秒平衡知，电感电压的直流分量或平均值$\langle u_L \rangle$为 0，即

$$\langle u_L \rangle = \frac{1}{T_s}\int_0^{T_s} u_L(t)\mathrm{d}t = D[U_g - I_L(R_L + R_{on})] + D'[U_g - I_L(R_L + R_D) - U_D - U] = 0 \tag{5-2-41}$$

整理后得

$$U_g - I_L R_L - I_L D R_{on} - D'U_D - I_L D' R_D - D'U = 0 \tag{5-2-42}$$

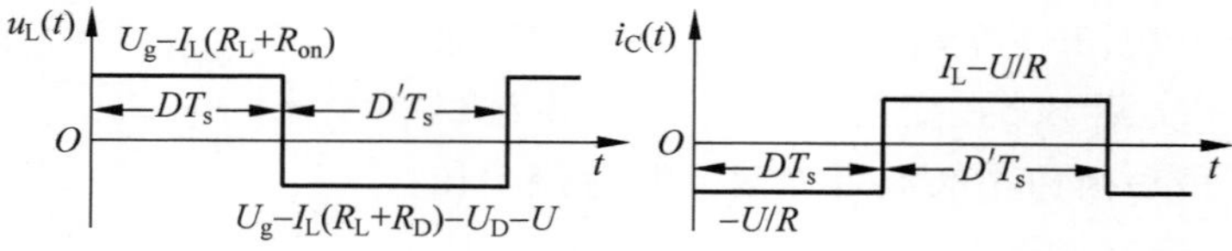

(a) 电感电压波形　　(b) 电容电流波形

图 5-2-16　实际 Boost 变换器稳态波形图

式(5-2-42)的左式为电压代数和，基于基尔霍夫电压定律可构造一个含有环路电流 I_L，与式(5-2-42)一致的电路如图 5-2-17(a)所示。

由电容安秒平衡知，电容电流的直流分量或平均值$\langle i_C \rangle$为 0，即

$$\langle i_C \rangle = \frac{1}{T_s}\int_0^{T_s} i_C(t)\mathrm{d}t = D\left(-\frac{U}{R}\right) + D'\left(I_L - \frac{U}{R}\right) = 0 \tag{5-2-43}$$

整理后得

$$D'I_L - \frac{U}{R} = 0 \tag{5-2-44}$$

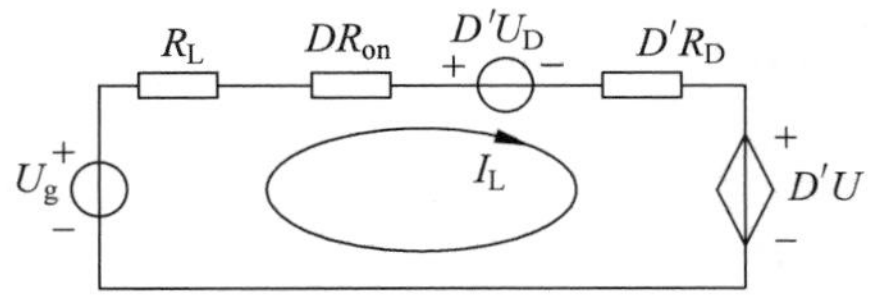

(a) 式(5-2-42)对应模型

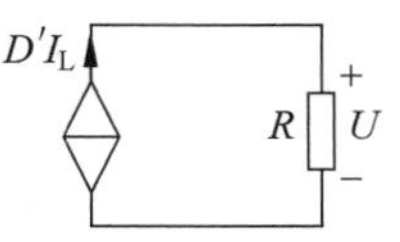

(b) 式(5-2-44)对应模型

图 5-2-17 实际 Boost 变换器受控源模型

式(5-2-44)表明两个直流电流的总和等于零,因此,式(5-2-44)是节点电流方程的一种等效形式,基于基尔霍夫电流定律可构造一个与式(5-2-44)一致的电路如图 5-2-17(b)所示。

参照图 5-2-13,可进一步将受控电压源和受控电流源合在一起等效为理想直流变压器,虽然与图 5-2-13 所示电路有所区别,受控电压源在初级,受控电流源在次级,但基于变压器的对称性,可将其等效成变比为 D' : 1 的理想直流变压器,得到的模型如图 5-2-18 所示。

基于图 5-2-18 所示直流变压器模型,可直接分析变换器的电压、电流及效率。例如,可将电阻 R 乘以 D'^2 折合到初级回路,等效后的电路如图 5-2-19 所示。

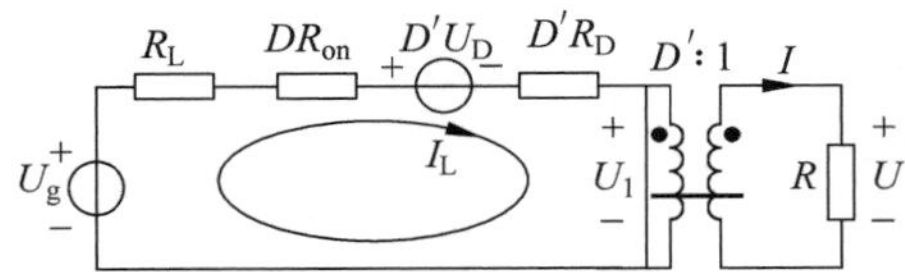

图 5-2-18 实际 Boost 变换器直流变压器模型

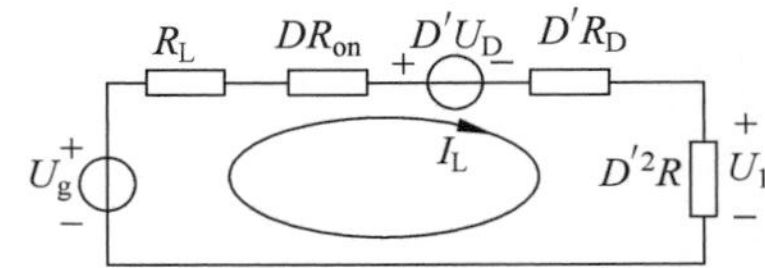

图 5-2-19 等效后电路图

由图 5-2-19 所示电路可解出输入电流 I_L 及初级输出电压 U_1 分别为

$$I_L=\frac{U_g-D'U_D}{R_L+DR_{on}+D'R_D+D'^2R} \tag{5-2-45}$$

$$U_1=\frac{D'^2R}{R_L+DR_{on}+D'R_D+D'^2R}(U_g-D'U_D) \tag{5-2-46}$$

利用直流变压器初级和次级电压电流关系可得出输出电流 I 及输出电压 U 分别为

$$I=D'I_L=D'\frac{U_g-D'U_D}{R_L+DR_{on}+D'R_D+D'^2R} \tag{5-2-47}$$

$$U=\frac{1}{D'}U_1=\frac{D'R}{R_L+DR_{on}+D'R_D+D'^2R}(U_g-D'U_D) \tag{5-2-48}$$

因此可以分析出其效率 η 为

$$\eta=\frac{P_{out}}{P_{in}}=\frac{UI}{U_gI_L}=\frac{1-\dfrac{D'U_D}{U_g}}{1+\dfrac{R_L+DR_{on}+D'R_D}{D'^2R}} \tag{5-2-49}$$

通过式(5-2-49)可以看出,若要提高其效率,需要

$$
\begin{aligned}
&U_{\mathrm{g}} \gg D'U_{\mathrm{D}} \\
&D'^{2}R \gg R_{\mathrm{L}} + DR_{\mathrm{on}} + D'R_{\mathrm{D}}
\end{aligned}
\tag{5-2-50}
$$

5.3 基于 WEBENCH 的电源设计与分析

WEBENCH 电源设计器是一款功能强大且易于使用的在线电源设计工具,用来选择、设计和比较符合设计需求的电源设计方案。通过 TI 官网即可打开 WEBENCH 电源设计器进行电源设计,其设计主要包括选择(SELECT)、定制(CUSTOMIZE)、仿真(SIMULATE)和导出(EXPORT)这几个过程。

通过 TI 官网打开 WEBENCH 电源设计器,可打开一个如图 5-3-1 所示标题为 Create a new DC/DC power design 的网页界面。

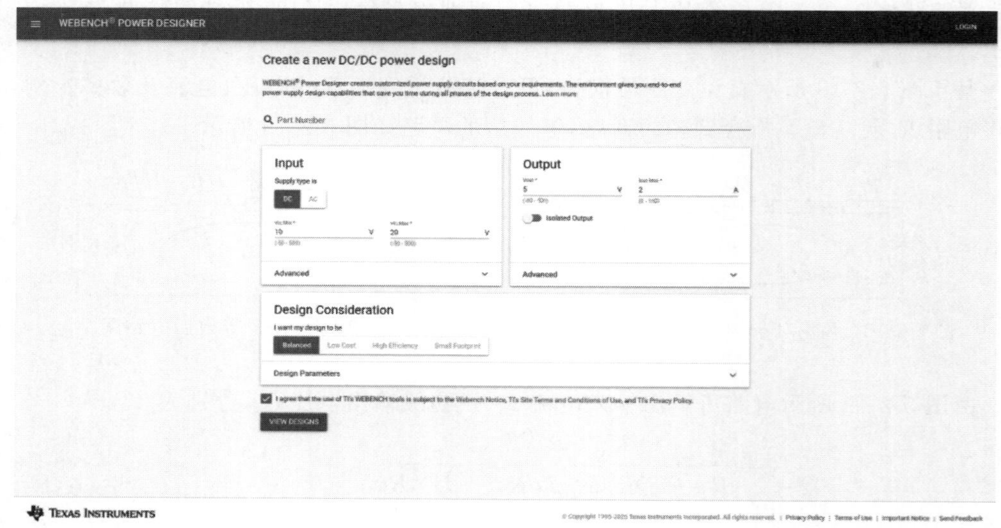

图 5-3-1 Create a new DC/DC power design 的网页界面

页面最上方有一个搜索框,若想选择针对某个具体芯片型号的设计,可以进行搜索。若还没有确定芯片型号,可以直接输入所需的电源参数,主要包括:

(1) 输入(Input)。在此可按实际设计需求选择输入类型(DC 或 AC)及填入输入电压的要求范围。单击 Advanced 可以选择更多选项。

(2) 输出(Output)。在此可按实际设计需求填入要求的输出电压值,最大输出电流值,同时选择输出是否需要隔离。单击 Advanced 可以选择更多选项。

(3) 设计依据(Design Consideration)。在此可按实际设计需求选择是否根据一定的特性来对设计进行优化。若选择 Balanced,则方案中成本、效率和电路板尺寸这三个相互制约的因素将有同样的权重。若这三者中某一项对设计来说更为重要,例如若优先考虑成本问题,则选择 Low Cost,这样 WEBENCH 将自动在设计和元器件选择过程中偏

向低成本方案。单击 Design Parameters，则会在下拉菜单中看到更多 WEBENCH 的设计优化选项。这些选项不是必需的，但若需要也可以进行修改。

电源参数输入完成之后，单击 View Designs 会进入图 5-3-2 所示 WEBENCH 电源设计器主界面，即进入选择(SELECT)过程。

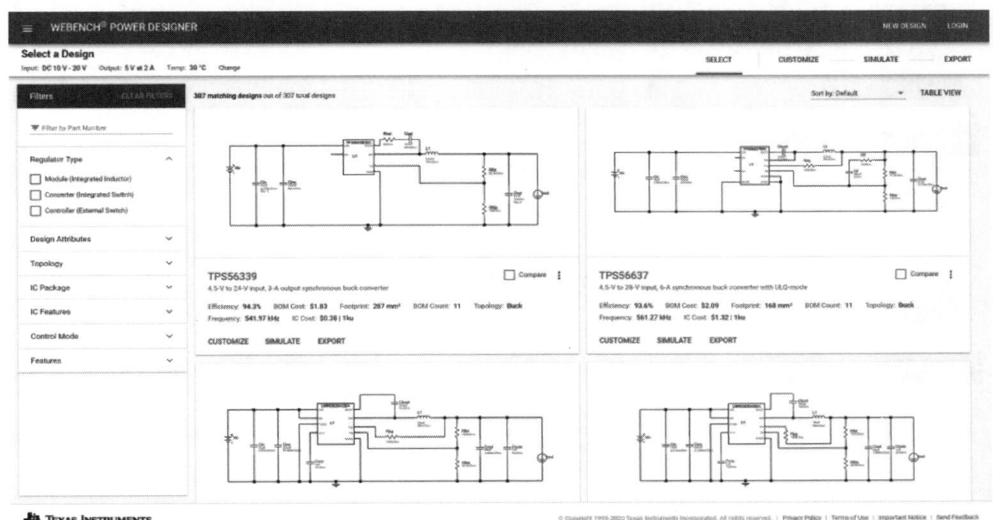

图 5-3-2　选择(SELECT)过程

1. 选择(SELECT)

WEBENCH 会快速生成一个列表，将所有满足设计需求的方案都展示出来，并把最优方案显示在顶端，界面也支持列表式的显示方式，若需要可以单击右上角的 TABLE VIEW 按钮来切换，还可以通过勾选 Compare 功能框，来对不同方案的细节做比较。

WEBENCH 已经根据前面输入的电源参数自动选择了合适的电源拓扑和元器件。WEBENCH 支持的拓扑包括 Buck、Boost、Flyback、Inverting Buck-Boost、四开关 Buck-Boost、SEPIC、半桥谐振 LLC 和升压 PFC 拓扑。WEBENCH 还会同时选择并计算出方案中所有外围电路元器件的价格，以便于对整体方案的成本、体积和效率进行比较。

在页面的左边栏提供了一系列的附加筛选器。如果需要，可以使用这些筛选器来滤除不满足要求的方案，进一步优化设计方案的成本、体积、效率以及功能特性。

在完成方案选择，找到最适合的方案之后，可单击该方案下方的 CUSTOMIZE 红色按钮，进入图 5-3-3 所示的定制(CUSTOMIZE)过程。

2. 定制(CUSTOMIZE)

该界面会展示所选方案的详细信息，在界面的右半部分主要包括五个标签。

(1) 原理图(SCHEMATIC)。在此显示了设计方案的电路原理图，原理图右上角有放大、缩小以及导出到 CAD 图标。若想要在原理图视图中替换一个元器件，可以单击这

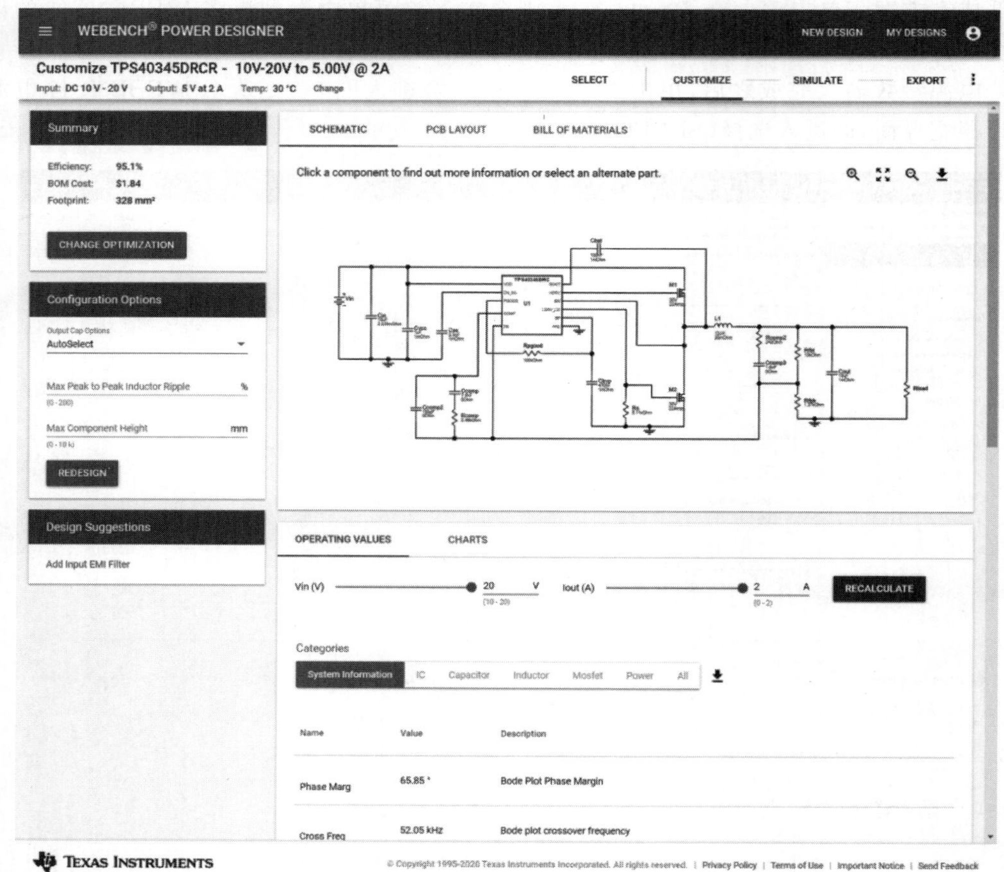

图 5-3-3 定制(CUSTOMIZE)过程

个元器件,在弹出的对话框中可以看到该元器件的参数,单击 CHOOSE ALTERNATIVE 就可以替换该元器件。

(2) 印制电路板布局(PCB LAYOUT)。在此显示了设计方案的印制电路板布局图,WEBENCH 所显示的 PCB 布局是根据方案中电源芯片对应的评估板来绘制的。

(3) 物料清单 BOM(BILL OF MATERIALS)。在此列出了设计方案中所需的所有元器件,并且标出了这些元器件的大致价格。若要替换某个元器件,在 BOM 表的最后一列单击 SELECT ALTERNATE PART,并选择想要使用的元器件。

(4) 运行参数值(OPERATING VALUES)。在此可以看到详细的性能指标以及重要元器件和节点上的值。若需要,可以在不改变当前设计方案的情况下重新计算不同工作点下的值。只需移动 Vin 或 Iout 滑动条,然后单击 RECALCULATE 即可。

(5) 图表(Charts)。在此显示了整个工作区间上(包括输入电压和负载电流)各个运行参数值的计算结果,它是运行参数值的图表化表现形式,可单击 VIEW MORE CHARTS 来选择更多图表。

3. 仿真(SIMULATE)

单击顶部导航栏中的 SIMULATE 即进入图 5-3-4 所示的仿真(SIMULATE)过程。

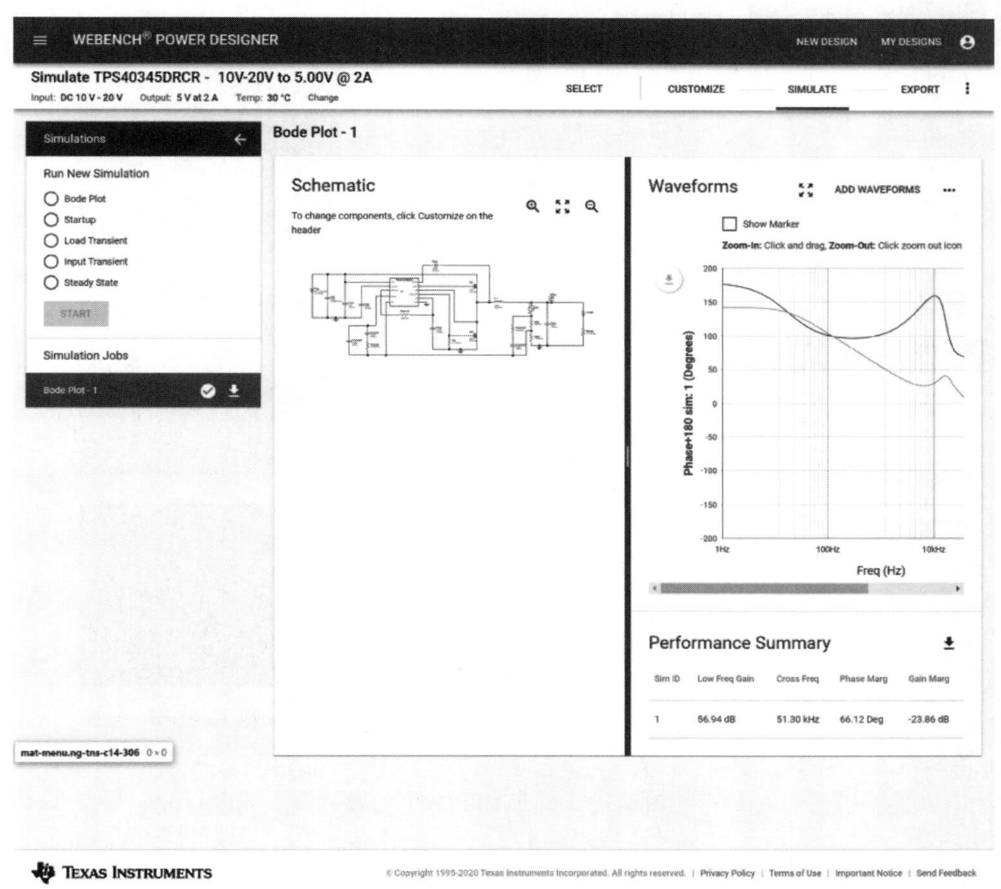

图 5-3-4 仿真(SIMULATE)过程

进入仿真视图之后,在原理图的左边可以选择仿真类型,还有一个 START 按钮,用来开始进行选定类型的仿真。在右边是波形显示区,可以看到仿真得出的波形结果,可以单击 ADD WAVEFORMS 来查看不同原理图中节点的波形。

4. 导出(EXPORT)

单击顶部导航栏中的 EXPORT 即进入图 5-3-5 所示的导出(EXPORT)过程。

在 EXPORT 视图下,主要包括以下三个功能。

(1) 分享功能。可将设计分享给他人,单击页面右上方的 Share Design,输入收件人的邮箱地址,系统会发出一封包含设计方案链接的邮件给对方,也可以创建一个公用链接(PUBLIC LINK),将设计方案同时分享给多个接收者。

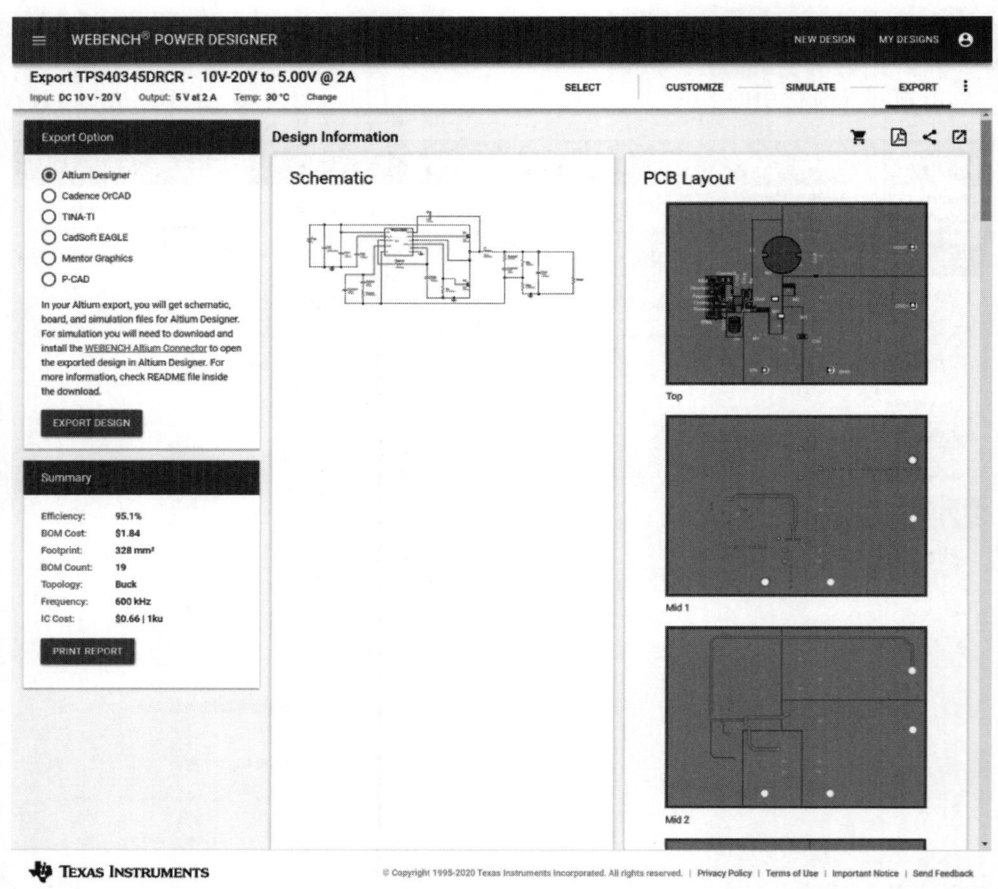

图 5-3-5　导出(EXPORT)过程

(2) 方案导出功能。可将设计方案导出到多种 CAD 软件中,在页面左上方选择所需要的 CAD 软件格式,然后单击按钮 EXPORT DESIGN 即可导出设计。导出的文件是一个 zip 格式的压缩包,将该文件解压缩,并按照 readme 文件中的说明进行操作,就可以打开原理图、PCB 图和 CAD 仿真文件。

(3) 报告生成功能。在页面左下方单击按钮 PRINT REPORT 即可导出设计,利用这一功能可生成一个包含全部设计资料的 PDF 报告,包括原理图、BOM、运行参数值、PCB 图以及仿真结果。

习题五

5-1　对寄生电容不敏感的开关电容串联等效电阻电路如题图 5-1 所示,假设其驱动时钟脉冲 ϕ_1 和 ϕ_2 满足 5.1.1 节所提到的要求,求 V_1 和 V_2 之间的等效电阻。

5-2　开关电容积分器如题图 5-2 所示,设电路中的运算放大器为理想的,不考虑其他寄生电容，求其 z 域转移函数。

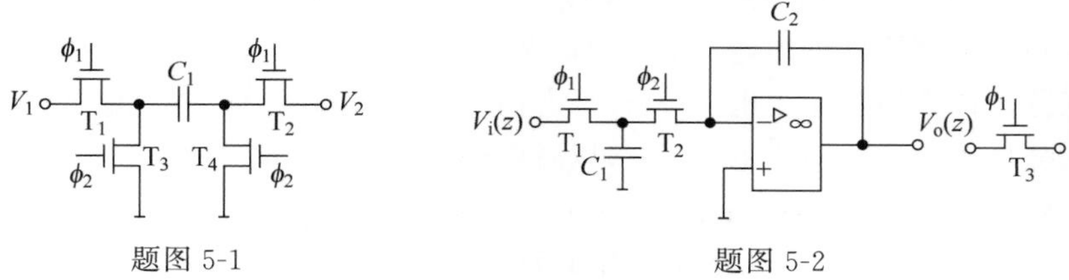

题图 5-1　　题图 5-2

5-3　开关电容差分积分器如题图 5-3 所示，设电路中的运算放大器为理想的，不考虑其他寄生电容，求其输出电压 $V_o(z)$ 的表达式。

5-4　电路如题图 5-4 所示，设电路中的运算放大器为理想的，试采用信号流图法求输出电压 $V_o(z)$ 的表达式。

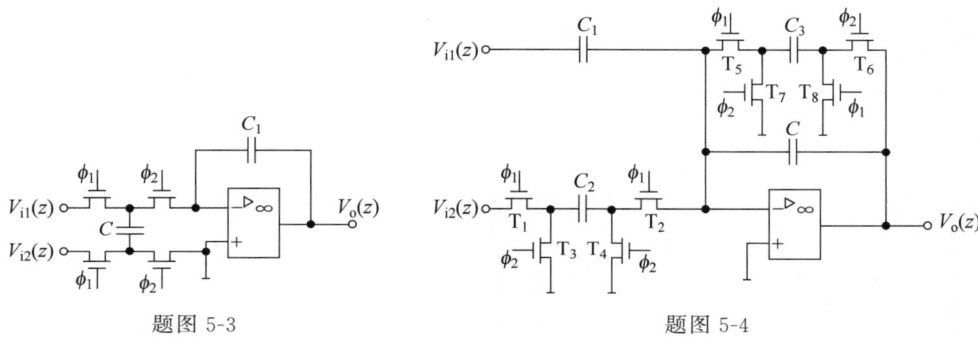

题图 5-3　　题图 5-4

5-5　题图 5-5 所示理想 Buck 变换器的占空比为 D，开关周期为 T_s，$0\sim DT_s$ 期间内开关处于位置 1 处，$DT_s\sim T_s$ 期间内开关处于位置 2 处。

① 试画出该变换器电感电压 $u_L(t)$ 以及电流 $i_L(t)$ 在一个开关周期之内的波形。

② 试分析该变换器输出电压 $u(t)$ 稳态值 U 以及电感电流 $i_L(t)$ 稳态值 I。

③ 试分析该变换器电感电流 $i_L(t)$ 的纹波。

5-6　题图 5-6 所示理想 Boost 变换器的占空比为 D，开关周期为 T_s，$0\sim DT_s$ 期间内开关处于位置 1 处，$DT_s\sim T_s$ 期间内开关处于位置 2 处。

① 试画出该变换器电感电压 $u_L(t)$ 以及电流 $i_L(t)$ 在一个开关周期之内的波形。

② 试分析该变换器输出电压 $u(t)$ 稳态值 U 以及电感电流 $i_L(t)$ 稳态值 I。

③ 试分析该变换器输出电压 $u(t)$ 以及电感电流 $i_L(t)$ 的纹波。

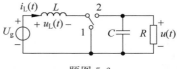

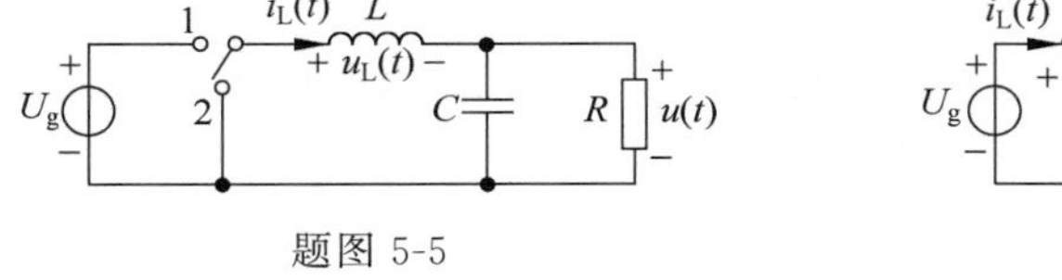

题图 5-5　　题图 5-6

5-7　题图 5-7 所示理想 Buck-Boost 变换器的占空比为 D，开关周期为 T_s，$0\sim DT_s$ 期间内开关处于位置 1 处，$DT_s\sim T_s$ 期间内开关处于位置 2 处。

① 试画出该变换器电感电压 $u_L(t)$ 以及电流 $i_L(t)$ 在一个开关周期之内的波形。

② 试分析该变换器输出电压 $u(t)$ 稳态值 U 以及电感电流 $i_L(t)$ 稳态值 I。

③ 试分析该变换器输出电压 $u(t)$ 以及电感电流 $i_L(t)$ 的纹波。

5-8　题图 5-8 所示理想 **Cuk** 变换器的占空比为 D，开关周期为 T_s，$0\sim DT_s$ 期间内开关处于位置 1 处，$DT_s\sim T_s$ 期间内开关处于位置 2 处。

① 试画出该变换器中电容电压 $u_1(t)$、$u_2(t)$ 以及电感电流 $i_1(t)$、$i_2(t)$ 在一个开关周期之内的波形。

② 试分析该变换器中电容电压 $u_1(t)$、$u_2(t)$ 以及电感电流 $i_1(t)$、$i_2(t)$ 的稳态值。

③ 试分析该变换器中电容电压 $u_1(t)$、$u_2(t)$ 以及电感电流 $i_1(t)$、$i_2(t)$ 的纹波。

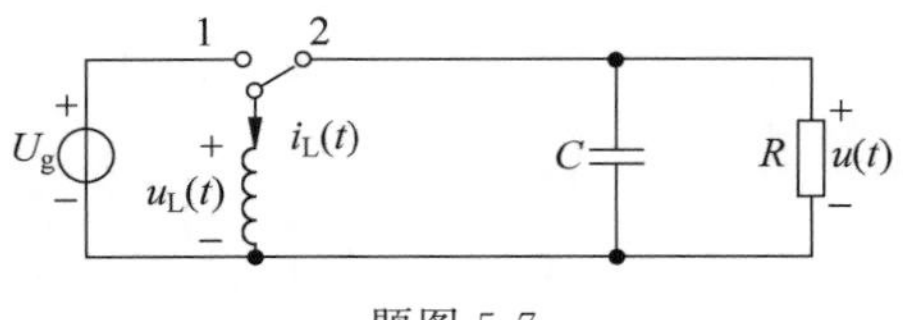

题图 5-7

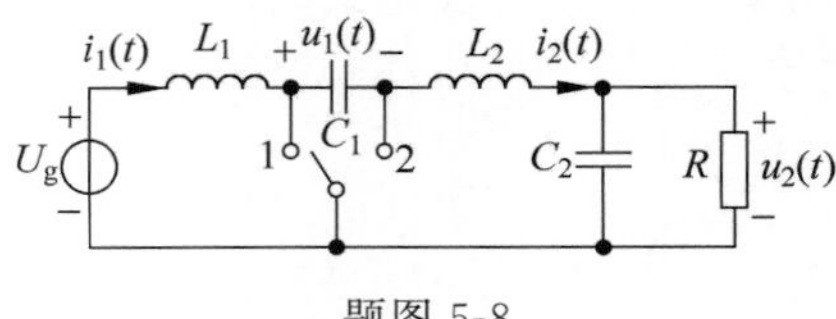

题图 5-8

5-9　题图 5-9 所示理想变换器的占空比为 D，开关周期为 T_s，$0\sim DT_s$ 期间内开关处于位置 1 处，$DT_s\sim T_s$ 期间内开关处于位置 2 处。

① 试画出该变换器电感电压 $u_L(t)$ 以及电流 $i_L(t)$ 在一个开关周期之内的波形。

② 试分析该变换器输出电压 $u(t)$ 稳态值 U 以及电感电流 $i_L(t)$ 稳态值 I。

③ 试分析该变换器输出电压 $u(t)$ 以及电感电流 $i_L(t)$ 的纹波。

5-10　题图 5-10 所示理想变换器的占空比为 D，开关周期为 T_s，$0\sim DT_s$ 期间内开关处于位置 1 处，$DT_s\sim T_s$ 期间内开关处于位置 2 处。

① 试画出该变换器电感电压 $u_L(t)$ 以及电流 $i_L(t)$ 在一个开关周期之内的波形。

② 试分析该变换器输出电压 $u(t)$ 稳态值 U 以及电感电流 $i_L(t)$ 稳态值 I。

③ 试分析该变换器输出电压 $u(t)$ 以及电感电流 $i_L(t)$ 的纹波。

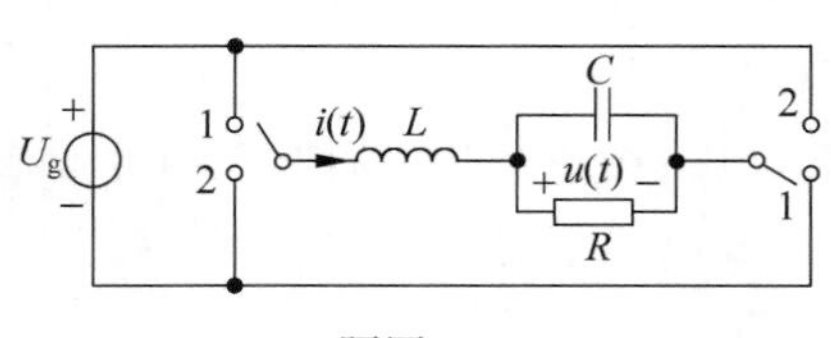

题图 5-9

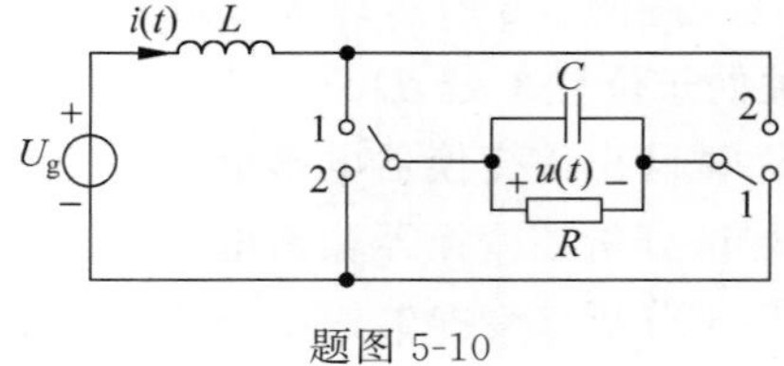

题图 5-10

5-11　题图 5-7 所示 Buck-Boost 变换器中若考虑电感的绕线电阻为 R_L。

① 试分析该变换器的稳态电压比 U/U_g。

② 试推导该变换器的等效电路模型。

5-12　题图 5-10 所示变换器中若考虑电感的绕线电阻为 R_L。

① 试分析该变换器的稳态电压比 U/U_g。

② 试推导该变换器的等效电路模型。

5-13 题图 5-11 所示 Buck 变换器中若考虑 MOSFET 器件 Q_1 的导通电阻为 R_{on}，二极管器件 D_1 的导通压降为 U_D。

① 试推导该变换器的等效电路模型。

② 试根据等效电路模型分析该变换器的输出电压稳态值 U。

5-14 题图 5-12 所示 Cuk 变换器中若考虑 MOSFET 器件 Q_1 的导通电阻为 R_{on}，二极管器件 D_1 的导通压降为 V_D。

① 试推导该变换器的等效电路模型。

② 试根据等效电路模型分析该变换器的输出电压稳态值 U。

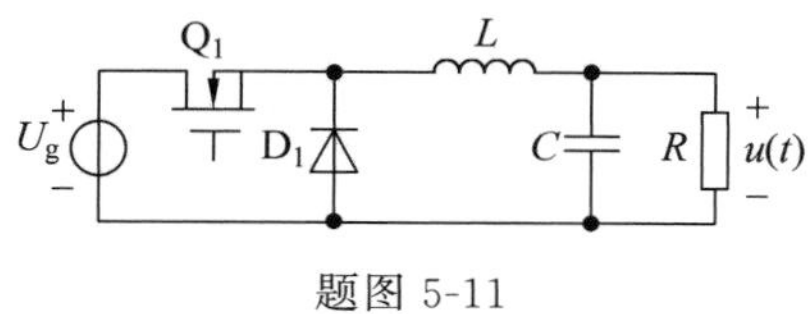

题图 5-11

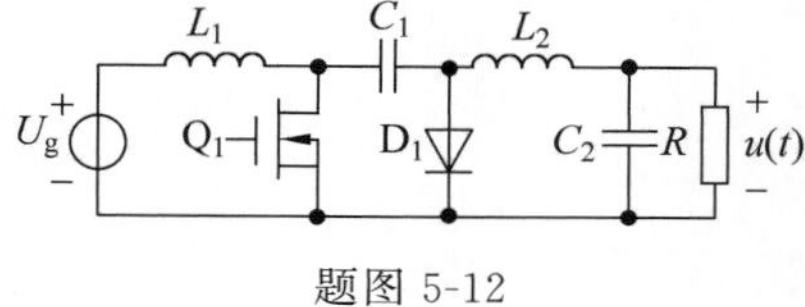

题图 5-12

第6章 非线性电路的分析与设计

线性电路的特点在于电路中电路元件的参数不随电路变量(电压、电流、电荷和磁通链)而变。若电路中至少有一个元件的参数与电路变量有关,此电路就称为非线性电路。相应地,参数随电路变量变化的元件则称为非线性元件。实际上,一切电路严格说来都是非线性的。但是,在工程计算中往往可以不考虑元件的非线性,而认为它们是线性的。特别是对于那些非线性程度较弱的电路元件,采用线性化处理对电路行为不会带来本质上的差异。但实际电路中许多非线性元件的非线性特性不容忽略,否则就将无法解释电路中发生的现象。所以,对非线性电路的研究具有很重要的意义。本章主要讨论非线性电路的分析与设计方法,对非线性电路与系统领域的前沿方向——混沌系统作简略介绍。

6.1 非线性电阻电路

对于非线性电阻电路,分析的基本依据仍然是两类约束关系,由此建立的方程是非线性方程组,其求解要复杂得多。本节主要讨论非线性电阻电路的一般解析法、图解分析法、分段线性化法以及分段线性电阻的设计方法。

6.1.1 非线性电阻电路分析

当非线性电阻电路中的元件为时不变时,其电路方程式可简化成如式(6-1-1)所示非线性代数方程组

$$\left.\begin{array}{l} f_1(v_1,v_2,\cdots,v_n,i_1,i_2,\cdots,i_m,t)=0 \\ f_2(v_1,v_2,\cdots,v_n,i_1,i_2,\cdots,i_m,t)=0 \\ \qquad\cdots \\ f_{n+m}(v_1,v_2,\cdots,v_n,i_1,i_2,\cdots,i_m,t)=0 \end{array}\right\} \tag{6-1-1}$$

当电路中所有激励均是直流电源时,式(6-1-1)中将不含时间变量 t,成为式(6-1-2)所示的形式

$$\left.\begin{array}{l} f_1(v_1,v_2,\cdots,v_n,i_1,i_2,\cdots,i_m)=0 \\ f_2(v_1,v_2,\cdots,v_n,i_1,i_2,\cdots,i_m)=0 \\ \qquad\cdots \\ f_{n+m}(v_1,v_2,\cdots,v_n,i_1,i_2,\cdots,i_m)=0 \end{array}\right\} \tag{6-1-2}$$

由于式(6-1-2)的每一方程在 $n+m$ 维空间中都表示一个曲面,则 $n+m$ 个曲面的交点即为式(6-1-2)的解。在电路理论中这样的交点称为工作点,由于该交点是在恒定激励下求出的,有时称为静态工作点。一个电路的工作点,简单地说就是一组数,这组数对应 $n+m$ 维空间的一个点的坐标。由于 $n+m$ 个方程相应的曲面可交于一点,或交于有限多点,或交于无限多点,或有时根本不相交,显然一个电路可以有一个工作点,有限多个工作点,无限多个工作点,或有时根本不存在工作点。要想求得非线性电路的工作点,可以用图解法、分段线性化法或计算机数值计算法。

1. 图解法

图解法是非线性电路的重要分析方法之一。比如对于含一个非线性电阻元件的电路,可以把它分成两个单口网络,如图 6-1-1(a)所示。其中一个单口网络为电路的线性部分;另一个单口网络则为电路的非线性部分,由一个非线性电阻元件构成,设该非线性电阻的 VAR 为

$$i=f(u) \tag{6-1-3}$$

式中,$f(u)$为 u 的非线性函数,这一函数关系可用解析式表示,也常用 u-i 平面上的一条 VAR 曲线表示,如图 6-1-1(c)所示。

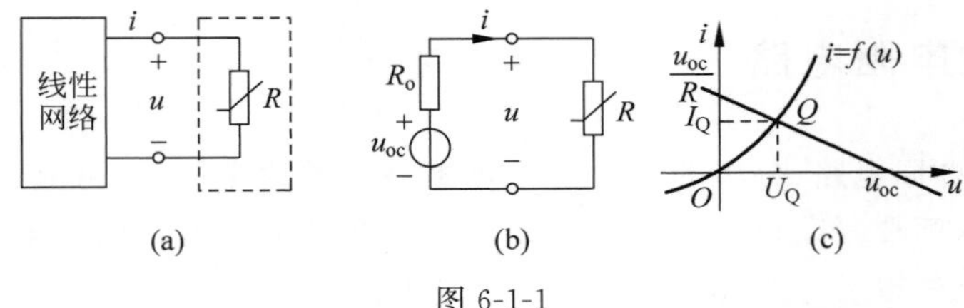

图 6-1-1

线性部分常用戴维南等效电路或诺顿等效电路表示,如图 6-1-1(b)所示,在图示 u 和 i 的参考方向下,线性部分单口网络端口的伏安关系式为

$$u=u_{oc}-R_{o}i \tag{6-1-4}$$

根据式(6-1-4)作一条直线,称为负载线(load line),如图 6-1-1(c)所示,该负载线与非线性电阻元件的 VAR 曲线必有一交点 Q,称为工作点(operating point)。该工作点所对应的电压 U_Q 和电流 I_Q 即为所求的 u 和 i。

【例 6-1-1】 电路如图 6-1-2(a)所示,单口网络 A 的伏安特性如图 6-1-2(b)所示,试用图解法求 u 和 i。

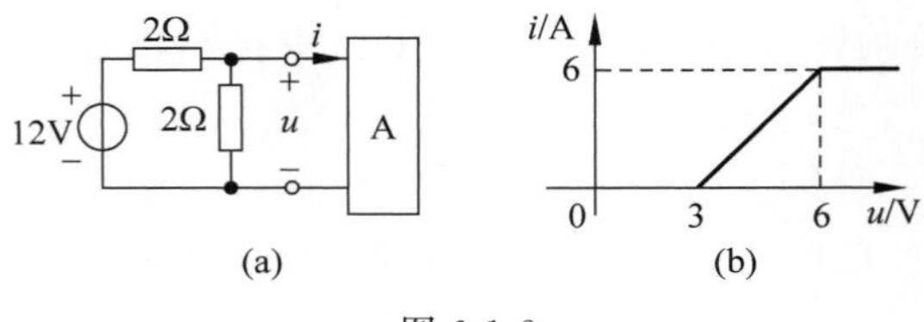

图 6-1-2

解:首先把非线性网络 A 移去,求余下线性单口网络的戴维南等效电路。

开路电压 $$u_{oc}=\frac{2}{2+2}\times12=6(\text{V})$$

等效电阻 $$R_{o}=1\Omega$$

戴维南等效电路如图 6-1-3(a)所示。

其端口的伏安关系为 $$u=6-i$$

根据此式作一条负载线,如图 6-1-3(b)所示。该负载线与非线性网络 A 的伏安特性

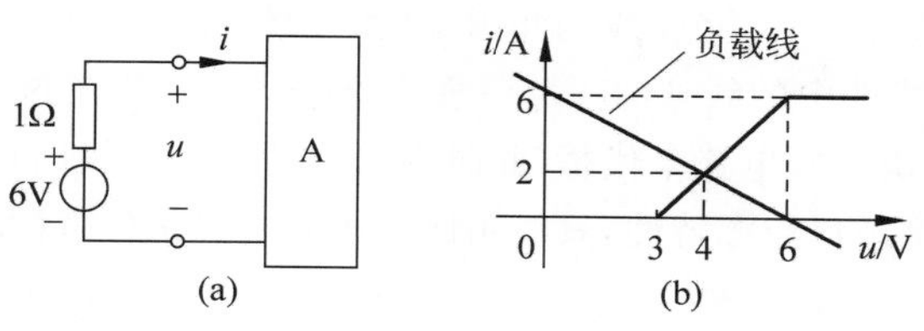

图 6-1-3

曲线相交于 Q 点(即工作点),Q 对应的坐标(U_Q,I_Q)便是所求的解答 u 和 i。即

$$u=U_Q=4\text{V},\quad i=I_Q=2\text{A}$$

2. 分段线性化法

若研究的非线性电路中所有非线性元件的伏安特性都是分段线性化表示的,则非线性电路的求解可以通过用各个线性区段内的诺顿或戴维南等效电路代替原非线性元件而化为线性电路的求解过程,这种研究非线性电路的方法称为分段线性化法。

非线性电阻的伏安特性往往可以近似地用一些直线段来逼近,伏安特性上的每一段直线可以用直线的斜率和表征该直线段有效域的电压、电流值唯一地确定,这种用有限直线段来近似代替非线性元件的伏安特性称为非线性元件的分段线性化特性。至于一个元件实际伏安特性究竟要用几段直线表示,则需要由分析问题要求的准确程度来决定。显然,为逼近一个非线性的伏安特性,若划分的段数越多,则折线特性将越接近于实际情况,但分析计算电路的工作量也会随之迅速增加。

在用折线表示电阻元件的伏安特性后,对于每一段直线都可以用戴维南或诺顿等效电路代替。用分段线性化法分析非线性电路时,可以作出电路的分段线性化的等效电路,其拓扑结构和原来的电路相同,而等效参数则取决于各段直线的斜率和在坐标轴上的截距。

【例 6-1-2】 电路如图 6-1-4(a)所示,其中的非线性电阻的伏安特性如图 6-1-4(b)所示,求该电路的工作点。

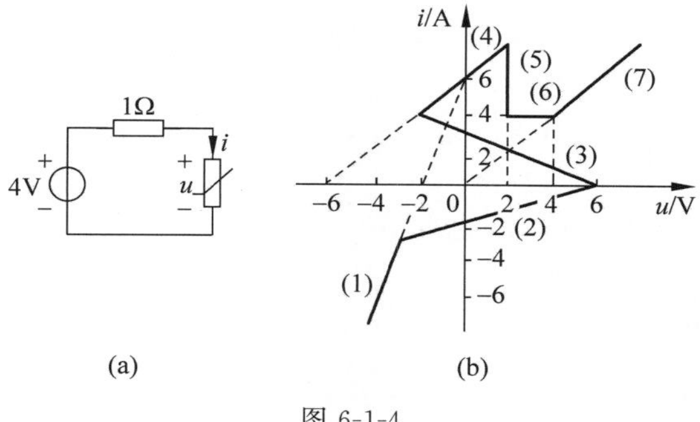

图 6-1-4

解:首先将电路中的非线性电阻元件用其戴维南或诺顿等效电路来代替,如图 6-1-5(a)和图 6-1-5(b)虚线框所示。其中,R_k 和 G_k 分别表示每一段直线的斜率所对应的电阻或

电导，U_k 和 I_k 分别表示每一段直线与电压轴和电流轴的截距。需要特别注意的是，图 6-1-4(b)所示伏安特性中的线段(5)为一垂直线段，表示其在这一区域内对外呈现恒压源特性，只能用戴维南等效电路来代替(此时内电阻为 0)；线段(6)为一垂水平线段，表示其在这一区域内对外呈现恒流源特性，只能用诺顿等效电路来代替(此时内电导为 0)。

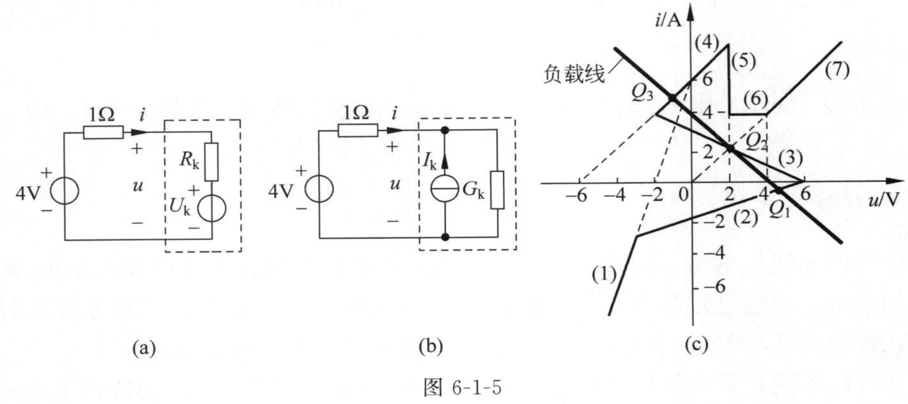

图 6-1-5

基于图 6-1-5(a)可解出

$$i=\frac{4-U_k}{1+R_k}\quad u=R_k i+U_k$$

基于图 6-1-5(b)可解出

$$i=\frac{4}{1+1/G_k}-\frac{1}{1+G_k}\cdot I_k\quad u=(i+I_k)\cdot\frac{1}{G_k}$$

然后将每一个线性线段的参数值代入上面的式子可得

线段(1)：$i=\frac{4-(-2)}{1+1/3}=4.5(\mathrm{A})\quad u=\frac{1}{3}\times 4.5+(-2)=-0.5(\mathrm{V})$

线段(2)：$i=\frac{4-6}{1+3}=-0.5(\mathrm{A})\quad u=3\times(-0.5)+6=4.5(\mathrm{V})$

线段(3)：$i=\frac{4-6}{1+(-2)}=2(\mathrm{A})\quad u=(-2)\times 2+6=2(\mathrm{V})$

线段(4)：$i=\frac{4-(-6)}{1+1}=5(\mathrm{A})\quad u=1\times 5+(-6)=-1(\mathrm{V})$

线段(5)：$i=\frac{4-2}{1}=2(\mathrm{A})\quad u=2(\mathrm{V})$

线段(6)：$i=4(\mathrm{A})\quad u=0(\mathrm{V})$

线段(7)：$i=\frac{4}{1+1}=2(\mathrm{A})\quad u=1\times 2=2(\mathrm{V})$

最后，需要对前面所求得的 7 组电压 u 和电流 i 进行有效区域校验，即只有那些落在各自区域内的 u 和 i 才是电路真正的工作点。

由图 6-1-4(b)可以看出，线段(1)的电压有效区域为$(-\infty,-3)$，电流有效区域为

$(-\infty, -3)$，因此前面所求得的 $u=-0.5\text{V}$，$i=4.5\text{A}$ 对应的坐标点落在有效区域之外，前面所求得的解不是电路的工作点。我们也可以结合图解法画出电路的负载线，如图 6-1-5(c)所示，由图可以看出，该负载线与线段(1)无交点，$u=-0.5\text{V}$，$i=4.5\text{A}$ 只是负载线与线段(1)延长线的交点，所以该点不是电路真正的工作点。

用相同的方法进行分析，可知前面所求得的解中只有线段(2)、(3)和(4)的才是电路的工作点。由图 6-1-5(c)也可以看出，只有线段(2)、(3)和(4)与负载线有交点，为电路真正的工作点，在图中分别对应为点 Q_1($u=-0.5\text{A}$，$i=4.5\text{V}$)、点 Q_2($i=2\text{A}$，$u=2\text{V}$)和点 Q_2($i=5\text{A}$，$u=1\text{V}$)。

6.1.2 分段线性电阻设计

非线性电路中经常用到分段线性电阻，其特性曲线中通常有一段是负电阻。从物理概念来看，实现负电阻的电路是一个能输出电能的电源性电路。

1. 单运放分段线性电阻

电路如图 6-1-6(a)所示，其输入端口的伏安特性曲线如图 6-1-6(b)所示。可以看出，其伏安特性曲线共三段，每段都是线性的。其中中间一段呈现负电阻特性，该段特性对应于运算放大器的线性工作区。

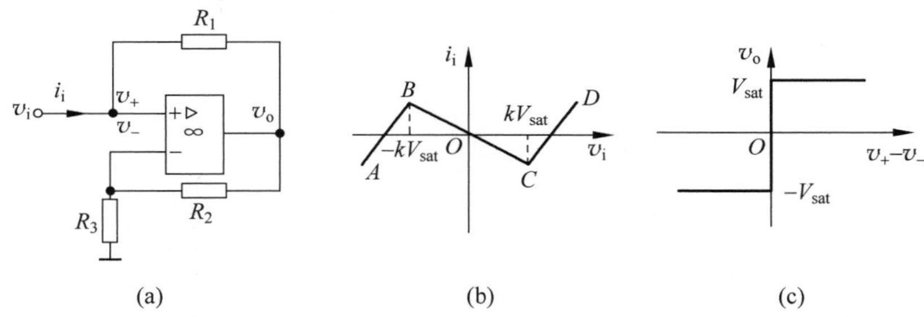

图 6-1-6 单运放分段线性电阻电路及其伏安特性曲线

假设图 6-1-6(a)所示的运算放大器为理想的，则其输入输出电压关系如图 6-1-6(c)所示，它具有 3 段直线组成的分段线性特性。

运算放大器工作在线性区时有 $v_+=v_-$，$-V_{\text{sat}}<v_o<V_{\text{sat}}$，其中 $\pm V_{\text{sat}}$ 为运算放大器的饱和电压值。

由图 6-1-6(a)电路有

$$v_i=v_-=\frac{R_3}{R_2+R_3}v_o=kv_o \tag{6-1-5}$$

式中，$k=R_3/(R_2+R_3)$。

按 KVL 可以得出

$$v_i=R_1 i_i+v_o \tag{6-1-6}$$

综合式(6-1-5)和式(6-1-6)有

$$i_{\mathrm{i}}=-\frac{R_2}{R_1R_3}v_{\mathrm{i}} \tag{6-1-7}$$

式(6-1-7)可用图6-1-6(b)中的直线段 BC 表示,其斜率是负的。可见,当运算放大器工作在线性区时,该电路对外可等效为一个阻值为 $-R_1R_3/R_2$ 的负电阻。

由于在线性区有 $-V_{\mathrm{sat}}<v_{\mathrm{o}}<V_{\mathrm{sat}}$,结合式(6-1-5)有 $-kV_{\mathrm{sat}}<v_{\mathrm{i}}<kV_{\mathrm{sat}}$,该范围确定了图6-1-6(b)中的直线段 BC 的边界。

当 $v_{+}>v_{-}$,即 $v_{\mathrm{i}}>kV_{\mathrm{sat}}$ 时,运算放大器工作在正饱和区,有 $v_{\mathrm{o}}=V_{\mathrm{sat}}$,代入式(6-1-6)整理后有

$$i_{\mathrm{i}}=\frac{1}{R_1}(v_{\mathrm{i}}-V_{\mathrm{sat}}) \tag{6-1-8}$$

式(6-1-8)可用图6-1-6(b)中的直线段 CD 表示,其斜率是正的。

当 $v_{+}<v_{-}$,即 $v_i<-kV_{\mathrm{sat}}$ 时,运算放大器工作在负饱和区,有 $v_{\mathrm{o}}=-V_{\mathrm{sat}}$,代入式(6-1-6)整理后有

$$i_{\mathrm{i}}=\frac{1}{R_1}(v_{\mathrm{i}}+V_{\mathrm{sat}}) \tag{6-1-9}$$

式(6-1-9)可用图6-1-6(b)中的直线段 AB 表示,其斜率是正的。

综合式(6-1-7)、式(6-1-8)和式(6-1-9),可得出图6-1-6(b)所示分段线性伏安特性的表达式为

$$i_{\mathrm{i}}=\begin{cases}\dfrac{1}{R_1}(v_{\mathrm{i}}-V_{\mathrm{sat}}) & v_{\mathrm{i}}>kV_{\mathrm{sat}}\\ -\dfrac{R_2}{R_1R_3}v_{\mathrm{i}} & -kV_{\mathrm{sat}}\leqslant v_{\mathrm{i}}\leqslant kV_{\mathrm{sat}}\\ \dfrac{1}{R_1}(v_{\mathrm{i}}+V_{\mathrm{sat}}) & v_{\mathrm{i}}<-kV_{\mathrm{sat}}\end{cases} \tag{6-1-10}$$

2. 双运放分段线性电阻

由两个运算放大器构成的分段线性电阻电路如图6-1-7(a)所示,该电路实际上是由两个图6-1-6(a)所示的电路并联构成的。图6-1-7(a)中两个分段线性电阻电路的转折电压不同,两个电路各自的特性分别如图6-1-7(b)中细实线和虚线所示。

假设图6-1-7(a)中两个分段线性电阻电路的伏安特性表达式分别为

$$i_{\mathrm{i1}}=\begin{cases}\dfrac{1}{R_1}(v_{\mathrm{i1}}-V_{\mathrm{sat}}) & v_{\mathrm{i1}}>k_1V_{\mathrm{sat}}\\ -\dfrac{R_2}{R_1R_3}v_{\mathrm{i1}} & -k_1V_{\mathrm{sat}}\leqslant v_{\mathrm{i1}}\leqslant k_1V_{\mathrm{sat}}\\ \dfrac{1}{R_1}(v_{\mathrm{i1}}+V_{\mathrm{sat}}) & v_{\mathrm{i1}}<-k_1V_{\mathrm{sat}}\end{cases} \tag{6-1-11}$$

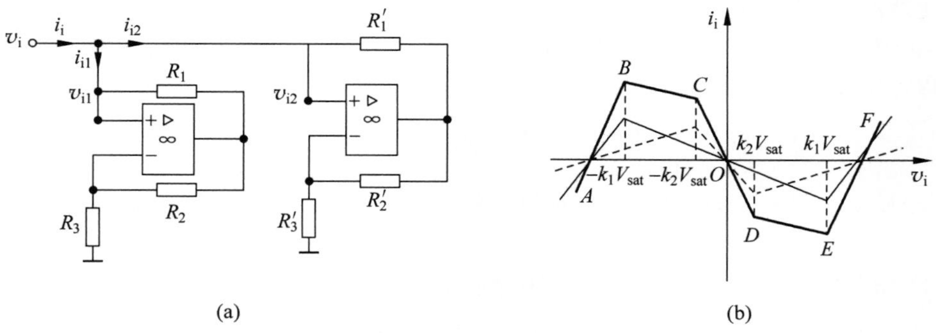

图 6-1-7 双运放分段线性电阻电路及其伏安特性曲线

$$i_{i2}=\begin{cases}\dfrac{1}{R'_1}(v_{i2}-V_{sat}) & v_{i2}>k_2V_{sat}\\ -\dfrac{R'_2}{R'_1R'_3}v_{i2} & -k_2V_{sat}\leqslant v_{i2}\leqslant k_2V_{sat}\\ \dfrac{1}{R'_1}(v_{i2}+V_{sat}) & v_{i2}<-k_2V_{sat}\end{cases}\tag{6-1-12}$$

式中，$k_1=R_3/(R_2+R_3)$，$k_2=R'_3/(R'_2+R'_3)$，图 6-1-7 中假设 $k_1>k_2$。

由于两分段线性电阻电路并联，所以有

$$v_i=v_{i1}=v_{i2}\tag{6-1-13}$$

$$i_i=i_{i1}+i_{i2}\tag{6-1-14}$$

因此可以得出合成后总的伏安特性表达式为

$$i_i=\begin{cases}\left(\dfrac{1}{R_1}+\dfrac{1}{R'_1}\right)(v_i-V_{sat}) & v_i>k_1V_{sat}\\ \left(\dfrac{1}{R'_1}-\dfrac{R_2}{R_1R_3}\right)v_i-\dfrac{1}{R'_1}V_{sat} & k_2V_{sat}<v_i<k_1V_{sat}\\ \left(-\dfrac{R_2}{R_1R_3}-\dfrac{R'_2}{R'_1R'_3}\right)v_i & -k_2V_{sat}\leqslant v_i\leqslant k_2V_{sat}\\ \left(\dfrac{1}{R'_1}-\dfrac{R_2}{R_1R_3}\right)v_i+\dfrac{1}{R'_1}V_{sat} & -k_1V_{sat}<v_i<-k_2V_{sat}\\ \left(\dfrac{1}{R_1}+\dfrac{1}{R'_1}\right)(v_i+V_{sat}) & v_{i1}<-k_1V_{sat}\end{cases}\tag{6-1-15}$$

合成后总的伏安特性如图 6-1-7(b)中粗实线 $ABCDEF$ 所示，该合成伏安特性曲线由五段组成，其中间三段 $BCDE$ 呈非线性负电阻的特性。

6.2 非线性动态电路

若动态电路中至少包含一个非线性元件，则称为非线性动态电路。本节主要讨论一阶非线性动态电路的分析方法。

用一阶非线性微分方程描述的电路称为一阶非线性动态电路，一阶非线性动态电路的方程可用式(6-2-1)所示的状态方程来表示。

$$\frac{\mathrm{d}x}{\mathrm{d}t}=f(x,t) \tag{6-2-1}$$

式中，变量 x 为状态变量，对应于电路中的电容电压（电荷）或电感电流（磁通链）。

6.2.1 非线性电阻及线性电容或电感构成的一阶非线性动态电路

若一阶非线性电路的非线性因素是由非线性电阻引入的，则一阶非线性电路可以简化为图 6-2-1(a)和图 6-2-1(b)所示两种基本形式，图中的电容 C 或电感 L 是线性的，单口网络 N 由线性电阻、非线性电阻、受控源和独立电源等元件组成。

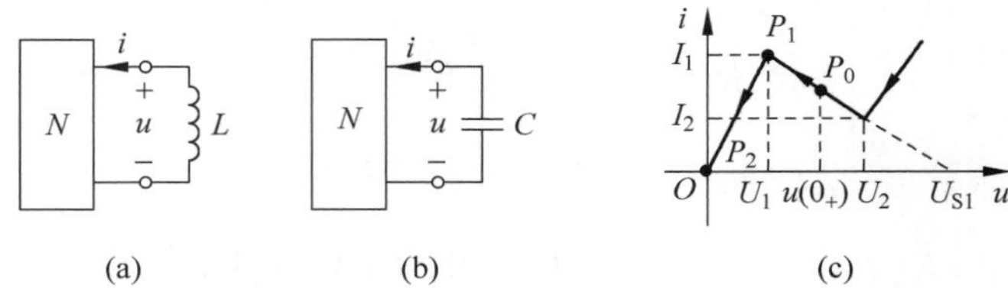

图 6-2-1　非线性电阻构成的一阶非线性电路

对于图 6-2-1(a)和图 6-2-1(b)所示一阶非线性电路，假设单口网络 N 的驱动点特性可以用分段线性化表示，则其驱动点特性中的每段折线都可以用等效电压源（电流源）和线性电阻（电导）的串联（并联）组合表示，因此对每一段折线可以形成一个等效的一阶线性电路。

用分段线性化解析方法求解一阶非线性电路的过程可以按照下面的思路进行：对应于单口网络 N 上的某一特定的折线段，用一阶线性电路的分析方法求出状态变量随时间的变化关系。随着时间的推移，当状态变量超出驱动点特性线性段对应的定义域后，分析过程就得转移到另一个合适的折线段上去，等效电路的参数需要作相应的调整。特别需要注意的是，在作折线段之间的转折时，须注意此时状态变量的初始条件。

假设图 6-2-1(b)中单口网络 N 的分段线性驱动点特性如图 6-2-1(c)所示，因此电压 u 和 i 在任何时刻必定沿着驱动点特性变动。

图 6-2-1(b)所示电路中电压 u 和电流 i 满足以下关系：

$$\frac{\mathrm{d}u}{\mathrm{d}t}=-\frac{i}{C} \tag{6-2-2}$$

设式(6-2-2)所示方程的解用 u-i 平面上的点 (u,i) 表示，点 (u,i) 称为动态点，动态点 (u,i) 随时间的推移将沿着图 6-2-1(c)所示的驱动点特性移动，动态点移动的路径（包括其方向）称为动态路径。

假设图 6-2-1(b)中的电容电压初始值为 $u(0_+)$，则动态路径的起始点为图 6-2-1(c)

中的 P_0 点，此时 $i>0$，根据式(6-2-2)有 $\frac{\mathrm{d}u}{\mathrm{d}t}=-\frac{i}{C}<0$，因此电压总是减小的，从 P_0 点起始的动态路径将沿着 u-i 曲线向左，如图 6-2-1(c)中所示，从 P_0 到 P_1 然后到 P_2。此动态路径的终点为 P_2，因为此时有 $i=0$，从而 $\frac{\mathrm{d}u}{\mathrm{d}t}=-\frac{i}{C}=0$，即电容电压将不再变化。

接下来采用分段线性化解析方法来求解图 6-2-1(b)所示一阶非线性电路，当动态点(u,i)从 P_0 移到 P_1 时，单口网络 N 的伏安特性由图 6-2-1(c)中直线段 P_0P_1 表示，此时网络 N 可等效为电源模型。图 6-2-1(b)的等效电路如图 6-2-2(a)所示，其中直流电压源等于 U_{S1}，线性电阻 $R_1=\frac{U_1-U_2}{I_1-I_2}<0$，为负电阻。图 6-2-2(a)所示电路为一阶线性电路，电容电压为

$$u(t)=U_{S1}+[u(0_+)-U_{S1}]\mathrm{e}^{-\frac{t}{R_1C}} \tag{6-2-3}$$

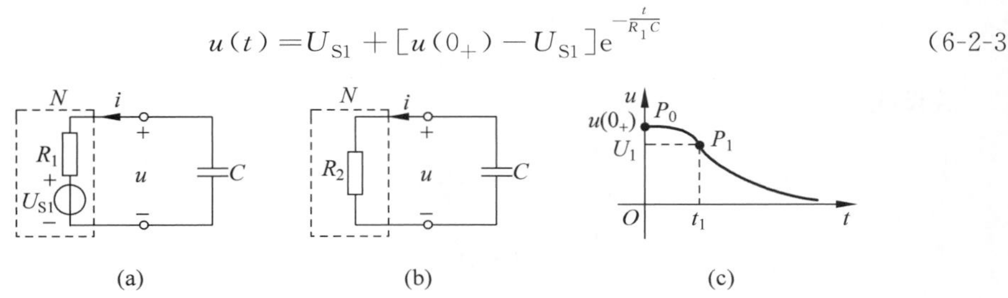

图 6-2-2　图 6-2-1(b)等效电路及响应曲线

电容电压 u 的响应曲线如图 6-2-2(c)所示，u 随时间增长而下降，当 $t\to-\infty$时，u 将趋于 U_{S1}，当 u 达到 U_1 时，转入另一线性阶段，电压 u 从 $u(0_+)$到达 U_1 所需的时间 t_1 为

$$t_1=R_1C\ln\left[\frac{u(0_+)-U_{S1}}{U_1-U_{S1}}\right] \tag{6-2-4}$$

当动态点(u,i)从 P_1 移到 P_2 时，单口网络 N 的伏安特性由图 6-2-1(c)中直线段 P_1P_2 表示，此时网络 N 可等效为一个线性电阻。图 6-2-1(b)的等效电路如图 6-2-2(b)所示，线性电阻 $R_2=\frac{U_1}{I_1}>0$。图 6-2-2(b)所示电路为一阶线性电路，电容电压为

$$u(t)=U_1\mathrm{e}^{-\frac{t-t_1}{R_2C}} \tag{6-2-5}$$

电容电压 u 随时间变化的响应曲线如图 6-2-2(c)所示。

6.2.2　线性电阻及非线性电容或电感构成的一阶非线性动态电路

图 6-2-3(a)所示电路为分段非线性电容 C 和线性电阻 R 组成的一阶非线性动态电路，其中电容的库伏特性如图 6-2-3(b)所示。

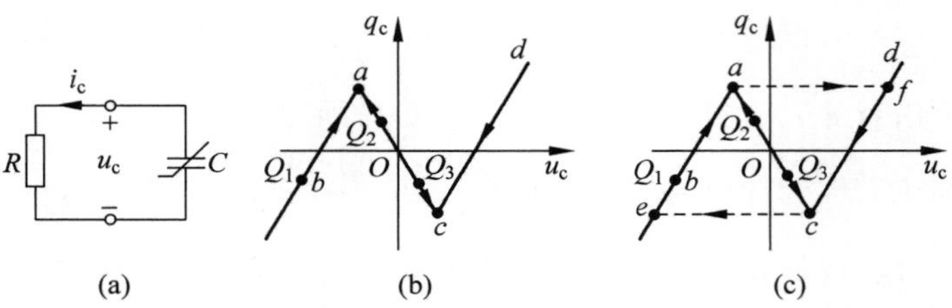

图 6-2-3 非线性电容构成的一阶非线性电路

与前面的分析方法类似，无论初始状态如何选择，动态点(u_c,q_c)随时间的推移将沿着图 6-2-3(b)所示的库伏特性移动。图 6-2-3(a)所示电路中电压 u_c 和电流 i_c 满足以下关系

$$\frac{\mathrm{d}u_c}{\mathrm{d}t}=-\frac{i_c}{C}=-\frac{u_c}{RC} \tag{6-2-6}$$

假设线性电阻 $R>0$，则

① 当 $u_c<0$ 且 $C>0$ 时，有$\frac{\mathrm{d}u_c}{\mathrm{d}t}>0$；②当 $u_c<0$ 且 $C<0$ 时，有$\frac{\mathrm{d}u_c}{\mathrm{d}t}<0$；

③ 当 $u_c>0$ 且 $C>0$ 时，有$\frac{\mathrm{d}u_c}{\mathrm{d}t}<0$；④当 $u_c>0$ 且 $C<0$ 时，有$\frac{\mathrm{d}u_c}{\mathrm{d}t}>0$。

从图 6-2-3(b)所示的库伏特性可以看出，在 ab 直线段和 cd 直线段内有 $C>0$，在 ac 直线段内 $C<0$。现假设有 3 个不同的初始状态点，分别用 Q_1、Q_2、Q_3 表示，按照$\frac{\mathrm{d}u_c}{\mathrm{d}t}$随 u_c 和 C 的变化关系，动态点(u_c,q_c)的动态路径如图 6-2-3(b)中的箭头所示。

假设动态点(u_c,q_c)的初始位置位于 Q_2，随着时间的增长，动态点向 a 点移动，但到达 a 点后它不能再沿着 ab 段直线继续移动；同样，如果初始点位于 Q_1，则到达 a 点后也不能再继续前进。对转折点 c 也有同样情况，因为表示动态路径方向的两个箭头都是指向 c 的。由于 a、c 两点上的$\frac{\mathrm{d}u_c}{\mathrm{d}t}\neq 0$，所以动态点不会停留在 a、c 两点不变，因此它们均不是对应最终的平衡态或稳态，这样的 a 点和 c 点称为“死点”或不可通过点。

图 6-2-3(a)所示电路中无冲激电流，不可能出现无穷大电流的情况，所以电容的电荷不会突变。由于动态点只有按照图 6-2-3(b)所示路径运动，所以当动态点到达转折点 c 后，将不会停留在 c 点，将从 c 点移到 d 点；当到达转折点 a 后，它也不会停留，将从 a 点移到 f 点，如图 6-2-3(c)所示。动态点将瞬时从 c 点(a 点)“跳跃”到 e 点(e 点)，注意此时电容电荷在发生跳跃的前后瞬间保持相等，发生跃变的是电容电压值。

若电阻也是非线性且分段线性的，除了要考虑动态元件上的动态路径外，还要考虑非线性电路的动态路径。所以需要将两种情况的动态路径组合在一起来分析，不过整个动态过程的分析过程将更为复杂。

6.3 非线性电路动态特性的图形分析法

6.3.1 相空间、相图与相平面

与线性电路相比，在非线性电路动态特性研究中，相图研究方法很重要，原因是它的物理直观性最好，物理直观性最好的是二维相图，称为相平面图，一般简称相图。这些电路形态与物理学的各种动力学系统动态特性完全相同，分析方法也完全相同，所以电路分析中也叫动力学系统。

1. 相空间、相图

在具有 n 个状态变量的非线性电路中，其状态方程的 n 个解代表电路中 n 个状态变量随时间变化的动态特性。当时间为某一确定的值时，状态方程的这 n 个解就代表 n 维空间的一个点，这个由状态变量数目确定的 n 维空间就称为相空间。若以时间作为变量，当时间变化时，状态方程的 n 个解就会在 n 维空间中画出一条曲线，这种空间曲线称为轨道。相空间与相空间上的轨道总称为相图。

2. 相平面

对于二阶非线性自治系统，其相图为一个二维的平面图形。相空间也就变为一个平面，这个平面就称为相平面。相平面上的坐标点就称为相点。

相图的优点是具有很好的物理直观性，因而它是研究非线性电路动态特性的一种很重要的方法。在相图中，为了描述时间变化的方向，在相轨道线上加画箭头加以标注。一般情况下，在相空间中通过任何一点都有一条唯一的曲线。对于线性电路来说，其相图中或是一个几何点（平衡电路），或是一段弯曲线段（例如静态响应、衰减振荡），或是一条闭合曲线（如等幅振荡的正弦波）。对于非线性电路来说，其相图中往往是一条无始无终、流畅而优美、代表毫无休止的物体运动的曲线。周期运动对应封闭曲线，混沌运动则对应一定区域内随机分布的永不封闭的轨迹。当相空间的维数超过 2 或运动很复杂时，相轨道可能混乱一片，很难看出规律和头绪，这是相图的局限性。

6.3.2 非线性电路方程的线性化及其平衡点类型

对于非线性微分方程，由于讨论整个相平面上的相图比较困难，在很多情况下是通过平衡点邻近的局部性质讨论来得到定性信息的，在平衡点邻近解的性质可以用“线性化”的方法来进行研究。

设二阶自治电路的方程为

$$\begin{cases}\dot{x}=F(x,y)\\ \dot{y}=G(x,y)\end{cases} \tag{6-3-1}$$

当电路处于平衡态时，$\dot{x}=\dot{y}=0$，此时电路处于静止状态，记此时的电路状态为 x_0 和 y_0，则式(6-3-1)的方程组变为

$$\begin{cases}\dot{x}=F(x_0,y_0)=0\\ \dot{y}=G(x_0,y_0)=0\end{cases} \tag{6-3-2}$$

式中，(x_0,y_0)称为平衡点或奇点。在奇点处的方程组的解是与时间 t 无关的常数 $x=x_0$，$y=y_0$，称为定常状态解。

非线性方程的线性化方法就是把给定的非线性方程在其平衡点或奇点邻近予以线性化，进而用所得线性方程来确定非线性方程的轨道形状。

若给系统以小小的扰动 δx 和 δy，使其离开平衡态 x_0 和 y_0。令式(6-3-1)方程的解为

$$\begin{cases}x=x_0+\delta x\\ y=y_0+\delta y\end{cases} \tag{6-3-3}$$

将式(6-3-3)代入式(6-3-1)同时将式(6-3-1)右端按泰勒公式展开至线性项，得

$$\begin{cases}\dot{\delta x}=F(x_0,y_0)+a\delta x+b\delta y\\ \dot{\delta y}=G(x_0,y_0)+c\delta x+d\delta y\end{cases} \tag{6-3-4}$$

其中

$$\begin{cases}a=\left.\dfrac{\partial F}{\partial x}\right|_{x=x_0,y=y_0},\quad b=\left.\dfrac{\partial F}{\partial y}\right|_{x=x_0,y=y_0}\\ c=\left.\dfrac{\partial G}{\partial x}\right|_{x=x_0,y=y_0},\quad d=\left.\dfrac{\partial G}{\partial y}\right|_{x=x_0,y=y_0}\end{cases} \tag{6-3-5}$$

在平衡点(x_0,y_0)处，有式(6-3-2)成立，代入式(6-3-4)，有

$$\begin{cases}\dot{\delta x}=a\delta x+b\delta y\\ \dot{\delta y}=c\delta x+d\delta y\end{cases} \tag{6-3-6}$$

写成矩阵形式有

$$\begin{bmatrix}\dot{\delta x}\\ \dot{\delta y}\end{bmatrix}=\begin{bmatrix}a & b\\ c & d\end{bmatrix}\cdot\begin{bmatrix}\delta x\\ \delta y\end{bmatrix} \tag{6-3-7}$$

式(6-3-7)是平衡点(x_0,y_0)附近扰动量为 δx、δy 时的线性方程组。

令

$$\boldsymbol{J}=\begin{bmatrix}a & b\\ c & d\end{bmatrix} \tag{6-3-8}$$

$\boldsymbol{J}$ 称为雅可比(Jacobi)矩阵。由该矩阵可确定以下特征方程的特征值 λ：

$$|\boldsymbol{J}-\lambda\boldsymbol{E}|=\begin{vmatrix}a-\lambda & b\\ c & d-\lambda\end{vmatrix}=0 \tag{6-3-9}$$

得到

$$\lambda^2 - T\lambda + D = 0 \tag{6-3-10}$$

式中，$T=a+d$，它等于两个特征值之和；$D=ad-bc$ 为雅可比行列式的值，它等于两个特征值之积。式(6-3-10)所示一元二次方程的解为

$$\lambda_{1,2} = \frac{T \pm \sqrt{T^2 - 4D}}{2} \tag{6-3-11}$$

根据特征值 λ_1 和 λ_2 的性质，可分以下几种情况。

1．两特征值为实数($T^2-4D\geqslant 0$)

1) λ_1 和 λ_2 同号且不相等($D>0$ 且 $T^2-4D>0$)

图 6-3-1(a)给出了当 λ_1 和 λ_2 均为负实数时的相图，可以看出系统唯一的平衡点是稳定的，此点称为稳定结点(node)。若 λ_1 和 λ_2 均为正实数，相图中的轨道的箭头方向应改变，如图 6-3-1(b)所示，此时平衡点为不稳定结点。

2) λ_1 和 λ_2 相等($T^2-4D=0$)

图 6-3-2(a)给出了 $\lambda_1=\lambda_2<0$ 时的相图，此时平衡点是稳定的，这种平衡点仍称为结点或者拐结点(inflected node)。若 $\lambda_1=\lambda_2>0$，则轨道上的箭头应反向，如图 6-3-2(b)所示，此时原点是不稳定的。

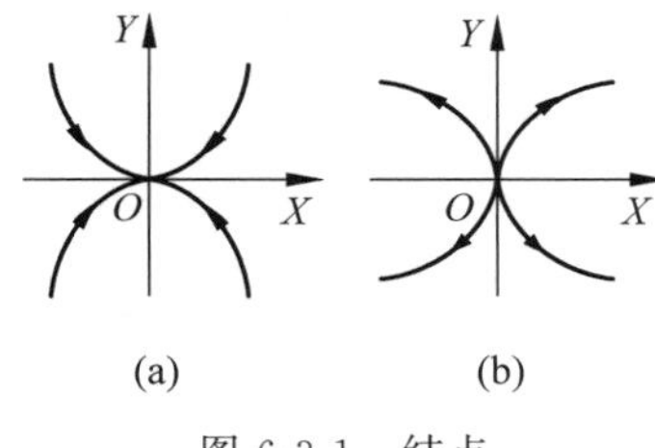

图 6-3-1　结点

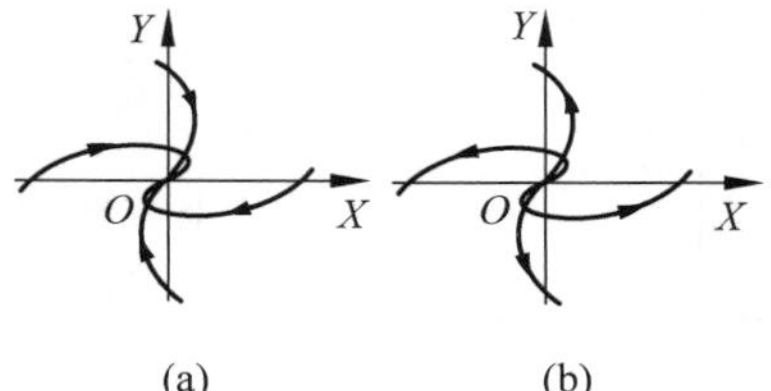

图 6-3-2　拐结点

3) λ_1 和 λ_2 异号($D<0$ 且 $T^2-4D>0$)

图 6-3-3(a)给出 $\lambda_1<0<\lambda_2$ 时的相图，此时平衡点不稳定，平衡点称为鞍点(saddle)。若$\lambda_1>0>\lambda_2$，则图中轨道的箭头要反向，如图 6-3-3(b)所示，此时鞍点仍是不稳定的。

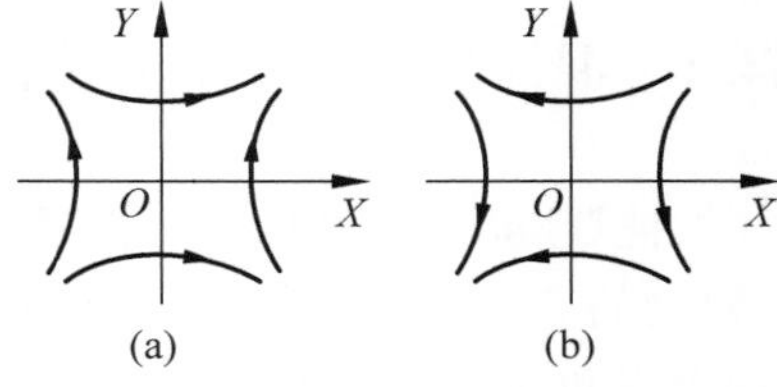

图 6-3-3　鞍点

2．两特征值为虚数($T^2-4D<0$)

1) λ_1 和 λ_2 为实部不为零的虚数($T\neq 0$ 且 $T^2-4D<0$)

当 $T<0$ 时，λ_1 和 λ_2 的实部为负，其振幅不断衰减，轨道以螺旋形卷向平衡点，此时的平衡点称为稳定焦点(focus)，相图如图 6-3-4(a)所示。当 $T>0$ 时，λ_1 和 λ_2 的实部为正，其振幅不断增加，轨道以螺旋形卷离平衡点，此时的平衡点称为不稳定焦点，如图 6-3-4(b)所示。

2) λ_1 和 λ_2 为纯虚数($T=0$ 且 $T^2-4D<0$)

当 $T=0$ 且 $T^2-4D<0$ 时,λ_1 和 λ_2 为纯虚数,轨道是一个圆,平衡点是稳定的,称为中心点(center),如图 6-3-5 所示。

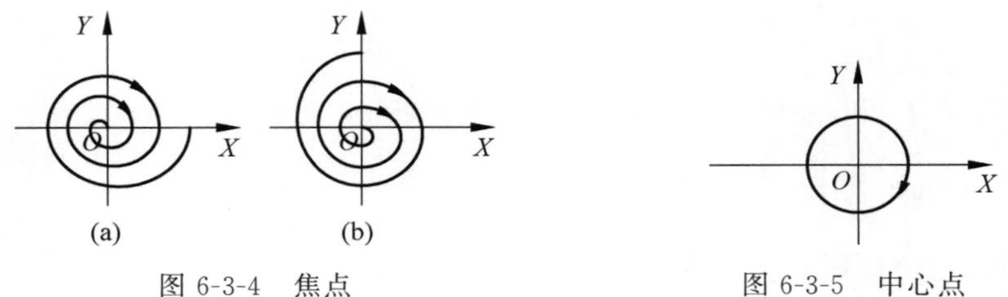

图 6-3-4　焦点　　　　图 6-3-5　中心点

综合以上情况分析,可用表 6-3-1 来表示平衡点情况。

表 6-3-1　平衡点情况

<table>
<tr><th colspan="4">J 的特征值</th><th>平衡点类型</th></tr>
<tr><td rowspan="5">λ_1 和 λ_2 为实数</td><td rowspan="4">$\lambda_1\lambda_2>0$</td><td rowspan="2">$\lambda_1\neq\lambda_2$</td><td>$\lambda_1<0,\lambda_2<0$</td><td>稳定结点</td></tr>
<tr><td>$\lambda_1>0,\lambda_2>0$</td><td>不稳定结点</td></tr>
<tr><td rowspan="2">$\lambda_1=\lambda_2$</td><td>$\lambda_1=\lambda_2<0$</td><td>稳定拐结点</td></tr>
<tr><td>$\lambda_1=\lambda_2>0$</td><td>不稳定拐结点</td></tr>
<tr><td colspan="3">$\lambda_1\lambda_2<0$</td><td>鞍点</td></tr>
<tr><td rowspan="3">λ_1 和 λ_2 为虚数</td><td rowspan="2">实部不为零</td><td colspan="2">实部为正</td><td>不稳定焦点</td></tr>
<tr><td colspan="2">实部为负</td><td>稳定焦点</td></tr>
<tr><td colspan="3">实部为零</td><td>中心点</td></tr>
</table>

6.4　混沌现象及混沌电路实现

6.4.1　混沌现象及其主要特征

混沌(chaos)现象是非线性系统所特有的一种复杂现象,它是一种由确定系统产生的、对初始条件极为敏感的、具有内在随机性、局部不稳定而整体稳定的非周期运动。其外在表现和纯粹的随机运动很相似,都不可预测。但与随机运动不同的是,混沌系统在动力学上是确定的,它的不可预见性来自于运动的不稳定性。或者说混沌系统对无限小的初值变动和微小扰动也具有敏感性,无论多小的扰动在长时间后,也会使系统彻底偏离原来的演化方向。混沌运动模糊了确定性运动和随机运动的界限,为分析各种自然现象提供了一种全新的思路。

1963 年,美国气象学家洛伦兹在《确定性非周期流》一文中,给出了描述大气湍流的洛伦兹方程,并提出著名的“蝴蝶效应”,揭开了对非线性科学深入研究的序幕。非线性科学被誉为继相对论和量子力学之后,20 世纪物理学“第三次重大革命”。引起了人们对确定论和随机论、有序和无序、偶然性和必然性等范畴和概念的重新认识,形成了一种新的自然观，深刻影响到人类的思维方式，并涉及现代科学的逻辑体系的根本性问题。

混沌来自于非线性，自然界和人类社会中绝大多数是非线性系统，故混沌是普遍现象。

混沌理论是近代非线性动力学中重要的组成部分。什么是混沌，其定义繁多复杂，目前科学上还没有确切定义，目前人们将混沌看成是一种无周期的有序，无论是复杂系统，如气象系统、太阳系，还是简单系统，如钟摆、滴水龙头等，皆因存在内在随机性而出现类似无轨，但实际是非周期有序运动，即混沌现象。目前混沌研究涉及数学、物理学、生物学、化学、天文学、经济学及工程技术的众多学科，研究重点已转向多维动力学系统中的混沌、量子及时空混沌、混沌的同步及控制等方面。

混沌有它区别于其他非线性系统的基本特征，具体表现为如下：

（1）对初始条件的敏感性。经典学说认为：确定性的系统只要初始条件给定，方程的解也就随之确定了。在混沌系统中，两个几乎完全一致的状态经过充分长时间后会变得毫无二致，恰如从长序列中随机选取的两个状态那样，这就是系统对初值的敏感。此外混沌的敏感还表现在对一些控制参数变化的敏感。1972 年洛伦兹在华盛顿科学进步协会上的报告上指出："在巴西的一只蝴蝶拍打翅膀可能会引发得克萨斯州的一场龙卷风。"这就是著名的"蝴蝶效应"。意思是说任意一个微小的扰动可能会引起世界另一边天气的变化，这种微小的扰动如同蝴蝶扇一下翅膀，都有可能发生巨大的改变。

（2）内在随机性。一定条件下，若系统的某个状态可能出现，也可能不出现，无法预测，该系统被认为具有随机性。一般来说确定系统在受到外界干扰时才会产生这种随机性，称为外在随机性。一个完全确定的系统（能用确定的微分方程表示），在不受外界干扰的情况下，其运动也应当是确定的，即是可以预测的。然而，从确定性非线性系统的演化过程看，它们在混沌区也表现出随机不确定性，而这种不确定性与外在随机性有完全不同的来源与机制，它不是来自于外部环境的随机因素对系统运动的影响，而是系统内部。系统内的局部不稳定是内在随机性的特点，对初值敏感性造就了它的这一性质，同时也说明混沌是局部不稳定的。

（3）奇怪吸引子。一般的动力学系统，最终都会趋于某种稳定态，这种稳定态在相空间里是由点（某一状态）或点的集合（某种状态序列）来表示。这种点或点的集合对周围的轨道似乎有种吸引作用，从附近出发的任何点都要趋于它，系统的运动也只有到达这个点或点集上才能稳定下来，这种点或点集称为"吸引子"，它表示着系统的稳定态，是动力学系统的最终归宿。

（4）有界性。混沌是有界的，它的运动轨线始终局限于一个确定的区域，这个区域称为混沌吸引域。无论混沌系统内部多么不稳定，它的轨线都不会走出混沌吸引域。所以从整体上来说混沌系统是稳定的。

（5）遍历性。混沌运动的轨迹在有限时间内会经历混沌吸引域内每一个状态点，即它在混沌吸引区是各态遍历的。但它永远不重复，不紊乱，不自交或相交，奇怪吸引子的轨线在有限区域内具有无限长的长度。

（6）整体稳定局部不稳定。混沌的整体稳定性指一个微小的扰动也不会改变系统原有的性能。局部不稳定性表现在混沌对初值的敏感依赖性，一个微小的初值变化就会引起系统局部的不稳定。

6.4.2 混沌电路实现

迄今为止，最丰富的混沌现象是在非线性振荡电路中观察到的。1983 年，美国加州大学伯克利分校蔡少棠提出了著名的蔡氏电路震动了学术界，促进了现代非线性电路理论的发展，在全世界掀起一股研究非线性电路的热潮。蔡氏电路开启了混沌电子学的大门，人们已围绕它开展了混沌机理的探索、混沌在保密通信中的应用研究，并取得了一系列丰硕的成果。

蔡氏电路因其简洁性和代表性而成为研究非线性电路中混沌的典范，图 6-4-1(a)给出了蔡氏电路的电路框图，它是一个三阶非线性自治电路。图中包含了 2 个线性电容 C_1 和 C_2，一个线性电感 L，一个线性电阻 R_C 和一个非线性电阻 R(称为蔡氏二极管)。

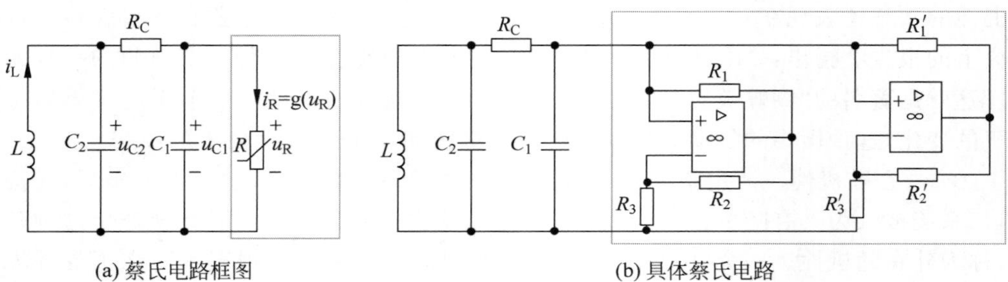

图 6-4-1　经典蔡氏电路

以电容电压 u_{C1}、u_{C2} 和电感电流 i_L 为状态变量，可建立状态方程如下：

$$\begin{cases}\dfrac{du_{C1}}{dt}=\dfrac{1}{R_C C_1}(u_{C2}-u_{C1})-\dfrac{1}{C_1}g(u_R)\\ \dfrac{du_{C2}}{dt}=\dfrac{1}{R_C C_2}(u_{C1}-u_{C2})+\dfrac{1}{C_2}i_L\\ \dfrac{di_L}{dt}=-\dfrac{1}{L}u_{C2}\end{cases} \tag{6-4-1}$$

蔡氏二极管为一分段线性负电阻，可用 6.1.2 节的方法进行设计。一种具体蔡氏电路如图 6-4-1(b)所示，其中用图 6-1-7 所示的双运放分段线性电阻(虚线框内电路)来实现蔡氏二极管。

基于 Multisim 对图 6-4-1(b)所示电路进行仿真，其结果如图 6-4-2 所示。可以看出，相图轨线围绕两个点旋绕并在这两个点之间跳来跳去，永不闭合，运动是无周期的，这样的相图很像两个靠近的旋涡，所以称蔡氏电路的这一个运动形态为“双涡旋”。

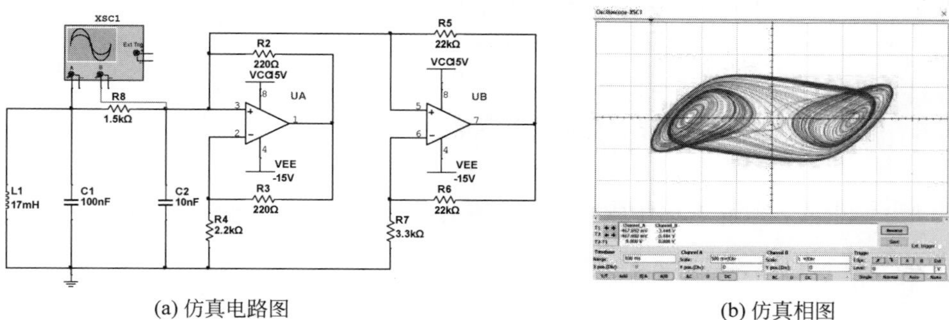

(a) 仿真电路图　　(b) 仿真相图

图 6-4-2　经典蔡氏电路仿真

习题六

6-1　求题图 6-1 所示电路的电位 V_o(假设图中的二极管为理想的)。

6-2　题图 6-2(a)所示电路中的二极管的特性曲线如题图 6-2(b)所示。试求该电路的伏安特性曲线。

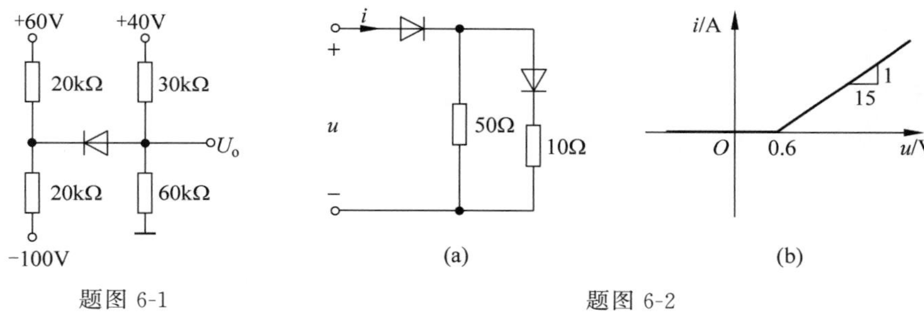

题图 6-1　　题图 6-2

6-3　绘出题图 6-3 所示电路的 u_o-u_i 转移特性曲线(假设图中的二极管为理想的)。

6-4　题图 6-4(a)所示电路为非线性电路,非线性电阻的分段线性化特性如题图 6-4(b)所示,试画出该电路的动态路径。

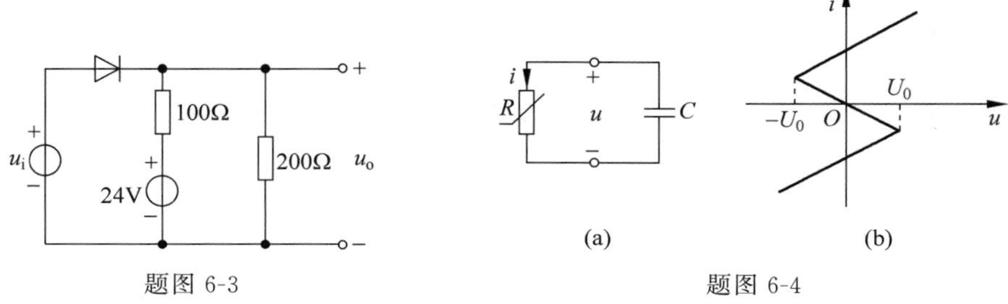

题图 6-3　　题图 6-4

6-5 试确定下列非线性微分方程组的平衡点的类型

$$\begin{cases}\dot{x}=x-y\\ \dot{y}=x^2-1\end{cases}$$

6-6 下列二阶非线性微分方程通常称为范德坡方程

$$\ddot{x}+\varepsilon(x^2-1)\dot{x}+x=0$$

其中 $\varepsilon>0$ 是一个常量且往往是一个小参数，求此方程的平衡点类型。

参考文献

[1] 杨志民,马义德,张新国.现代电路理论与设计[M].北京：清华大学出版社,2009.

[2] 吴宁.电网络分析与综合[M].北京：科学出版社,2003.

[3] 周庭阳.张红岩.电网络理论(图论方程综合)[M].北京：机械工业出版社,2008.

[4] 刘洪臣.齐超,霍炬.现代电路分析与综合[M].哈尔滨：哈尔滨工业大学出版社,2014.

[5] 邱关源.现代电路理论[M].北京：高等教育出版社,2001.

[6] 刘明亮.开关电容电路从入门到精通[M].北京：人民邮电出版社,2008.

[7] Erickson R. Fundamentals of Power Electronics [M]. 2nd Edition. Springer Science Business,2001.

[8] 陈坚.电力电子学电力电子变换和控制技术[M].3版.北京：高等教育出版社,2011.

[9] 黄松清.非线性系统理论及应用[M].成都：西南交通大学出版社,2013.

图书资源支持

感谢您一直以来对清华大学出版社图书的支持和爱护。为了配合本书的使用，本书提供配套的资源，有需求的读者请扫描下方的“书圈”微信公众号二维码，在图书专区下载，也可以拨打电话或发送电子邮件咨询。

如果您在使用本书的过程中遇到了什么问题，或者有相关图书出版计划，也请您发邮件告诉我们，以便我们更好地为您服务。

我们的联系方式：

地　　址：北京市海淀区双清路学研大厦 A 座 714

邮　　编：100084

电　　话：010-83470236　010-83470237

资源下载：http://www.tup.com.cn

客服邮箱：tupjsj@vip.163.com

QQ：2301891038（请写明您的单位和姓名）

教学资源 · 教学样书 · 新书信息

人工智能科学与技术
人工智能|电子通信|自动控制

资料下载 · 样书申请

书圈

用微信扫一扫右边的二维码，即可关注清华大学出版社公众号。